"十二五"职业教育国家规划教材
经全国职业教育教材审定委员会审定

基础工程

第2版

主　编　吕凡任
副主编　蔡　宁　张　涛
参　编　潘　登　郑　娟　沙爱敏
主　审　翟聚云

机 械 工 业 出 版 社

本书是“十二五”职业教育国家规划教材。力求反映岩土工程最新规范的内容，讲清基础知识的同时，反映新技术的应用，重视实践技能的培养和基础知识应用能力的训练。采用“项目化”体例编写，按照知识体系编写每个项目，“项目”内分为“知识”和“任务”两大内容。每个项目的前面有“情境导入”、“学习目标”，“知识”或“任务”部分由问题导入开始。各项目后有练习题，并配有资料丰富的教学课件。

本书主要内容包括：绪论；天然地基上的浅基础；桩基础的施工与检测；桩基础计算与验算；沉井基础与地下连续墙；软土地基处理；特殊土地基的特点及其处理；基础工程抗震。

本书适合高职高专院校道路桥梁工程技术、公路监理、铁路工程技术、土木工程技术等相关专业教学使用，也可供相关专业工程技术人员参考。

图书在版编目（CIP）数据

基础工程/吕凡任主编．—2版．—北京：机械工业出版社，2015.5
“十二五”职业教育国家规划教材
ISBN 978-7-111-49625-0

Ⅰ.①基…　Ⅱ.①吕…　Ⅲ.①基础（工程）—高等职业教育—教材
Ⅳ.①TU47

中国版本图书馆CIP数据核字（2015）第049089号

机械工业出版社（北京市百万庄大街22号　邮政编码100037）
策划编辑：张荣荣　责任编辑：张荣荣
责任校对：刘雅娜　封面设计：张　静
责任印制：李　洋
三河市国英印务有限公司印刷
2015年6月第2版第1次印刷
184mm×260mm · 13.5印张 · 331千字
标准书号：ISBN 978-7-111-49625-0
定价：30.00元

凡购本书，如有缺页、倒页、脱页，由本社发行部调换

电话服务	网络服务
服务咨询热线：010－88379833	机 工 官 网：www.cmpbook.com
读者购书热线：010－88379649	机 工 官 博：weibo.com/cmp1952
	教育服务网：www.cmpedu.com
封面无防伪标均为盗版	金 书 网：www.golden-book.com

第2版前言

随着我国高等职业教育的蓬勃发展，以学生为中心、以职业能力与职业素养培养为核心的教育教学改革正在深入开展。适应工程一线岗位需求、突出“工学结合”的课程体系建设是教学改革的基础，教、学、练一体化的教学模式是课堂教学改革的方向。

本书在第1版的使用基础上进行再版，被评为“十二五”职业教育国家规划教材。内容编排上力求反映岩土工程最新规范的内容，在讲清基础知识的同时，反映新技术的应用，重视实践技能的培养和基础知识应用能力的训练。主要体现以下特点：

（1）按照提出问题、分析问题、解决问题的思路，编写每个项目，并配备适当的思考题和练习题；培养基础知识应用能力，适当增加开放性问题，提高学生自主解决问题的能力，并注意同实际工程问题相结合，加强职业能力培养。同时引导教师开展以学生探索能力和学习能力为中心的课程教学改革，培养学生解决工程实际问题的职业能力。

（2）讲清基础工程基本概念、基本原理，淡化难度较大的数学和力学推导，加强工程应用内容，提高工程一线职业能力。在每个学习项目前提出知识、能力培养目标，明确重点、难点，便于学生自主学习。

（3）在每一部分基础知识前提出了相关问题，提起学生的兴趣，便于学生重点掌握相关内容。并在其后提出了知识应用的相关问题，引导学生深入思考理论知识在工程中的应用，培养学习能力。

（4）根据目前工程建设实际情况增加了地基基础抗震方面的内容，适应工程建设对于抗震方面人才的需求。

全书共设置七个学习项目，课堂教学参考学时为48学时（包括实训讲解），可以根据学生实际情况灵活安排。建议设置浅基础或桩基础的课程设计。教学学时分配建议见下表：

教学学时分配建议

内　　容	参考学时	内　　容	参考学时
绪论	2	项目五　软土地基处理	8
项目一　天然地基上的浅基础	10	项目六　特殊土地基的特点及其处理	4
项目二　桩基础的施工与检测	6	项目七　基础工程抗震	4
项目三　桩基础计算与验算	8		
项目四　沉井基础与地下连续墙	6	合计	48

本书由扬州职业大学吕凡任担任主编，湖南工程职业技术学院蔡宁、河南交通职业技术学院张涛担任副主编，河南城建学院翟聚云主审。参加本书编写的人员有：扬州职

业大学吕凡任编写绪论、项目二和项目三，河南交通职业技术学院潘登编写项目一，扬州职业大学沙爱敏编写项目四，湖南工程职业技术学院蔡宁编写项目五，扬州职业大学郑娟编写项目六，河南交通职业技术学院张涛编写项目七。

“基础工程”是土木工程类各专业的技术基础课，本书可作为高职高专院校道路桥梁工程技术专业、公路监理专业以及其他土建施工类相关专业的教材，也可以供相关专业工程技术人员参考。

限于编者水平，书中难免存在不足和疏漏，恳请有关专家和广大读者提出宝贵意见。

编　者

目　录

绪　论

引导问题

1. 什么是地基？什么是基础？它们各自具有什么作用？

2. 基础通常需要承担桥墩和桥面板的重量，还要承担车辆荷载、人群荷载等经常变化的荷载，这些作用于桥梁基础上的荷载的大小如何计算？

知识一　概　述

建筑物通常建造在一定的岩土层上，其全部荷载由它下面的岩土层承担。建筑物埋在地面以下的、与地基相接触的那部分结构称为基础。基础下面受建筑物影响的那部分岩土层称为地基。桥梁的上部结构称为桥跨结构，而桥墩、桥台、路堤及基础则为下部结构，如图0-1所示。基础工程包括建筑物的地基与基础的设计、施工及运营管理等。

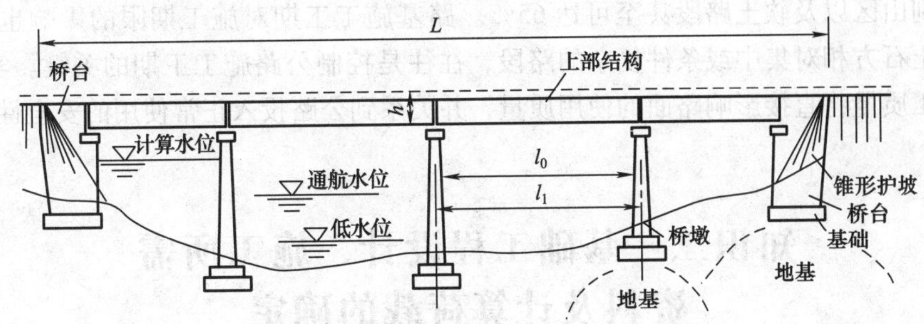

图0-1　桥梁结构

桥梁的桥跨结构通过基础把荷载传递到地基，在地基中产生的应力向深处扩散。基础的作用是把桥跨结构的荷载传递到地基中去。地基的作用是承受基础传递来的荷载。为了保证建筑物的正常使用与安全，地基与基础必须具有足够的强度和稳定性，变形也应在允许范围之内。根据地层变化情况、上部结构的要求、荷载特点和施工技术水平，可采用不同类型的基础，并选择合适的地基，或者对不符合强度与变形等要求的地基进行处理。

地基可分为天然地基和人工地基。未经人工处理就可以满足设计要求的地基称为天然地基。如果天然地层土质过于软弱或存在不良工程地质问题，需要经过人工加固或处理才能修筑基础，这种地基称为人工地基。

基础根据埋置深度的不同分为浅基础和深基础。通常将埋置深度较浅（一般在5m以内）且施工简单的基础称为浅基础；若浅层土质不良，不能满足强度、变形、抗震等要求，需置于较深的良好土层上且施工较复杂的基础，称为深基础。埋置在土层内深度虽较浅，但在水下部分较深的基础，如深水中桥墩基础，称为深水基础。在设计和施工中有些问题需要按照深基础考虑。浅基础造价低、施工方便，桥梁及各种人工构造物常用天然地基上的浅基础。当需设置深基础时常采用桩基础或沉井基础，我国公路桥梁应用最多的深基础是桩基础。目前我国公路建筑物基础大多采用混凝土或钢筋混凝土结构，少部分用钢结构。在石料丰富的地区，就地取材，也常用石砌基础。在特殊情况下（如抢修、建临时便桥）采用木结构。

建筑物基础设计和施工质量的优劣，对整个建筑物的质量和正常使用起着至关重要的作用。基础工程是隐蔽工程，如有缺陷较难发现，也较难弥补和修复，而这些缺陷往往直接影响整个建筑物的使用甚至安全。基础工程的工期和造价，占整个工程工期和造价的1/4~1/3。在复杂地质条件或深水中修建基础，工期与造价甚至占到整个工程的1/2。

道路分为路面和路基两部分。路面是行驶车辆的主要承载体，而路基是路面的主要承载体。其中路面以下80cm范围内的路基对于道路的稳定和正常使用具有重要作用，所以把该层路基称为路床，通常是需要进行人工处理的。路基是按照路线位置和一定技术要求修筑的带状构筑物。

路基土石方量大，沿线分布不均匀，不仅与路基工程相关的设施（如路基排水、防护、支挡、加固等设施）相互制约，而且同公路工程的其他项目（包括桥涵、隧道、路面及附属设施等）相互交错。有关资料表明，一般公路的路基修建投资约占公路总投资的25%~45%，个别山区以及软土路段甚至可达65%。路基施工工期对施工期限的影响也较大，软土地区、土石方相对集中或条件复杂的路段，往往是控制公路施工工期的关键。实践证明：路基的施工质量将直接影响路面的使用质量，并关系到公路投入正常使用的安全性、经济性和耐久性。

知识二 基础工程设计、施工所需资料及计算荷载的确定

基础的设计、计算中有关参数的选用，需要考虑上部结构形式、荷载特性以及当地的地质和水文条件、材料情况、施工要求、气候特点等因素。施工组织和施工方案设计也应该结合设计要求、现场地形、地质条件、施工技术设备、施工季节、气候和水文等情况研究确定。因此，应在事前通过详细的调查研究，充分掌握必要的、符合实际情况的资料。本节对桥梁基础工程设计所需资料及计算荷载确定原则作简要介绍。

一、基础工程设计和施工需要的资料

桥梁的地基与基础在设计及施工开始之前，除了应掌握有关全桥的资料，包括上部结构形式、跨径、荷载、墩台结构等及国家颁布的桥梁设计和施工技术规范外，还应收集地质、水文资料，调查土质和建筑材料的性能。需要的地质、水文、地形及现场调查资料见表0-1，各项资料的内容可根据桥梁工程规模、重要性，建桥地点工程地质、水文条件的具体情况和设计阶段确定取舍。资料取得的方法和具体规定可参阅工程地质、土质学与土力学及桥涵水文等有关教材和手册。

表0-1　基础工程设计和施工需要的地质、水文、地形及现场调查资料

种　　类		主要内容	用　　途
1. 桥位平面图（或桥址地形图）		1）桥位地形 2）桥位附近地貌、地物 3）不良地质现象的分布 4）桥位与两端路线平面关系 5）桥位与河道平面关系	1）桥位的选择，下部结构位置的研究 2）施工现场布置 3）地基处理方案选择 4）河岸冲刷及水流方向改变分析 5）墩台、基础的防护构筑物的布置
2. 桥位工程地质勘测报告及工程地质纵剖面图		1）桥位地质勘测调查资料：包括河床地层分层土（岩）类及岩性，层面标高，钻孔位置及钻孔柱状图 2）地质、地史资料的说明 3）不良工程地质现象及特殊地貌的调查勘测资料	1）桥位、下部结构位置的选定 2）地基持力层的选定 3）墩台高度、结构形式的选定 4）墩台、基础防护构造物的布置
3. 地基土质调查试验报告		1）钻孔资料 2）覆盖层及地基土（岩）层状分布情况 3）荷载试验报告 4）地下水位调查	1）分析地基的岩土层分布 2）地基持力层及基础埋置深度的研究与确定 3）地基土层强度及有关计算参数的选定 4）基础类型和构造的确定 5）基础沉降计算
4. 河流水文调查报告		1）桥位附近河道纵横断面图 2）有关流速、流量、水位调查资料 3）各种冲刷深度的计算资料 4）通航等级、漂浮物、流冰调查资料	1）根据冲刷要求确定基础埋置深度 2）桥墩水流冲刷水平作用力计算 3）施工季节、施工方案选择
5. 其他调查资料	（1）地震	1）地震记录 2）震害调查	1）确定抗震设计强度 2）抗震设计方法和抗震措施的确定 3）地基土振动液化和岸坡滑移分析研究
	（2）建筑材料	1）可就地取材、供应的建筑材料的种类、数量、规格、质量、运距等 2）当地工业加工能力、运输条件 3）工程用水调查	1）采用建筑材料种类的确定 2）就地供应材料的计算和计划安排
	（3）气象	1）当地气象台有关气温变化、降水量、风向风力等记录资料 2）实地调查采访记录	1）气温变化情况分析 2）基础埋置深度的确定 3）风压的确定 4）施工季节和施工方案的确定
	（4）附近桥梁的调查	1）附近桥梁结构形式、设计书、图样、现状 2）地质、地基岩土性质 3）河道变动、冲刷、淤泥情况 4）营运情况及墩台变形情况	1）参考架桥地点地质、地基土情况 2）基础埋置深度的参考 3）河道冲刷和改道情况的参考
	（5）施工调查资料	—	1）施工方法及施工适宜季节的确定 2）工程用地的布置 3）工程材料、设备供应、运输方案的拟订 4）工程动力及临时设备的规划 5）施工临时结构的规划

二、施加于桥梁上的作用类型及确定方法

1. 作用类型

桥梁在施工和使用过程中，车辆荷载、人群荷载、结构自重等直接对桥梁产生影响，温度变化、地震、基础移动变位、混凝土收缩和徐变等间接对桥梁产生影响。可以把对桥梁产生影响的原因分为两类，一类是施加于结构上的外力，包括车辆荷载、人群荷载、结构自重等，它们直接施加于结构上，可用“荷载”这一术语来概括。另一类不是以外力形式施加于桥梁结构上的，它们产生的效应与结构本身的特性、结构所处的环境等有关，包括地震、基础变位、混凝土收缩和徐变、温度变化等。因此，目前国际上普遍将结构效应的所有原因称为“作用”，而“荷载”仅仅是施加于桥梁结构上的一种作用。

作用按照随时间的变异分为永久作用、可变作用和偶然作用。永久作用是经常作用的、其数值不随时间变化或变化微小的作用，包括结构重力、预加力、土的重力、土侧压力、混凝土收缩和徐变作用等；可变作用的数值是随时间变化的，包括汽车荷载、汽车冲击力、人群荷载、风荷载、流水压力、温度作用等；偶然作用的作用时间短暂，且发生的可能性很小，包括地震作用、船舶或漂流物的撞击作用、汽车撞击作用等。各种作用分类见表 0-2。

表 0-2　作用分类

编号	作用分类	作用名称
1	永久作用（恒载）	结构重力（包括结构附加重力）
2		预加应力
3		土的重力
4		土侧压力
5		混凝土收缩及徐变作用
6		水的浮力
7		基础变位作用
8	可变作用	汽车荷载
9		汽车冲击力
10		汽车离心力
11		汽车引起的土侧压力
12		人群荷载
13		风荷载
14		汽车制动力
15		流水压力
16		冰压力
17		温度影响力
18		支座摩阻力
19	偶然作用	船只或漂流物撞击力
20		地震力
21		汽车撞击作用

三种不同的作用，其施加于桥梁上的作用持续时间是不同的。永久作用长时间施加，常常伴随桥梁的整个使用周期；可变作用间断性发生；而偶然作用很少发生。计算时，不同的作用，其取值方法是不同的，主要与作用持续时间的长短有关系。永久作用主要采用其计算值，如结构自重、土侧压力等。可变作用不能按其最大值取值，需要考虑其变异性，根据概率统计的方法在保证必要的安全性和经济性的前提下取值。偶然作用的取值需要根据理论计算和大量的数据统计分析综合确定。各种作用的取值方法可以查阅《公路桥涵设计通用规范》（JTG D60—2004），这里简单介绍一下。

永久作用应采用标准值作为代表值。可变作用应根据不同的极限状态分别采用标准值、频遇值或准永久值作为其代表值。可变作用的频遇值是由标准值乘以一个小于 1 的系数（频遇值系数）得到的。可变作用的准永久值指结构上经常出现的作用取值，是由频遇值乘以一个小于 1 的系数得到的，比频遇值小一些。偶然作用取其标准值作为代表值。

可变作用的标准值应符合下列规定：汽车荷载分为公路—Ⅰ级和公路—Ⅱ级；汽车荷载由车道荷载和车辆荷载组成。车道荷载由均布荷载和集中荷载组成。桥梁结构的整体计算采用车道荷载；桥梁结构的局部加载、涵洞、桥台和挡土墙土压力等的计算采用车辆荷载。车辆荷载与车道荷载的作用不重复计算。

2. 作用效应组合

桥梁结构通常承受多种作用。在桥梁结构分析设计时，需要考虑可能同时出现的多种作用的效应组合，求其总的作用效应，同时考虑作用出现的变形性质，包括作用出现与否及作用出现的方向，应在必须考虑的所有可能同时出现的组合中，取其最不利的效应组合进行分析和设计。

公路桥涵结构设计应考虑结构上可能同时出现的作用，按承载能力极限状态和正常使用极限状态进行作用效应组合，取其最不利效应组合进行设计。

公路桥涵结构按承载能力极限状态设计时，应采用以下两种作用效应组合：①基本组合；②偶然组合。

公路桥涵结构按正常使用极限状态设计时，应根据不同的设计要求，采用以下两种效应组合：①作用短期效应组合；②永久作用标准值效应与可变作用频遇值效应组合。

（1）作用效应组合原则　只有在结构上可能同时出现的作用，才进行其效应的组合。当结构或构件需作不同受力方向的验算时，则应以不同方向的最不利的作用效应进行组合。

当可变作用的出现对结构或构件产生有利影响时，该作用不应参与组合。实际不可能同时出现的作用或不同时参与组合的作用，不考虑其作用效应的组合。

施工阶段作用效应的组合，应按计算需要及结构所处条件而定。

多个偶然作用不能同时组合。

（2）作用效应组合

1）按承载能力极限状态设计时，作用效应组合有基本组合和偶然组合两类。

作用效应基本组合表达式为

$$S = \gamma_0\left(\sum_{i=1}^{n} \gamma_{Gi} S_{Gik} + \gamma_{Q1} S_{Q1k} + \psi_c \sum_{j=2}^{n} \gamma_{Qj} S_{Qjk} \right) \tag{0-1}$$

式中　γ_0——结构构件的重要性系数，按照公路桥梁结构的安全等级分别为 1.1、1.0、0.9；

γ_{Gi}——第 i 个永久作用分项系数；

S_{Gik}——第 i 个永久作用的标准值；

γ_{Q1}——汽车荷载效应（含汽车冲击力、离心力）的分项系数，$\gamma_{Q1}=1.4$；当某个可变作用在效应组合中超过汽车荷载效应时，则该作用取代汽车荷载，其分项系数应采用汽车荷载的分项系数；对于专为承受某作用而设置的结构或装置，设计时该作用的分项系数取与汽车荷载同值；

S_{Q1k}——汽车荷载效应（含汽车冲击力、离心力）的标准值；

S_{Qjk}——在作用效应组合中除汽车荷载效应（含汽车冲击力、离心力）外的其他第 j 个可变作用效应的标准值；

ψ_c——在作用效应组合中除汽车荷载效应（含汽车冲击力、离心力）外的其他可变作用效应的组合系数；当永久作用与汽车荷载和人群荷载（或其他一种可变作用）组合时，人群荷载（或其他一种可变作用）的组合系数 $\psi_c=0.80$；当除汽车荷载（含汽车冲击力、离心力）外尚有两种可变作用参与组合时，其组合系数取 $\psi_c=0.70$；尚有三种其他可变作用参与组合时，$\psi_c=0.60$；尚有四种及多于四种的可变作用参与组合时，$\psi_c=0.50$。

按承载能力极限状态设计时，永久作用标准值效应与可变作用某种代表值效应、一种偶然作用标准值效应相组合。偶然作用的效应分项系数取 1.0；与偶然作用同时出现的可变作用，可根据观测资料和工程经验取用适当的代表值。地震作用标准值及其表达式按《公路桥梁抗震设计细则》（JTG/T B02－01—2008）规定采用。

2）按正常使用极限状态设计时，其作用效应组合分为作用短期效应组合和作用长期效应组合两类。

① 作用短期效应组合时，其作用按照式（0-2）计算：

$$S_{sd} = \sum_{i=1}^{m} S_{Gik} + \sum_{j=1}^{n} \psi_{1j} S_{Qjk} \tag{0-2}$$

式中 S_{sd}——作用短期效应组合设计值；

ψ_{1j}——第 j 个可变作用效应的频遇值系数，汽车荷载（不计冲击力）$\psi_1=0.7$，人群荷载 $\psi_1=1.0$，风荷载 $\psi_1=0.75$，温度梯度作用 $\psi_1=0.8$，其他作用 $\psi_1=1.0$；

S_{Qjk}——第 j 个可变作用效应的频遇值。

② 作用长期效应组合时，其作用按式（0-3）计算：

$$S_{ld} = \sum_{i=1}^{m} S_{Gik} + \sum_{j=1}^{n} \psi_{2j} S_{Qjk} \tag{0-3}$$

式中 S_{ld}——作用长期效应组合设计值；

ψ_{2j}——第 j 个可变作用效应的准永久值系数，汽车荷载（不计冲击力）$\psi_2=0.4$，人群荷载 $\psi_2=0.4$，风荷载 $\psi_2=0.75$，温度梯度作用 $\psi_2=0.8$，其他作用 $\psi_2=1.0$；

$\psi_{2j}S_{Qjk}$——第 j 个可变作用效应的准永久值。

一般说来，必须对各种可能的荷载组合的作用效能（强度和变形）进行计算、比较，才能得到最不利荷载组合。由于活载（主要是车辆荷载）的排列位置在纵横方向都是可变的，它将影响着各支座传递给墩台及基础的支座反力的分配数值，以及台后由车辆荷载引起的土侧压力大小等，因此车辆荷载的排列位置往往对确定最不利荷载组合起着支配作用。对于不同验算项目（强度、偏心距及稳定性等），可能各有其相应的最不利荷载组合，应分别进行验算。

许多可变荷载的作用方向在水平投影面上可以分解为纵桥向和横桥向，因此一般也需按这两个方向进行地基与基础的计算，确定最不利荷载组合来控制设计。桥梁的地基与基础大多数情况下以纵桥向控制设计，但有较大横桥向水平力（风力、船只撞击力和水压力等）作用时，也需进行横桥向计算，可能为横桥向控制设计。

知识三　基础工程设计计算应注意的事项

一、基础工程设计计算的原则

为了设计安全、经济可行的地基及基础，保证结构物的安全和正常使用，基础工程设计计算的基本原则是：①基础底面对地基产生的压力小于地基容许承载力；②地基及基础的沉降量小于桥梁容许的沉降值；③地基及基础的整体稳定安全系数不超过容许值；④基础本身的强度满足要求。

二、考虑地基、基础、墩台及上部结构整体作用

建筑物是一个整体，地基的不均匀沉降将在桥梁上部结构中产生次生应力；上部结构产生的不均匀荷载不仅使得其自身产生不均匀应力，同时还对地基产生不均匀压力。地基、基础、墩台和上部结构共同工作且相互影响。不同类型的基础会影响上部结构的受力和工作；上部结构的力学特征也必然对基础的类型及地基的强度、变形和稳定条件提出相应的要求，地基和基础的不均匀沉降对于超静定的上部结构影响较大，因为基础产生的较小的不均匀沉降就能引起上部结构产生较大的内力。同时，恰当的上部结构、墩台结构形式也可以调整地基基础受力条件、改善位移情况。因此，基础工程应紧密结合上部结构、墩台特性和要求进行；上部结构的设计应充分考虑地基的特点，把整个结构物作为一个整体，考虑其整体作用和各个组成部分的共同作用。全面分析建筑物整体和各组成部分的设计可行性、安全性和经济性；把强度、变形和稳定紧密地与现场条件、施工条件结合起来，全面分析，综合考虑，是大型桥梁设计和施工必须考虑的内容。

三、基础工程极限状态设计

桥梁安全使用，需要考虑极限状态的工作性能。极限状态是指桥梁在最不利荷载作用下的工作状态，包括强度、变形、稳定性等。极限状态是一种特殊的状态，桥梁不是一直都处于这个状态的，极限状态带有偶然性、随机性，采用可靠度理论分析是科学合理的。采用可靠度理论进行设计是工程结构设计领域一次根本性的变革，是工程结构设计的发展趋势。可靠性分析设计又称概率极限状态设计。可靠度是指系统在规定的时间内在规定的条件下完成预定功能的概率。系统不能完成预定功能的概率即失效概率。这种以统计分析确定的失效概率来度量系统可靠性的方法即概率极限状态设计方法。

20 世纪 80 年代，我国在建筑结构工程领域开始逐步全面引入概率极限状态设计原则，1984 年颁布的《建筑结构设计统一标准》（GBJ 68—1984）采用了概率极限状态设计方法，以分项系数描述的设计表达式代替原来的用总安全系数描述的设计表达式。根据该标准的规定，一批结构设计规范都作了相应的修订，如《公路钢筋混凝土及预应力混凝土桥涵设计规范》（JTJ 023—1985）也采用了以分项系数描述的设计表达式。1999 年 6 月原建设部批准颁布了《公路工程结构可靠度设计统一标准》（GB/T 50283—1999），2001 年 11 月原建设部又颁发了《建筑结构可靠度设计统一标准》（GB 50068—2001）。2008 年 11 月住房和城乡建设部批准、发布了《工程结构可靠性设计统一标准》（GB 50153—2008），自 2009 年 7 月 1 日起实施。该标准对建筑工程、铁路工程、公路工程、港口工程、水利水电工程等土木工程各领域工程结构设计的共性问题，即工程结构设计的基本原则、基本要求和基本方法作出了统一规定，以使我国土木工程各领域之间在处理结构可靠性问题上具有统一性和协调性，并与国际接轨。

由于地基土是在漫长的地质年代中形成的，是大自然的产物，其性质十分复杂，不仅不同地点的土的性质差别很大，即使同一地点，同一土层的土，其性质也随位置发生变化。所以地基土具有比任何人工材料大得多的变异性，它的复杂性质不仅难以人为控制，而且要清楚地认识它也很不容易。在进行地基可靠性研究的过程中，取样、代表性样品选择、试验、成果整理分析等各个环节都有可能带来一系列的不确定性，增加测试数据的变异性，从而影响到最终分析结果。地基土因位置不同引起的固有可变性，样品测量值与真实值之间的差异性，以及有限数量所造成误差等，就构成了地基土材料特性变异的主要来源。这种变异性比一般人工材料的变异性大。因此，地基可靠性分析的精度，在很大程度上取决于土性参数统计分析的精度。不同地方、不同埋深、不同类型的土，加上试验条件的限制，使得反映土的性质的参数具有显著的变异性，目前积累的资料还不足以反映土的这种复杂的性质，所以我国现行的地基基础设计规范，推荐使用可靠度理论结合工程经验进行设计，如《公路桥涵设计通用规范》（JTG D60—2004）、《公路桥涵地基与基础设计规范》（JTG D63—2007）、《建筑地基基础设计规范》（GB 50007—2011）、《建筑桩基技术规范》（JGJ 94—2008）等。

基础工程极限状态设计与结构工程极限状态设计相比还具有物理和几何方面的特点。

地基是一个半无限体，与板梁柱组成的结构体系完全不同。在结构工程中，可靠性研究的第一步先解决单个构件的可靠度问题，目前列入规范的亦仅仅是这一步，至于结构体系的系统可靠度分析还处在研究阶段，没有成熟到可以用于设计标准的程度。地基设计与结构设计不同的地方在于无论是地基稳定和强度问题还是变形问题，求解的都是整个地基的综合响应。地基的可靠性研究无法区分构件与体系，从一开始就必须考虑半无限体的连续介质，或至少是一个大范围连续体。显然，这样的验算不论是计算模型还是涉及的参数都比单构件的可靠性分析复杂得多。

在结构设计中，所验算的截面尺寸与材料试样尺寸之比并不很大。但在地基设计中却不然，地基受力影响范围的体积与土样体积之比非常大。这就引起了两方面的问题，一是小尺寸的试样如何代表实际工程的性状；二是由于地基的范围大，决定地基性状的因素不仅是一点土的特性，而是取决于一定空间范围内平均土层的特性，这是基础工程与结构工程在可靠度分析方面的最基本的区别所在。

我国基础工程可靠度研究始于20世纪80年代初，虽然起步较晚，但发展很快，研究涉及的课题范围较广，有些课题的研究成果，已达国际先进水平。但由于研究对象的复杂性，基础工程的可靠度研究落后于上部结构可靠度的研究，而且要将基础工程可靠度研究成果纳入设计规范，进入实用阶段，还需要做大量的工作。有些国家已建立了地基的半经验半概率的分项系数极限状态设计标准。在我国，随着结构设计使用了极限状态设计方法，在地基设计中也开始采用极限状态设计方法。

知识四　基础工程学科发展概况

基础工程与其他技术学科一样，是人类在长期的生产实践中不断发展起来的，在世界各文明古国数千年前的建筑活动中，就有很多关于基础工程的工艺技术成就，但由于当时受社会生产力和技术条件的限制，在相当长的时期内发展很缓慢，仅停留在经验积累的感性认识阶段。西方国家在18世纪产业革命以后，随着城建、水利、道路建筑规模的扩大，开始重视基础工程的研究，对有关问题开始寻求理论上的解答。此阶段在作为本学科的理论基础的土力学方面，如土压力理论、土的渗透理论等有局部的突破，基础工程也随着工业技术的发展而得到新的发展，如19世纪中叶利用气压沉箱法修建深水基础。20世纪20年代，基础工程有比较系统、比较完整的专著问世，1936年召开第一届国际土力学与基础工程会议后，土力学与基础工程作为一门独立的学科得到不断发展。20世纪50年代起，现代科学新成果的渗入，使基础工程技术与理论得到更进一步的发展与充实，成为一门较成熟的独立的现代学科。

我国是一个具有悠久历史的文明古国，我国古代劳动人民在基础工程方面，也表现出高超的技艺和创造才能。例如1400多年前隋朝时所修建的赵州安济石拱桥，不仅在建筑结构上有独特的技艺，而且在地基基础的处理上也非常合理，该桥桥台坐落在较浅的密实粗砂土层上，沉降很小，现反算其基底压力约为500~600kPa，与现行的各设计规范中所采用的该土层容许承载力的数值（550kPa）极为接近。

由于我国封建社会历时漫长，本学科和其他科学技术一样，长期陷于停滞状况，落后于同时代的工业发达国家。中华人民共和国成立后，经济实力不断提升，促进了本学科在我国的迅速发展，并取得了辉煌的成就。

国外近年来基础工程科学技术发展也较快，一些国家采用了概率极限状态设计方法。将高强度预应力混凝土应用于基础工程，基础结构向薄壁、空心、大直径发展，采用的管柱直径达6m，沉井直径达80m（水深60m）并以大口径磨削机对基岩进行处理，在水深流速较大处采用水上自升式平台进行沉桩（管柱）施工等。

基础工程既是一项古老的工程技术又是一门年轻的应用科学，发展至今，在设计理论、施工技术及测试工作中都存在不少有待进一步解决和完善的问题。随着我国现代化建设的推进，大型和重型建筑物的发展将对基础工程提出更高的要求，我国基础工程学科应着重开展地基的强度、变形特性的基本理论研究，进一步开展各类基础形式设计理论和施工方法的研究。

基础工程设计和施工的技术标准主要是国家相关部委如交通运输部、住房和城乡建设部以及各省市建设、交通主管部门等发布的规范、规程、暂行规定等。随着理论研究的深入、技术的进步、工程经验的积累，这些规范、规程等也在不断发展完善。目前施行的涉及道路、桥梁的地基、基础设计、施工及管理等的规范、规程主要有：《公路桥涵地基与基础设计规范》（JTG D63—2007）、《公路桥涵设计通用规范》（JTG D60—2004）、《公路路基设计规范》（JTG D30—2015）、《公路勘测规范》（JTG C10—2007）、《公路路基施工技术规范》（JTG F10—2006）、《公路桥涵施工技术规范》（JTG F50—2011）等。

项目一　天然地基上的浅基础

知识目标

掌握： 浅基础的概念，浅基础的常见类型，刚性角的概念，围堰的类型，基坑稳定性问题的主要表现形式，地基承载力的概念，地基承载力验算方法，基础稳定性问题的主要表现形式。

理解： 影响浅基础承载力发挥的因素，地基破坏机理，浅基础承载力确定方法，井点降水的原理和常见方法，基坑板桩墙稳定性的影响因素，基坑不稳定性的发生机理，刚性扩大基础的埋深和截面尺寸的影响因素。

了解： 浅基础所使用的常见建筑材料，旱地上基坑开挖方法及质量要求。

能力目标

能够验算浅基础的承载力。

能够根据给定的基础形式和地质条件等编写刚性基础的施工方案。

能够分析比较给定地基的承载力大小。

能够分析简单地质条件下基坑的稳定性。

能够编写围堰的初步施工方案。

情境导入

天然地基上的基础，通常可分为浅基础和深基础两类，由于埋置深度不同，采用的施工方法、基础结构形式和设计计算方法也不相同。浅基础埋入地层较浅，一般规定不超过5m，施工一般采用敞口开挖基坑修筑的方法。浅基础在设计计算时可以忽略基础侧面土体对基础的影响，基础结构形式和施工方法也较简单。深基础埋入地层较深，结构形式和施工方法较浅基础复杂，在设计计算时需考虑基础侧面土体的影响。

天然地基浅基础由于埋深浅，结构形式简单，施工方法简单，造价较低，因此是建筑物最常用的基础类型。在中小跨径桥涵中，由于上部结构自重和荷载作用较小，通常采用的重力式和桩柱式墩台的基础形式有刚性扩大基础和单独基础。

知识一　天然地基上浅基础的分类

引导问题

1. 浅基础是指什么样的基础？浅基础通常由哪些建筑材料施工而成？
2. 浅基础的钢筋应如何配置才合理？

天然地基上的浅基础有多种分类方法，可根据基础受力特性、组成材料和构造进行分类。在实际工程中，必须因地制宜选择合适的浅基础。

一、根据受力特性分类

刚性基础：刚性基础是指用砖、石、灰土、混凝土等抗压强度大而抗弯、抗剪强度小的刚性材料制作的基础（受刚性角的限制）。用于地基承载力较好、压缩性较小的中小型桥梁和民用建筑。其特点是稳定性好、施工简便、能承受较大的荷载。

扩展基础：扩展基础是指用抗拉、抗压、抗弯、抗剪性能均较好的钢筋混凝土材料制作的基础（不受刚性角的限制）。用于地基承载力较差、上部荷载较大、设有地下室且基础埋深较大的建筑。常见的形式有柱下扩展基础、条形和十字形基础、筏板及箱形基础，其整体性能较好，抗弯刚度较大。

二、按组成材料分类

按组成材料分类，浅基础可以分为：砖基础、灰土基础、三合土基础、毛石基础、混凝土及毛石混凝土基础、钢筋混凝土基础（表1-1）。

表1-1　浅基础按组成材料分类

类　　型	特　　点
砖基础	具有就地取材、价格较低、施工简便等特点，干燥与温暖地区应用广泛，但强度与抗冻性差
灰土基础	灰土由石灰与黏性土混合而成，适用于地下水位低、五层及五层以下的混合结构房屋和墙承重的轻型工业厂房
三合土基础	我国南方常用三合土基础，体积比为1:2:4或1:3:6（石灰:砂:集料），一般多用于水位较低的四层及四层以下的民用建筑工程
毛石基础	用强度较高而又未风化的岩石制作，沿阶梯用三排或以上的毛石
混凝土及毛石混凝土基础	强度、耐久性、抗冻性都很好，混凝土的水泥用量和造价较高，为降低造价可掺入基础体积30%的毛石
钢筋混凝土基础	强度大、抗弯性能好，同条件下基础较薄，适用于大荷载及土质差的地基，注意防止地下水的侵蚀作用

三、按构造分类

1. 刚性扩大基础

由于地基土的强度比墩台圬工的强度低，故基底的平面尺寸都需要稍大于墩台平面尺寸，即做成扩大基础，以满足地基强度的要求。其平面形状为矩形，其每边扩大的尺寸一般为0.20～0.50m。作为刚性基础，每边扩大的最大尺寸应受到材料刚性角的限制。当基础较厚时，可以做成台阶形，以减少基础自重力，节省材料。刚性扩大基础是桥涵及其他建筑常用的基础形式，如图1-1所示。

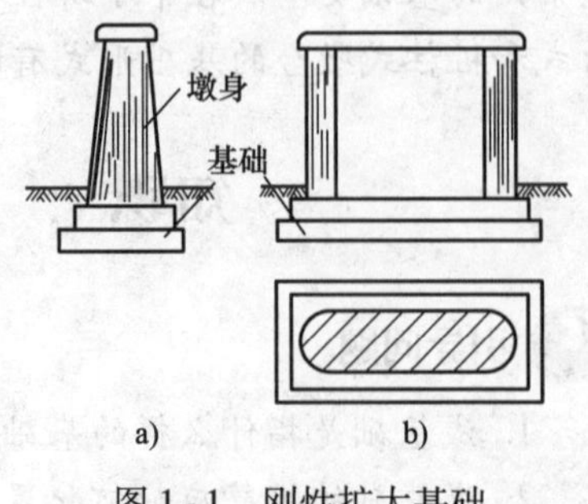

图1-1　刚性扩大基础

2. 独立基础

独立基础（也称单独基础）是柱基础的基本形式，是整个或局部结构物下的无筋或配筋的单个基础。通常情况下，柱基、烟囱、水塔、高炉、机器设备多采用独立基础，如图 1 - 2 所示。

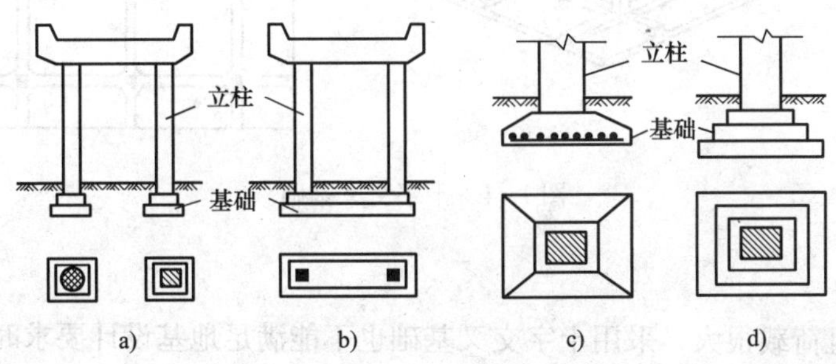

图 1 - 2　独立基础

3. 条形基础

条形基础是指基础长度远大于宽度的一种基础形式。按上部结构形式，可分为墙下条形基础和柱下条形基础。

(1) 墙下条形基础　墙下条形基础是承重墙基础的主要形式，常用砖、毛石、三合土或灰土建造。当上部结构荷载较大而土质较差时，可采用混凝土或钢筋混凝土建造，墙下钢筋混凝土条形基础一般做成无肋式，如图 1 - 3a 所示。如地基在水平方向上压缩性不均匀，为了增加基础的整体性，减少不均匀沉降，也可做成肋板式的条形基础。

(2) 柱下条形基础　当地基软弱而荷载较大时，若采用柱下独立基础，底面积必然很大，因而相邻基础的间距较小。为了增强基础的整体性并方便施工，可将同一排的柱下独立基础连通，做成钢筋混凝土条形基础，如图 1 - 3b 所示。

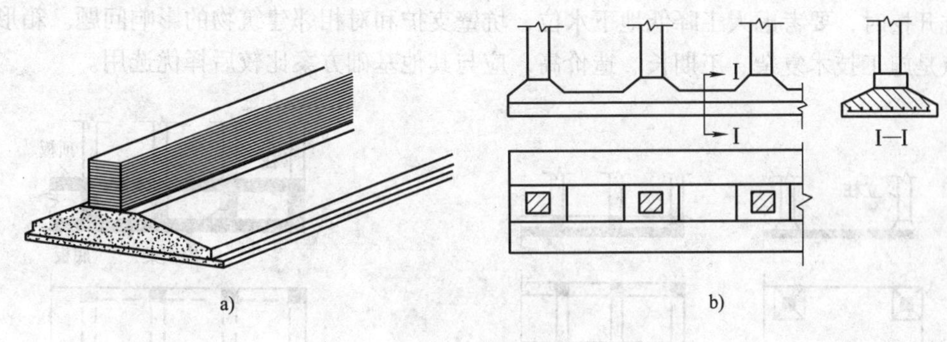

图 1 - 3　条形基础

a）墙下条形基础　b）柱下条形基础

4. 十字交叉基础

当荷载很大，采用柱下条形基础不能满足地基基础设计要求时，可采用双向的柱下钢筋混凝土条形基础形成的十字交叉基础，如图 1 - 4 所示。这种基础纵横向具有一定的刚度。当地基软弱且在两个方向的荷载和土质不均匀时，十字交叉基础对不均匀沉降具有良好的调整能力。

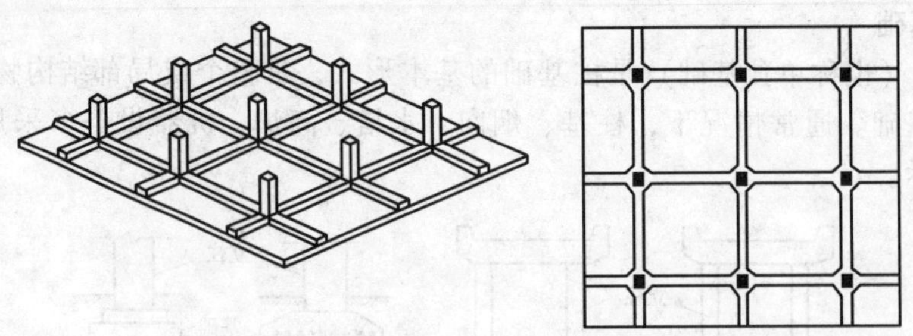

图 1-4　十字交叉基础

5. 筏板基础

当地基软弱且荷载很大，采用十字交叉基础也不能满足地基设计要求时，可采用筏板基础，即用钢筋混凝土做成连续整片基础。筏板基础亦称筏形基础，俗称“满堂红”，或称满堂基础，如图 1-5 所示。筏板基础由于基底面积大，故可减小基底压力，同时增大了基础的整体刚度。

筏板基础不仅用于框架、框剪、剪力墙结构，亦可用于砌体结构。我国南方某些城市在多层砌体住宅基础中大量采用，并直接做在地表上，称无埋深筏基。筏板基础可以做成整板式和梁板式。

6. 箱形基础

箱形基础是由钢筋混凝土的底板、顶板和内外纵横墙体组成的格式空间结构，如图 1-6 所示。箱形基础埋深大、具有很大的整体刚度，故在荷载作用下，建筑物仅发生大致均匀的沉降与不大的整体倾斜。箱形基础是高层建筑人防工程必需的基础形式。箱形基础的中空结构形式，使得基础自重小于开挖基坑卸去的土重，基础底面的附加压力值将比实体基础小，从而提高了地基土层的稳定性，降低了基础沉降量。在地下水位较高的地区采用箱形基础进行基坑开挖时，要考虑人工降低地下水位，坑壁支护和对相邻建筑物的影响问题。箱形基础的缺点是施工技术复杂、工期长、造价高，应与其他基础方案比较后择优选用。

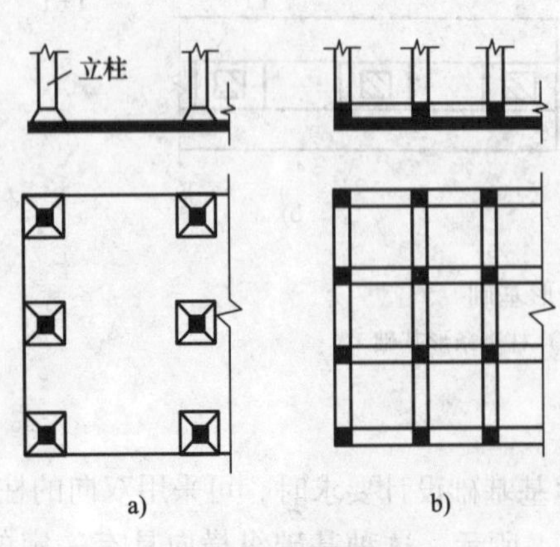

图 1-5　筏板基础
a）整板式筏板基础　b）梁板式筏板基础

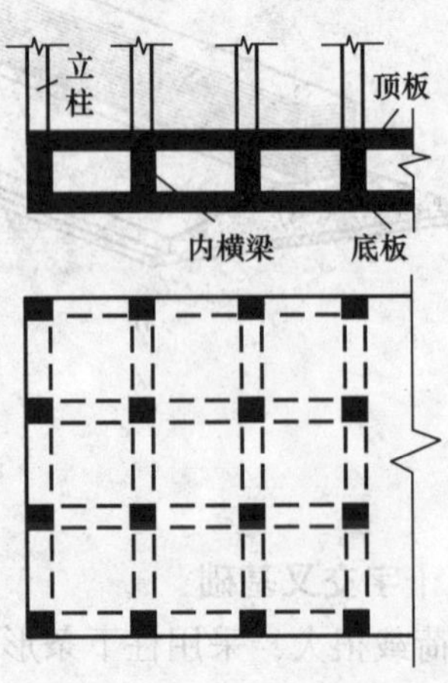

图 1-6　箱形基础

7. 壳体基础

为了改善基础的受力性能，基础可做成各种形式的壳体，成为壳体基础。根据形状不同，壳体基础主要有 M 形组合壳、正圆锥壳和内球外锥组合壳三种形式，如图 1-7 所示。

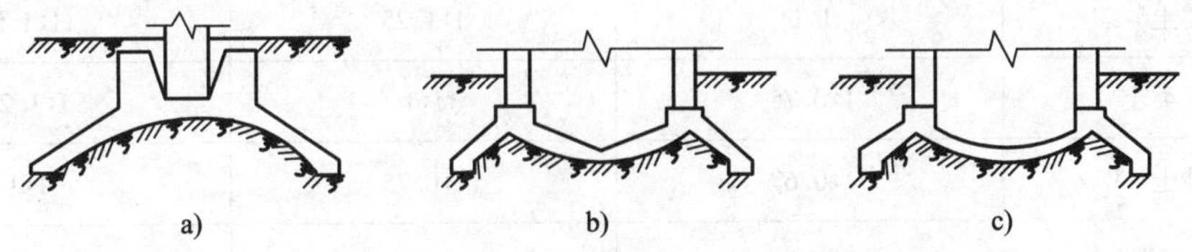

图 1-7　壳体基础

a）正圆锥壳　b）M 形组合壳　c）内球外锥组合壳

壳体基础具有用料省和造价低等优点。根据工程实践统计，中小型筒形构筑物的壳体基础可比一般梁、板式的钢筋混凝土基础节约混凝土 50% 左右，节省钢筋 30% 以上。此外，一般情况下壳体基础施工时不必支模，土方挖运量也较小。当然，壳体基础施工技术要求较高，目前主要用于烟囱、水塔、电视塔等构筑物的基础。

知识二　刚性扩大基础施工

引导问题

1. 水里的浅基础如何施工？
2. 基础施工过程中需要开挖土体形成基槽，怎样确保基槽侧壁土体不滑动倾倒？

刚性扩大基础的施工可采用明挖的方法进行基坑开挖，开挖工作应尽量在枯水或少雨季节进行，且不宜间断。基坑挖至基底设计标高应立即对基底土质及坑底情况进行检验，验收合格后应尽快修筑基础，不得将基坑暴露过久。基坑可用机械或人工开挖，接近基底设计标高应留 30cm 高度由人工开挖，以免破坏基底土的结构。基坑开挖过程中要注意排水，基坑尺寸要比基底尺寸每边大 0.5～1.0m，以方便设置排水沟及立模板和砌筑工作。基坑开挖时根据土质及开挖深度对坑壁予以围护或不围护，围护的方式多种多样。水中开挖基坑还需先修筑防水围堰。

一、旱地上基坑开挖及围护

1. 无围护基坑

当基坑较浅、地下水位较低或渗水量较少、不影响坑壁稳定时，可将坑壁挖成竖直或斜坡形。竖直坑壁只适宜在岩石地基或基坑较浅又无地下水的硬黏土中采用。在一般土质条件下开挖基坑时，应采用放坡开挖的方法。基坑深度在 5m 以内，施工期较短，地下水在基底以下，且土的湿度接近最佳含水率，土质构造又较均匀时，基坑坡度可参考表 1-2 选用。

表 1-2　无围护基坑坑壁坡度

坑壁土类	坑壁坡度		
	基坑顶缘无荷载	基坑顶缘有静荷载	基坑顶缘有动荷载
砂类土	1:1	1:1.25	1:1.5
砂卵石类土	1:0.75	1:1	1:1.25
亚砂土	1:0.67	1:0.75	1:1
亚黏土、黏土	1:0.33	1:0.5	1:0.75
极软岩	1:0.25	1:0.33	1:0.67
软质岩	1:0	1:0.1	1:0.25
硬质岩	1:0	1:0	1:0

当地基土的湿度较大可能引起坑壁坍塌时，坑壁坡度应适当放缓。基坑顶缘有动荷载时，基坑顶缘与动荷载之间至少留 1m 的护道。若地质水文条件差，应加宽护道或采取加固等措施，以增加边坡的稳定性。基坑深度大于 5m 时，可将坑壁坡度适当放缓或加设平台。

2. 有围护基坑

当基坑较深、土质条件较差、地下水影响较大或放坡开挖对邻近建筑有影响时，应对坑壁进行围护。护壁的方法很多，选择护壁的方法与开挖深度、土质条件及地下水位高低、施工技术条件、材料供应等有密切关系。现仅就目前常用的方法介绍如下：

（1）板桩墙支护　在基坑开挖前先将板桩垂直打入土中至坑底以下一定深度，然后边挖边设支撑，开挖基坑过程始终在板桩支护下进行。

板桩按材料划分有木板桩、钢筋混凝土板桩和钢板桩三种。木板桩易于加工，但我国除林区以外现已很少采用。钢筋混凝土板桩耐久性好，但制造复杂且质量大，防渗性能差，修建桥梁基础很少采用。钢板桩薄，强度大，能穿过较坚硬的土层，锁口紧密，不易漏水，还可以焊接接长并能重复使用，且断面形式较多（图 1-8），可适应不同形状基坑。故钢板桩应用较为广泛，但价格较贵。

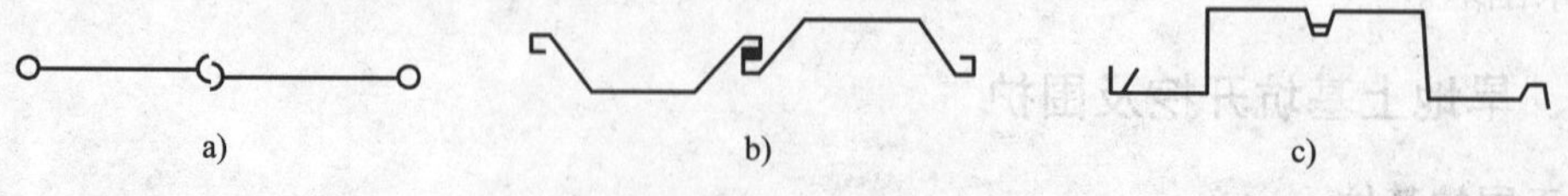

图 1-8　板桩墙的断面形状
a）一字形　b）槽形　c）Z 字形

板桩墙可分为无支撑式（图 1-9a）、支撑式和锚撑式（图 1-9d）。支撑式板桩墙按设置支撑的层数可分为单支撑板桩墙（图 1-9b）和多支撑板桩墙（图 1-9c）。由于板桩墙多应用于较深基坑的开挖，故多支撑板桩墙应用较多。

（2）喷射混凝土护壁　喷射混凝土护壁，适用于土质较稳定，渗水量不大，深度小于

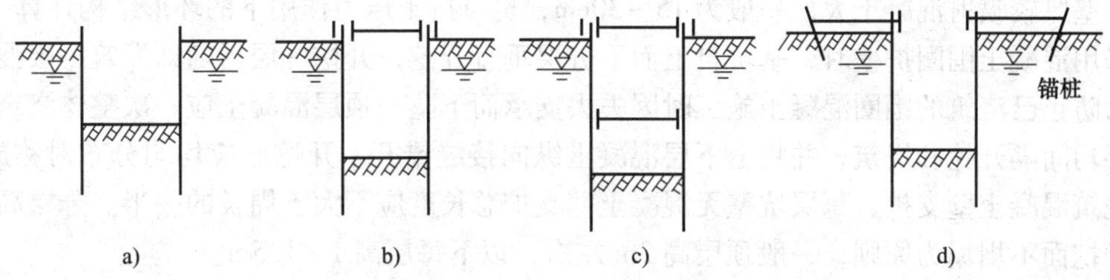

图 1-9　板桩墙的支撑形式

a）无内支撑（悬臂梁）　b）一层内支撑　c）两层内支撑　d）外拉锚

10m，直径为 6～12m 的圆形基坑。对于有流砂或淤泥夹层的土质，也有使用成功的实例。

喷射混凝土护壁的基本原理是以高压空气为动力，将搅拌均匀的砂、石、水泥和速凝剂干料，由喷射机经输料管吹送到喷枪，在通过喷枪的瞬间，加入高压水进行混合，自喷嘴射出，喷射在坑壁，形成环形混凝土护壁结构，以承受土压力。

采用喷射混凝土护壁时，根据土质和渗水等情况，坑壁可以接近陡立或稍有坡度，每开挖一层喷护一层，每层高度为 1m 左右，土层不稳定时应酌减；渗水较大时不宜超过 0.5m。

混凝土的喷射顺序，对无水、少量渗水坑壁可由下向上一环一环进行；对渗水较大的坑壁，喷护应由上向下进行，以防新喷的混凝土被水冲走；对集中渗出股水的基坑，可从无水或少水处开始，逐步向水大处喷护，最后用竹管将集中的股水引出。喷射作业应沿坑周分若干区段进行，区段长度一般不超过 6m。

喷射混凝土厚度主要取决于地质条件、渗水量大小、基坑直径和基坑深度等因素。根据实践经验，对于不同土层，可取下列数值：一般黏性土、砂土和碎卵石类土层，如无渗水，厚度为 3～8cm，如有少量渗水，厚度为 5～10cm；对稳定性较差的土，如淤泥、粉砂等，如无渗水，厚度为 10～15cm，如有少量渗水，厚度为 15cm，如有大量渗水，厚度为 15～20cm。

一次喷射是否能达到规定的厚度，主要取决于混凝土与土之间的黏结力和渗水量大小。如一次喷射达不到规定的厚度，则应在混凝土终凝后再补喷，直至达到规定的厚度为止。

喷射混凝土应当早强、速凝、有较高的不透水性，且其干料应能顺利通过喷射机。

水泥应使用硬化快、早期强度高、保水性能好的硅酸盐水泥或普通水泥，其强度等级不宜低于 32.5 级；粗集料最大粒径要求严格控制在喷射机允许范围内；细集料宜用中砂，应严格控制其含水率在 4%～6%。当含水率小于 4% 时，混合料易胶结堵塞管路，或使喷射效果显著降低；当含水率大于 6% 时，混合料容易在喷射过程中离析，从而降低混凝土强度，并产生大量粉尘污染环境，危害工人健康。混凝土水灰比为 0.4～0.5，水泥与集料比为 1∶5～1∶4，速凝剂掺量为水泥用量的 2%～4%，掺入后停放时间不应超过 20min。混凝土初凝时间不宜大于 5min，终凝时间不大于 10min。

经过对喷射混凝土试件进行抗压试验，7d 后其抗压强度一般达 15MPa，最高达 25MPa。

(3) 混凝土围圈护壁　喷射混凝土护壁要求有熟练的技术工人和专门设备，对混凝土用料的要求也较严，尚无成熟经验用于超过 10m 的深基坑，因而有其局限性。混凝土围圈护壁则适应性较强，可以按一般混凝土施工，基坑深度可达 15～20m，除流砂及呈流塑状态黏土外，可适用于其他各种土类。

混凝土围圈护壁也是用混凝土环形结构承受土压力，但其混凝土壁是现场浇筑的普通混凝土，壁厚较喷射混凝土大，一般为15～30cm，也可按土压力作用下的环形结构计算。

采用混凝土围圈护壁时，基坑自上而下分层垂直开挖，开挖一层后随即灌筑一层混凝土壁。为防止已浇筑的围圈混凝土施工时因失去支承而下坠，顶层混凝土应一次整体浇筑，以下各层均间隔开挖和浇筑，并将上下层混凝土纵向接缝错开。开挖面应均匀分布对称施工，及时浇筑混凝土壁支护，每层坑壁无混凝土壁支护总长度应不大于周长的一半。分层高度以垂直开挖面不坍塌为原则，一般顶层高2m左右，以下每层高1～1.5m。

围圈混凝土应紧贴坑壁灌筑，不用外模，内模可做成圆形或多边形。施工中注意使层、段间各接缝密贴，防止其间夹泥土和有浮浆等而影响围圈的整体性。围圈混凝土一般采用C15早强混凝土。为使基坑开挖和支护工程连续不间断地进行，一般在周围混凝土抗压强度达到2.5MPa时，即可拆除模板，让它承受土压力。

和喷射混凝土护壁一样，要防止地面水流入基坑，避免坑顶周围土的破坏棱体范围内有不均匀附加荷载，如车辆荷载、临时堆载等。

目前也有采用混凝土预制块分层砌筑来代替就地浇筑混凝土围圈的情况，它的好处是省去现场混凝土灌筑和养护时间，使开挖和支护砌筑连续不间断进行，且周围混凝土质量容易得到保证。

此外，在软弱土层中的较深基坑以深层搅拌桩、粉体喷射混凝土搅拌桩、旋喷桩等，按密排或格框形布置成连续墙以形成支挡结构代替板桩墙等，多用于市政工程、工业与民用建筑工程，桥梁工程也有成功使用的报道。在一些基础工程施工的过程中，对局部坑壁的围护也常因地制宜、就地取材，采用多种灵活的围护方法。在浅基坑中，当地下水影响不大时，也可使用木挡板支撑（路桥施工除特定条件下，现在较少采用），此处不再详细介绍。

二、基坑排水

基坑如在地下水位以下，随着基坑的下挖，渗水将不断涌进基坑产生流土或管涌等破坏，因此施工过程中必须不断地排水，以保持基坑的干燥，提高坑壁稳定性，便于基坑挖土和基础的砌筑与养护。目前常用的基坑排水方法有表面排水法和井点法降低地下水位两种。

1. 表面排水法

表面排水法是在基坑整个开挖过程及基础砌筑和养护期间，在基坑四周开挖集水沟汇集坑壁及基底的渗水，并引向一个或数个比集水沟挖得更深一些的集水坑。集水沟和集水坑应设在基础范围以外，在基坑每次下挖以前，必须先挖沟和坑。集水坑的深度应大于水泵吸水龙头的高度，在吸水龙头上套竹筐围护，以防土石堵塞龙头。

这种排水方法设备简单、费用低，一般土质条件下均可采用。但当地基土为饱和粉细砂土等黏聚力较小的细粒土层时，由于抽水会引起流砂现象，造成基坑的破坏和坍塌，因此当基坑为这类土时，不应采用表面排水法。

2. 井点法降低地下水位

对粉质土、粉砂类土等，如采用表面排水法极易引起流砂现象，影响基坑稳定，此时可采用井点法降低地下水位排水。井点降水还可以提高土的有效重度和自重应力，提高土的抗剪强度指标，提高坑壁土体的稳定性；可以保持基坑内的干燥，便于施工。

根据使用设备的不同，井点主要有轻型井点、喷射井点、电渗井点和深井泵井点等多种类型，可根据土的渗透系数，要求降低水位的深度及工程特点选用。

轻型井点降水布置如图1-10所示，即在基坑开挖前预先在基坑四周打入（或沉入）若干根井管，井管下端1.5m左右为滤管，上面钻有若干直径约2mm的滤孔，外面用过滤层包扎起来。各个井管用集水管连接并抽水。由于使井管两侧一定范围内的水位逐渐下降，各井管相互影响形成了一个连续的疏干区。在整个施工过程中保持不断抽水，以保证在基坑开挖和基础砌筑的整个过程中基坑始终保持着无水状态。该法可以避免发生流砂和边坡坍塌现象。

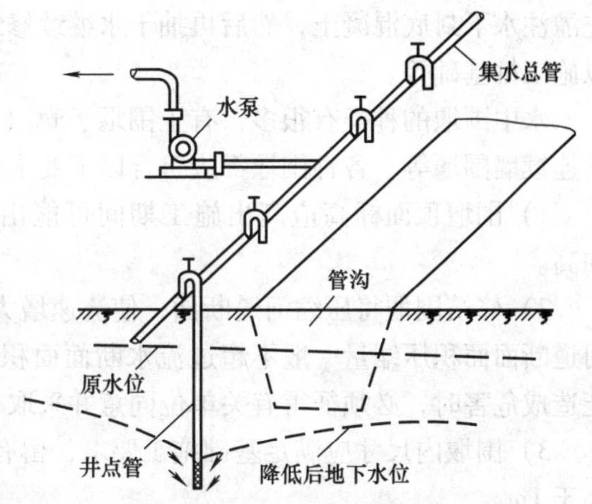

图1-10　轻型井点降水布置

井点法降低地下水位适用于渗透系数为0.1～80m/d的砂土。对于渗透系数小于0.1m/d的淤泥、软黏土等效果较差，需要采用其他方法。

根据经验，如四周井管间距为0.6～1.2m，集水管总长不超过120m，井管的位置在基坑边缘外1.0～1.5m，在基坑中央地下水位可以下降4～5m。用井点降低地下水的理论计算方法较多，如井管竖直打到不透水层时，根据水力学原理，当抽水量大于渗水量时，水位下降，在土内形成漏斗状（图1-11），若在一定时间内抽水量不变，水面下降坡度也保持不变，则离井管任意距离 x 处的水头高度 y 可用式（1-1）表示：

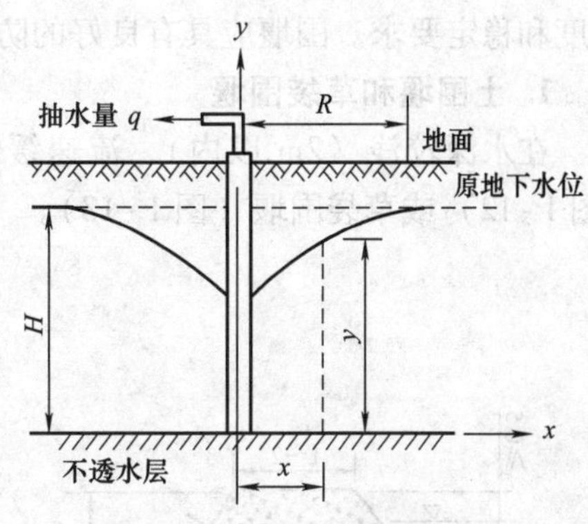

图1-11　井点降水漏斗

$$y^2 = H^2 - \frac{q}{\pi K}\ln\frac{R}{x} \tag{1-1}$$

式中　K——土层的渗透系数（m/s），由室内试验或野外抽水试验求得；

H——原地下水水位至不透水层的距离（m）；

q——单位时间内抽水量（m^3/s）；

R——井的影响半径（m），通过观测孔测得。

应用式（1-1）时，要考虑其他井管的相互影响，近似地认为在多井点系统抽水的情况下，其水头下降可以叠加。

在采用井点法降低地下水位时，应将滤管尽可能设置在透水性较好的土层中。同时还应注意到四周水位下降的范围内对邻近建筑物的影响，由于水位下降，土自重应力增加可能引起邻近建筑物的附加沉降。

三、水中基坑开挖时的围堰工程

在水中修筑桥梁基础时，开挖基坑前需在基坑周围先修筑一道防水围堰，把围堰内水排干后，再开挖基坑修筑基础。如排水较困难，也可在围堰内进行水下挖土，挖至预定标高后先灌注水下封底混凝土，然后再抽干水继续修筑基础。在围堰内不但可以修筑浅基础，也可以施工桩基础等。

水中围堰的种类有很多，有土围堰、草（麻）袋围堰、钢板桩围堰、双壁钢围堰和地下连续墙围堰等。各种围堰都应符合以下要求：

1）围堰顶面标高应高出施工期间可能出现的最高水位 0.5m 以上，有风浪时应适当加高。

2）修筑围堰将压缩河道断面，使流速增大引起冲刷，或堵塞河道影响通航，因此要求河道断面面积压缩量一般不超过流水断面面积的 30%。对两边河岸河堤或下游建筑物有可能造成危害时，必须征得有关单位同意并采取有效防护措施。

3）围堰内尺寸应满足基础施工要求，留有适当工作面积，基坑边缘至堰脚距离一般不小于 1m。

4）围堰结构应能承受施工期间产生的土压力、水压力以及其他可能发生的荷载，满足强度和稳定要求。围堰应具有良好的防渗性能。

1. 土围堰和草袋围堰

在水深较浅（2m 以内）、流速缓慢、河床渗水较小的河流中修筑基础可采用土围堰（图 1-12）或草袋围堰（图 1-13）。

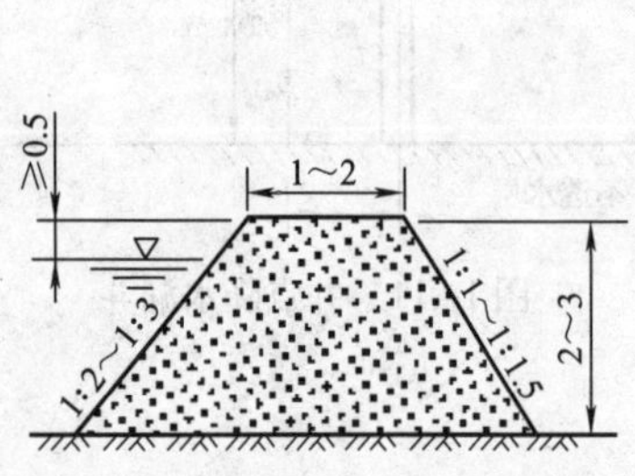

图 1-12　土围堰（单位：m）

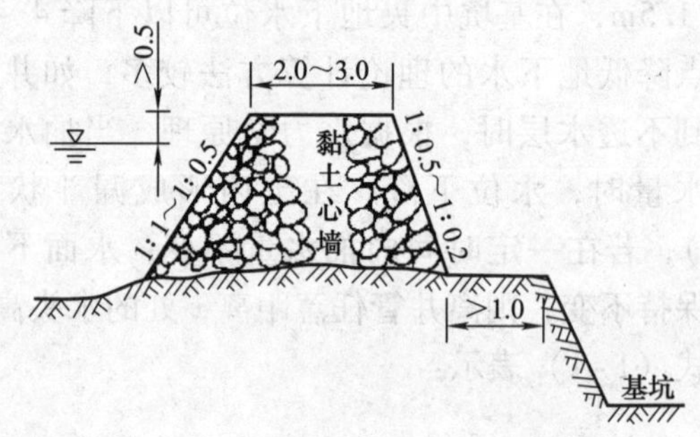

图 1-13　草袋围堰（单位：m）

土围堰用黏性土填筑，无黏性土时，也可用砂土填筑，但须加宽堰身以加大渗流长度，砂土颗粒越大堰身要越厚。围堰断面应根据使用土质条件、渗水程度及水压力作用下的稳定性确定。若堰外流速较大时，可在外侧用草袋木排防护。

此外，还可以用竹笼片石围堰和木笼片石围堰做水中围堰，其结构由内外两层装片石的竹（木）笼中间填黏土心墙组成，黏土心墙厚度不应小于 2m。为避免片石笼对基坑顶部压力过大，并为必要时变更基坑边坡留有余地，片石笼围堰内侧一般应距基坑顶缘 3m 以上。

2. 钢板桩围堰

当水较深时，可采用钢板桩围堰。修建水中桥梁基础常使用单层钢板桩围堰，其支撑（一般为万能杆件构架，也可采用浮箱拼装）和导向（由槽钢组成内外导向环）系统的框架结构称为围囹或围笼（图 1-14）。

钢板桩围堰一般适用于河床为砂土、碎石土和半干硬性黏土，并可嵌入风化岩层。围堰内抽水深度最大可达 20m。

在深水中进行钢板围堰施工时，先在岸边驳船上拼装围囹，然后运到墩位抛锚定位，在围囹中打定位桩，将围囹挂在定位桩上作为施工平台，撤走驳船，沿导向环插打钢板桩。插桩顺序应能保证钢板桩在流水压力作用下紧贴围囹，一般自上游靠主流一角开始分两侧插向下游合龙，并使靠主流侧所插桩数多于另一侧。插打能否顺利合龙在于桩身是否垂直和围堰周边能否为钢板桩桩数所均分。插打合龙后再将钢板桩打至设计标高。打桩顺序由合龙桩开始分两边依次进行。如钢板垂直度较好，可一次打桩到要求的深度，若垂直度较差，宜分两次施打，即先将所有桩打入约一半深度后，再第二次打到要求深度。

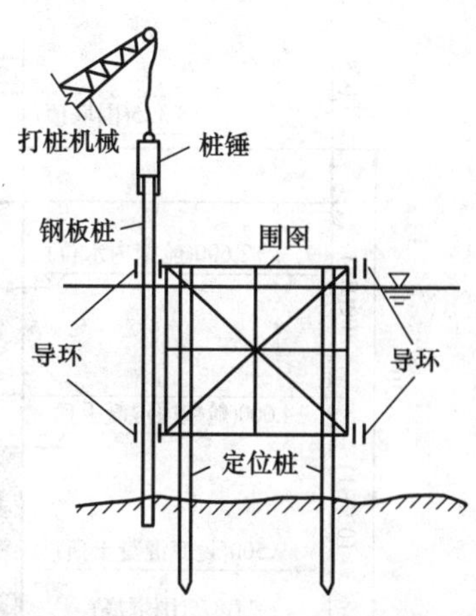

图 1-14　围堰法打钢板桩

打钢板桩所用桩锤一般使用复打气锤，下配桩帽，用吊机吊置于桩上锤击。为加速打桩进度并减少锁口渗漏，宜事先将 2～3 块钢板桩拼成一组。组拼时，在锁口内填充防水混合料，其配合比可取为：黄油∶沥青∶干锯末∶干黏土 =2∶2∶2∶1，咬合的锁口再用棉絮、油灰嵌缝严密，与封底混凝土接触的钢板桩面涂防水混合料作为隔离层，以减小后来拔桩时的阻力。组拼时每隔 3～6m，用与围堰弧度相同的夹具夹紧，要求组拼后的钢板桩两端都平齐，误差不大于 3mm，每组上下宽度一致，误差不大于 30mm。

钢板桩围堰在使用过程中应防止围堰内水位高于围堰外水位，一般可在低于低水位处设置连通管，到围堰内抽水时，再予以封闭。

围堰内抽水到各层支撑导梁处，应逐层将导梁与钢板桩之间的缝隙用木楔楔紧，使导梁受力均匀。

围堰内除土一般采用 $\phi150$～$\phi250$mm 空气吸泥机进行，吸泥达到预计标高就可清底灌注水下混凝土封底，然后在围堰内抽水，水抽干后在封底混凝土顶面清除浮浆和污泥后修筑基础及墩身，墩身出水就拆除钢板桩围堰，继续周转使用。

围堰使用完毕，拔除钢板桩时，应先将钢板桩与导梁间焊接物切除，再在围堰内灌水至高出围堰外水位 1～1.5m，使钢板桩较易与水下混凝土脱离。再在下游选择一组或一块较易拔除的钢板桩，略锤击振动后拔高 1～2m，然后依次将所有钢板桩均拔高 1～2m，使其都松动后，再从下游开始分两侧向上游依次拔除。

3. 双壁钢围堰

在深水中修建桥梁基础还可以采用双壁钢围堰。双壁钢围堰一般做成圆形结构，它本身实际上是个浮式钢沉井。井壁钢壳是由有加劲肋的内外壁板和若干层水平钢桁架组成，中空的井壁提供的浮力可使围堰在水中自浮，使双壁钢围堰在漂浮状态下分层接高下沉。在两壁之间设数道竖向隔仓板将圆形井壁等分为若干个互不连通的密封隔仓，利用向隔仓不等高灌水来控制双壁围堰下沉及调整下沉时的倾斜。井壁底部设置刃脚以利切土下沉。如需将围堰穿过覆盖层下沉到岩层而岩面高差又较大时，可做成高低刃脚密贴岩面。双壁围堰内外壁板间距一般为 1.2～1.4m，这就使围堰刚度很大，围堰内无需设支撑系统。图 1-15 所示为长江某大桥所用的双壁钢围堰的结构与构造。双壁钢围堰根据起重运输条件，可以分节整体制造，也可分层分块制造。

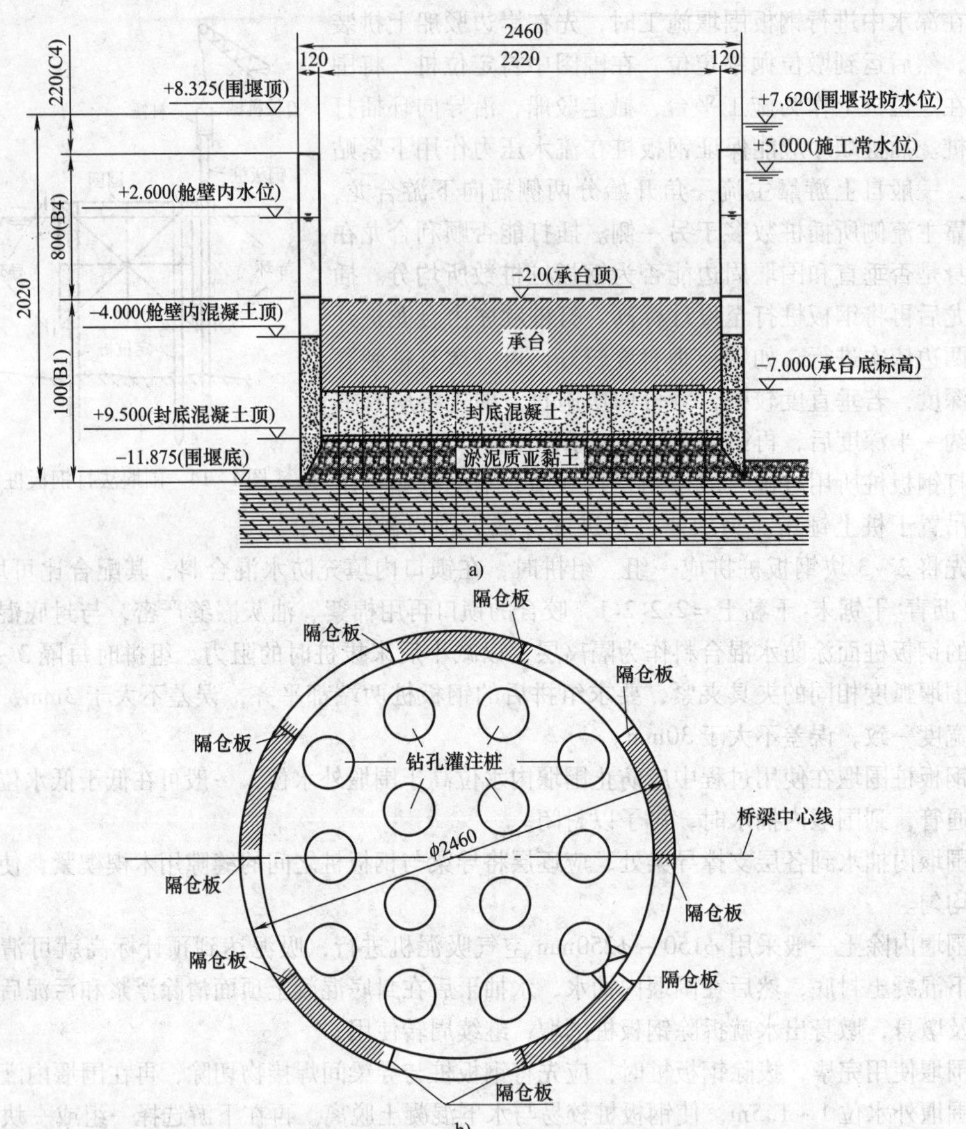

图 1-15 双壁钢围堰的结构与构造（尺寸单位：cm）

a）钢套箱围堰立面 b）钢套箱围堰平面

目前采用双壁钢围堰修建的大型桥梁深水基础，大都将基础放在岩盘上，钻孔嵌岩后，在孔内安放钢筋笼、灌注混凝土，与岩盘牢牢结合在一起，故称这种方法修筑的基础为双壁围堰钻孔桩基础。

双壁围堰钻孔基础施工顺序：

1）在拼装船上拼装底节钢壳。

2）将拼装船及导向船拖拽到墩位抛锚定位。

3）吊起底节钢壳，撤走拼装船，将底节钢壳吊放水下，漂浮在水中。

4）逐层接高（焊接）钢壳，并向中空的钢壳双壁内灌水，使它下沉到河床定位。

5）在围堰内吸泥使它下沉，围堰重量不足时，可在双壁腔内填充水下混凝土加重直到刃脚下沉到设计标高。

6）潜水工人下水将刃脚底空隙用垫块填塞，并清基。

7）在围堰顶部安装施工平台，在底部安装钻孔钢护筒。

8）灌注水下封底混凝土。

9）钻孔嵌岩，在孔内安放钢筋笼，再在孔内灌注水下混凝土。

10）围堰内抽水后灌注基础混凝土，再修筑墩身。

11）墩身出水后，在水下切割河床以上部分的钢壳围堰，吊走，修建下一个桥墩基础时重复使用。

4. 地下连续墙围堰

地下连续墙围堰是近十几年来伴随着钻孔灌注桩施工技术在地下工程和基础工程施工中发展起来的一项新技术，它既可是结构物基础的一部分，也可在修筑施工中起支护基坑的作用，目前已经在桥梁基础修建中得到应用。

知识三　板桩墙的稳定性分析与计算

1. 板桩墙可能发生怎样的破坏？

2. 板桩墙上受到的土压力分布有什么特点？

在基坑开挖时坑壁常用板桩予以支撑，板桩也用作水中桥梁墩台施工时的围堰结构。

板桩墙的作用是挡住基坑四周的土体，防止土体下滑和防止水从坑壁周围渗入或从坑底上涌，避免渗水过大或形成流砂而影响基坑开挖。它主要承受土压力和水压力，因此，板桩墙本身也是挡土墙，但又非一般刚性挡土墙，它在承受水平压力时是弹性变形较大的柔性结构，它的受力条件与板桩墙的支撑方式、支撑的构造、板桩和支撑的施工方法以及板桩入土深度密切相关，需要进行专门的设计计算。

板桩墙的计算内容应包括：板桩墙侧向压力计算；确定板桩插入土中的深度，以确保板桩墙有足够的稳定性；计算板桩墙截面内力，验算板桩墙材料强度，确定板桩截面尺寸；板桩支撑（锚撑）的计算；基坑稳定性验算；水下混凝土封底计算。

一、侧向压力计算

作用于板桩墙的外力主要来自坑壁土压力和水压力，或坑顶其他荷载（如挖土机、运土机械等）所引起的侧向压力。

板桩墙土压力计算比较复杂，因为板桩柔度大，在土压力作用下将发生弯曲变形，此种变形又反过来影响土压力的大小与分布，二者密切相关，相互影响，因此板桩墙上土压力主要取决于土的性质和板桩墙在施工和使用期间的变形情况。由于板桩墙大多是临时结构物，因此常采用比较粗略的近似计算，即不考虑板桩墙的实际变形，仍沿用古典土压力理论计算作用于板桩墙上的土压力。一般用朗肯理论来计算不同深度 z 处每延米宽度内的主、被动土压力强度 p_a、p_p。

对于非黏性土：

$$p_{\mathrm{a}} = \gamma z \tan^2\left(45^\circ - \frac{\varphi}{2}\right) = \gamma z K_{\mathrm{a}} \tag{1-2}$$

$$p_{\mathrm{p}} = \gamma z \tan^2\left(45^\circ + \frac{\varphi}{2}\right) = \gamma z K_{\mathrm{p}} \tag{1-3}$$

式中 γ——计算点以上土的重度；

z——计算点到板桩墙墙顶的深度；

K_{a}——朗肯主动土压力系数；

K_{p}——朗肯被动土压力系数；

φ——计算点处土的内摩擦角。

对于黏性土，式（1-2）中的内摩擦角 φ 用等代内摩擦角 φ_{c} 代入，φ_{c} 可查表 1-3 取用。

表 1-3 等代内摩擦角 φ_{c}

土的类别 \ 土的潮湿程度	$0 < S_{\mathrm{r}} \leqslant 0.5$（稍湿）	$0.5 < S_{\mathrm{r}} \leqslant 0.8$（很湿）	$0.8 < S_{\mathrm{r}} \leqslant 1$（饱和）
种植土	40°	30° ~35°	25°
淤泥	35°	20°	15°
亚砂土、亚黏土、黏土	40° ~ 45°	30° ~ 35°	20° ~ 25°

注：S_{r} 表示土的饱和度。

若有地下水或者地面水，还应根据土的透水性质和施工方法来考虑计算静水压力对板桩的作用。若土层为透水性土，则在计算土压力时，土重取浮重度，并考虑全部静水压力；若水下土层为不透水的黏性土层，且打板桩时不会使打桩后的土松动而使水进入土中，计算土压力则不考虑水的浮力取饱和重度，而土层以上水深作为均布的超载作用考虑。

二、悬臂式板桩墙的受力分析

图 1-16 所示的悬臂式板桩墙，因板桩不设支撑，故墙身位移较大，通常可用于挡土高度不大的临时性支撑结构。

悬臂式板桩墙的破坏一般是板桩绕桩底端 b 点以上的某点 o 转动。这样在转动点 o 以上的墙身前侧以及 o 点以下的墙身后侧，将产生被动抵抗力，在相应的另一侧产生主动土压力。由于精确地确定土压力的分布规律较困难，一般近似地假定土压力的分布图形如图 1-16 所示，墙身前侧是被动土压力（bcd），其合力为 E_{p1}，并考虑有一定的安全系数 K（一般取 $K=2$）；在墙身后侧为主动土压力（abe），合力为 E_{a}。另外在桩下端还作用有被动土压力 E_{p2}，由于 E_{p2} 的作用位置不易确定，计算时假定作用在桩端 b 点。考虑到 E_{p2} 的实际作用位置应在桩端以上一段距离，因此，在最后求得板桩的入土深度 t 后，再适当增加 10% ~20%。

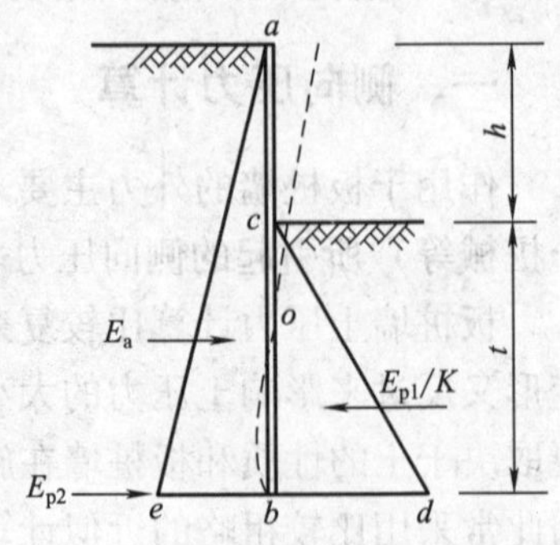

图 1-16 悬臂式板桩墙的计算

三、单支撑（锚碇式）板桩墙的分析

当基坑开挖深度较大时，不能采用悬臂式板桩墙，此时可在板桩顶部附近设置支撑或锚碇拉杆，成为单支撑板桩墙，如图 1 - 17 所示。

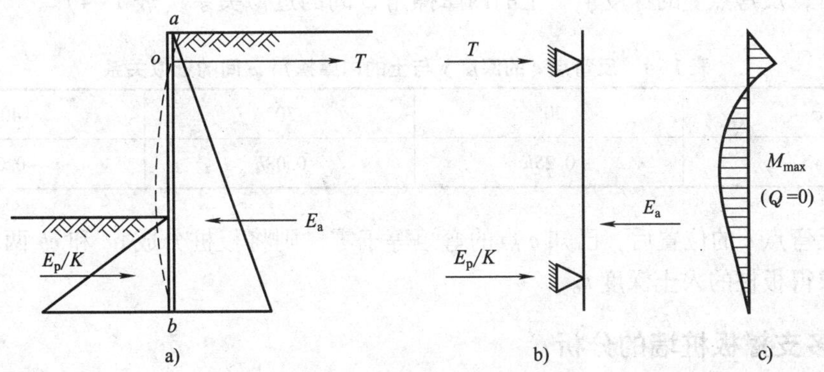

图 1 - 17　单支撑板桩墙的计算

a）土压力分布　b）荷载简图　c）弯矩沿深度分布

单支撑板桩墙计算时，可以把它作为有两个支承点的竖直梁。一个支承点是板桩上端的支撑杆或锚碇拉杆，另一个支承点是板桩下端埋入基坑底下的土。下端的支承情况又与板桩埋入土中的深度有关，一般分为两种支承情况：第一种是简支支承，如图 1 - 17a 所示。这类板桩埋入土中较浅，板桩下端允许产生自由转动。第二种是固定端支承，如图 1 - 18 所示。若板桩下端埋入土中较深，可以认为板桩下端在土中嵌固。

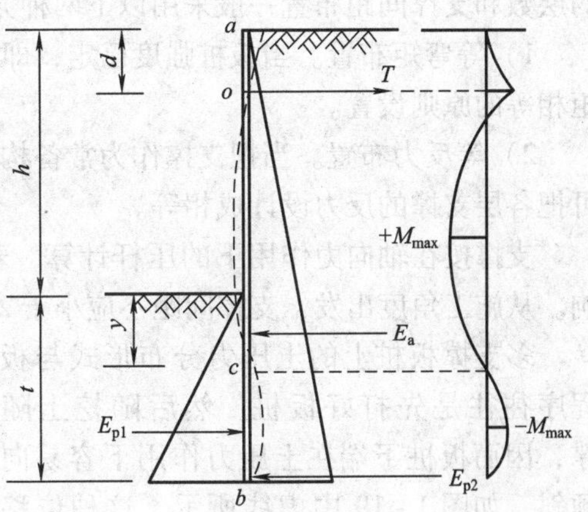

图 1 - 18　下端为固定支承时的单支撑板桩（土压力及弯矩分布）

1. 板桩下端简支支承时的土压力分布

板桩墙受力后挠曲变形，上下两个支承点均允许自由转动，墙后侧产生主动土压力 E_a。由于板桩下端允许自由转动，故墙后下端不产生被动土压力。墙前侧由于板桩向前挤压故产生被动土压力 E_p（图 1 - 17a）。由于板桩下端入土较浅，板桩墙的稳定安全度，可以用墙前被动土压力 E_p 除以安全系数 K 保证。此种情况下的板桩墙受力如同简支梁（图 1 - 17b），按照板桩上所受土压力计算出的每延米板桩跨间的弯矩如图 1 - 17c 所示，并以 M_{max} 值设计板桩的厚度。

2. 板桩下端固定支承时的土压力分布

板桩下端入土较深时，板桩下端在土中嵌固，板桩墙后侧除主动土压力 E_a 外，在板桩下端嵌固点下还产生被动土压力 E_{p2}。假定 E_{p2} 作用在桩端 b 点处（图 1 - 18）。与悬臂式板桩墙计算相同，板桩的入土深度可按计算值适当增加 10% ~20%。板桩墙的前侧作用被动土压力 E_{p1}。由于板桩入土较深，板桩墙的稳定安全度由桩的入土深度保证，故被动土压力 E_{p1}

不再考虑安全系数。由于板桩下端的嵌固点位置不知道，因此，不能用静力平衡条件直接求解板桩的入土深度 t。在图 1-18 中给出了板桩受力后的挠曲形状，在板桩下部有一挠曲反弯点 c，在 c 点以上板桩有最大正弯矩，c 点以下产生最大负弯矩，挠曲反弯点 c 相当于弯矩零点，弯矩分布如图 1-18 所示。太沙基给出了在均匀砂土中，当土表面无超载、墙后地下水位较低时，反弯点 c 的深度 y 与土的内摩擦角 φ 间的近似关系（表 1-4）。

表 1-4　反弯点 c 的深度 y 与土的内摩擦角 φ 间的近似关系

φ	20°	30°	40°
y	$0.25h$	$0.08h$	$-0.007h$

确定反弯点 c 的位置后，已知 c 点的弯矩等于零，则将板桩分成 ac 和 cb 两段，根据平衡条件可求得板桩的入土深度 t。

四、多支撑板桩墙的分析

当坑底在地面或水面以下很深时，为了减小板桩的弯矩可以设置多层支撑。支撑的层数及位置要根据土质、坑深、支撑结构杆件的材料强度，以及施工要求等因素拟定。板桩支撑的层数和支撑间距布置一般采用以下两种方法设置：

1）等弯矩布置。当板桩强度已定，即板桩作为常备设备使用时，可按支撑之间最大弯矩相等的原则设置。

2）等反力布置。当把支撑作为常备构件使用时，甚至要求各层支撑的断面都相等时，可把各层支撑的反力设计成相等。

支撑按在轴向力作用下的压杆计算，若支撑长度很大，应考虑支撑自重产生的弯矩影响。从施工角度出发，支撑间距不应小于 2.5m。

多支撑板桩上的土压力分布形式与板桩墙位移情况有关，由于多支撑板桩墙的施工程序往往是先打好板桩，然后随挖土随支撑，因而板桩下端在土压力作用下容易向内倾斜，如图 1-19 中虚线所示。这种位移与挡土墙绕墙顶转动的情况相似，但墙后土体达不到主动极限平衡状态，土压力不能按库仑或朗肯理论计算。根据试验结果证明这时土压力呈中间大、上下小的抛物线形状分布，其变化在静止土压力与主动土压力之间，如图 1-19 所示。

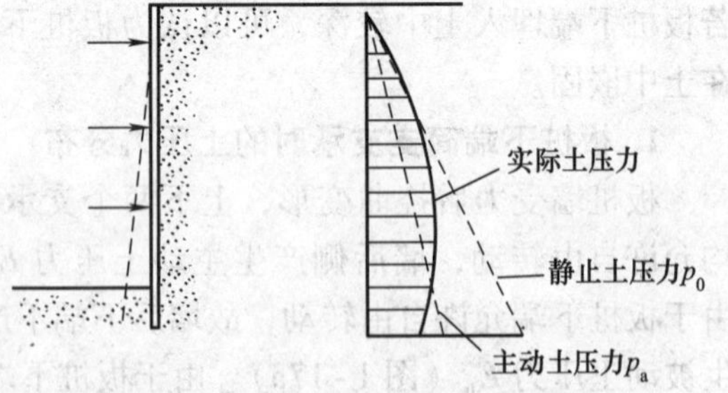

图 1-19　多支撑板桩墙的位移及土压力分布

太沙基和佩克（Terzaghi and Peck）根据实测及模型试验结果，提出作用在板桩墙上的土压力分布经验图形（图 1-20）。对于砂土，其土压力分布图形如图 1-20b、c 所示，最大土压力强度 $p_a = 0.8\gamma HK_a\cos\delta$。式中，$K_a$ 为库仑主动土压力系数；δ 为墙与土间的摩擦角。黏性土的土压力分布图形如图 1-20d、e 所示。当坑底处土的自重压力为 $\gamma H > 6c_u$ 时（c_u 为黏土的不排水抗剪强度），可认为土的强度已达到塑性破坏条件，此时墙上的土压力分布图形如图 1-20d 所示，其最大土压力强度为（$\gamma H - 4m_1c_u$），其中系数 m_1 通常采用 1。当基坑底有软土存在时，则取 $m_1=0.4$。当坑底处土的自重压力 $\gamma H<4c_u$时，认为土未达到塑性破坏，这时土压力分布图形如图 1-20e 所示，最大土压力强度为（0.2~0.4）γH。当墙位移很小，而且施工期很短时，采用其中低值；当 γH 在（4~6）c_u之间时，土压力分布可在两者之间取用。

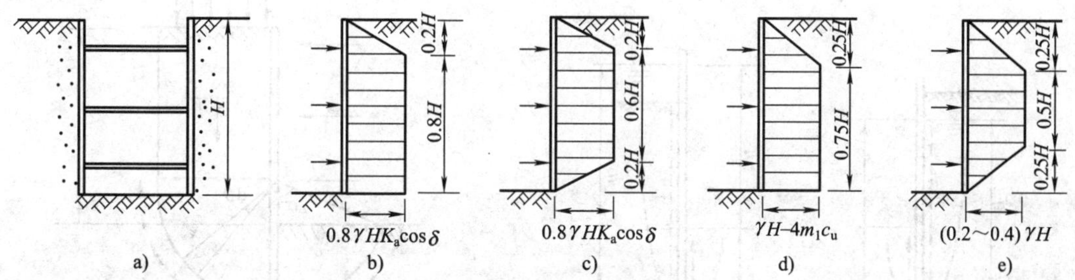

图 1-20　多支撑板桩墙上土压力的分布

a）板桩支撑　b）松砂　c）密砂　d）黏土 $\gamma H>6c_u$　e）黏土 $\gamma H<4c_u$

多支撑板桩墙计算时，也可假定板桩在支撑之间为简支支承，由此计算板桩弯矩及支撑作用力。

五、基坑稳定性验算

1. 坑底流砂验算

当坑底土为粉砂、细砂等时，在基坑内抽水可能引起流砂的危险。一般可采用简化计算方法进行验算。其原则是板桩有足够的入土深度以增大渗流长度，减小向上动水力。基坑内抽水后引起的水头差 h'造成的渗流，其最短渗流距离为 h_1+t，在流程 t 中水对土粒的动水力应是竖直向上的，故避免发生流砂的条件为此动水力不超过土的有效重度 γ'（图 1-21），即

$$Ki\gamma_w \leqslant \gamma' \tag{1-4}$$

式中　K——安全系数，取 2.0；

i——水力梯度，$i=\dfrac{h'}{h_1+t}$；

γ_w——水的重度。

由此可计算确定板桩要求的入土深度 t。

2. 坑底隆起验算

开挖较深的软土基坑时，在坑壁土体自重和坑顶荷载作用下，坑底软土可能受挤在坑底发生隆起现象。常用简化方法验算，即假定地基破坏时会发生如图 1-22 所示的滑动，其滑动面圆心在最底层支撑点 A 处，半径为 x，垂直面上的抗滑阻力不予考虑，则

滑动力矩为
$$M_d=(q+\gamma H)\frac{x^2}{2} \tag{1-5}$$

抗滑力矩为
$$M_r=x\int_0^{\frac{\pi}{2}+\alpha}S_u x\,\mathrm{d}\theta,\alpha<\frac{\pi}{2} \tag{1-6}$$

式中　S_u——滑动面上土的不排水抗剪强度，如土为饱和软黏土，则 $\varphi=0$，$S_u=c_u$。

M_r与 M_d之比即为安全系数 K_s，如基坑处地层土质均匀，则安全系数 K_s为

$$K_s = \frac{(\pi + 2\alpha)S_u}{\gamma H + q} \geqslant 1.2$$

式中，$\pi + 2\alpha$ 以弧度表示。

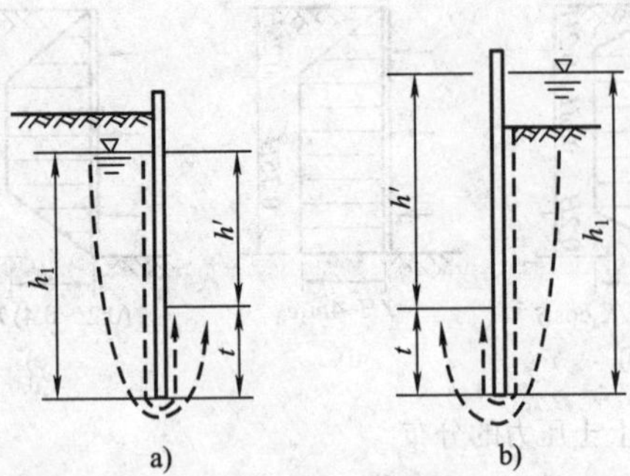

图 1-21　基坑抽水后水头差引起的渗流

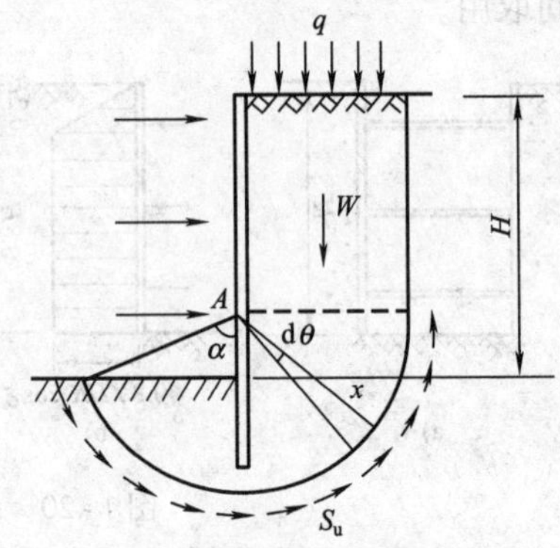

图 1-22　板桩支护的软土滑动面

六、封底混凝土厚度计算

有时钢板桩围堰需进行水下混凝土封底，以便在围堰内抽水修筑基础和墩身。在抽干水后封底混凝土底面因围堰内外水头差而受到向上的静水压力，若板桩围堰和封底混凝土之间的黏结作用不致被静水压力破坏，则封底混凝土及围堰有可能浮起，或者封底混凝土产生向上挠曲而开裂，因而封底混凝土应有足够的厚度，以确保围堰安全。

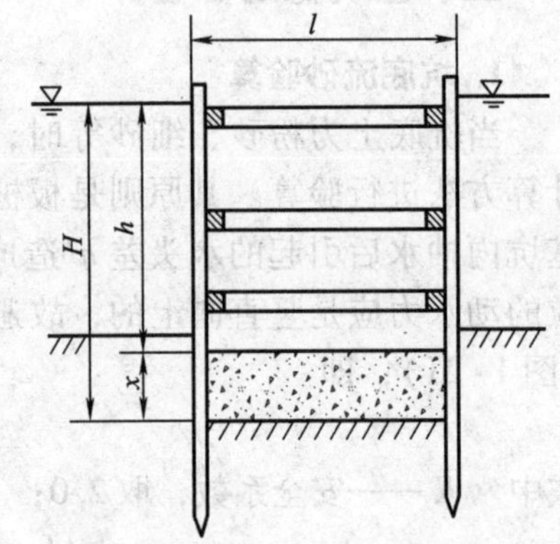

图 1-23　封底混凝土最小厚度

作用在封底层的浮力是由封底混凝土和围堰自重以及板桩和土的摩阻力来平衡的。当板桩打入基底以下深度不大时，平衡浮力主要靠封底混凝土自重，若封底混凝土最小厚度为 x（图 1-23），得到

$$x = \frac{\mu \gamma_w h}{\gamma_c - \gamma_w} \tag{1-7}$$

式中　μ——未计算桩土间摩阻力和围堰自重的修正系数，小于 1，具体数值由经验确定；

γ_w——水的重度，可取 10kN/m^3；

γ_c——混凝土重度，可取 23kN/m^3；

h——封底混凝土顶面处水头高度（m）。

如板桩打入基坑下较深，板桩与土之间摩阻力较大，加上封底层及围堰自重，整个围堰不会浮起，此时封底层厚度应由其强度确定。一般按容许应力法并简化计算，假定封底层为一简支单向板，其顶面在静水压力 p 作用下产生弯曲拉应力

$$\sigma = \frac{1}{8} \cdot \frac{pl^2}{W} = \frac{l^2}{8} \cdot \frac{\gamma_w(h + x) - \gamma_c x}{\frac{1}{6}x^2} \leqslant [\sigma]$$

上式取等号时，整理得

$$\frac{4[\sigma]}{3l^2}x^2 + \gamma_c x - \gamma_w H = 0 \tag{1-8}$$

式中 W——封底层每米宽断面的截面模量（m^3）；

l——围堰宽度（m）；

$[\sigma]$——水下混凝土容许弯曲应力，考虑水下混凝土表层质量较差、养护时间短等因素，不宜取值过高，一般用100~200kPa。

由式（1-8）可解得封底混凝土厚度 x。封底混凝土灌注时厚度宜超过计算值0.25~0.50m，以便在抽水后将顶层浮浆、软弱层凿除，保证工程质量。

知识四　地基承载力的确定

引导问题

1. 地基发生破坏的过程中，地基土体发生怎样的变形？
2. 地基承载力可以采用哪些方法确定？

地基承载力是指单位面积上地基承担荷载的能力。在荷载作用下，地基要产生变形。随着荷载的增大，地基变形逐渐增大。设计基础底面尺寸，必须首先确定地基承载力，地基承载力的确定在地基基础设计中是一个非常重要而且复杂的问题，它不仅与土的物理力学性质有关，而且还与基础形式、宽度、埋深，建筑类型、结构特点和施工速度等有关。

地基容许承载力是指在保证地基土稳定的条件下，建筑物的沉降变形（地基土的压缩变形）不超过建筑物正常使用所容许沉降变形时的地基承载力。

地基承载力容许值是在原位测试或规范给出的各类岩土承载力基本容许值 $[f_{a0}]$ 的基础上，修正后得到的。

一、地基发生破坏的机理

建筑地基在荷载作用下往往由于承载力不足而产生剪切破坏，其破坏形式可以分为整体剪切破坏、局部剪切破坏及冲剪破坏三种类型（图1-24）。该部分知识的介绍可以参考《土质学与土力学》相关部分内容。

二、地基承载力的确定

地基承载力基本容许值应首先考虑由现场载荷试验或其他原位测试取得，其值不应大于地基极限承载力的1/2；对中小桥、涵洞，当受到现场条件限制，或载荷试验和原位测试确定确有困难时，可根据岩土类别、状态及物理力学特征指标按表1-5~表1-11选用。

一般岩石地基可根据强度等级、节理按表1-5确定承载力基本容许值 $[f_{a0}]$。对于复杂的岩层（如溶洞、断层、软弱夹层、易溶岩石、软化岩石等）应按各项因素综合确定。

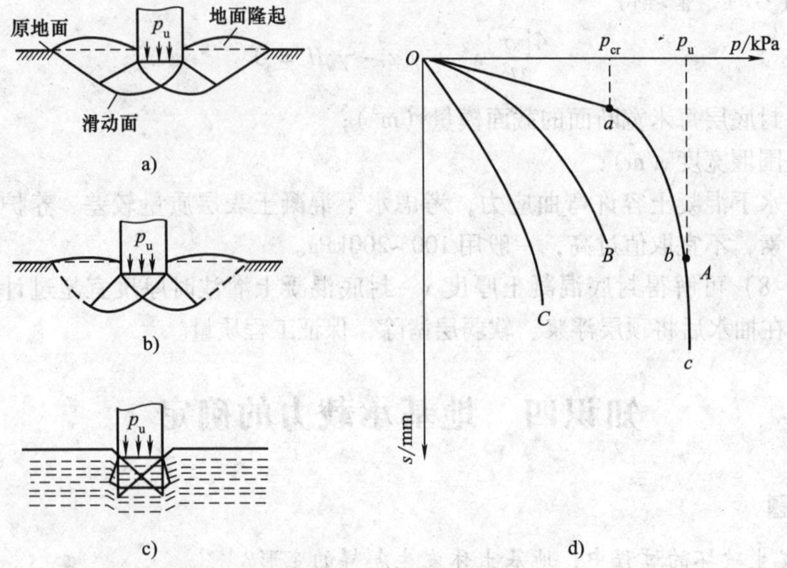

图 1-24　地基的破坏形式

a）整体剪切破坏　b）局部剪切破坏　c）冲剪破坏　d）压力－沉降关系曲线

表 1-5　岩石地基承载力基本容许值［f_{a0}］　（单位：kPa）

节理发育程度 / ［f_{a0}］ / 坚硬程度	节理不发育	节理发育	节理很发育
坚硬岩、较硬岩	>3000	3000～2000	2000～1500
较软岩	3000～1500	1500～1000	1000～800
软岩	1200～1000	1000～800	800～500
极软岩	500～400	400～300	300～200

碎石土地基可根据其类别和密实程度按表 1-6 确定承载力基本容许值［f_{a0}］。

表 1-6　碎石土地基承载力基本容许值［f_{a0}］　（单位：kPa）

密实程度 / ［f_{a0}］ / 土名	密实	中密	稍密	松散
卵石	1200～1000	1000～650	650～500	500～300
碎石	1000～800	800～550	550～400	400～200
圆砾	800～600	600～400	400～300	300～200
角砾	700～500	500～400	400～300	300～200

注：1. 由硬质岩组成，填充砂土者取最高值；由软质岩组成，填充黏性土者取低值。

2. 半胶结的碎石土，可按密实的同类土的［f_{a0}］值提高 10%～30%。

3. 松散的碎石土在天然河床中很少遇见，需特别注意鉴定。

4. 漂石、块石的［f_{a0}］值，可参考卵石、碎石适当提高。

砂土地基可根据土的密实度和水位情况按照表 1 - 7 确定承载力基本容许值 $[f_{a0}]$。

表 1 - 7　砂土地基承载力基本容许值 $[f_{a0}]$　　（单位：kPa）

土名及水位情况 \ $[f_{a0}]$ \ 密实度		密实	中密	稍密	松散
砾砂、粗砂	与湿度无关	550	430	370	200
中砂	与湿度无关	450	370	330	150
细砂	水上	350	270	230	100
	水下	300	210	190	—
粉砂	水上	300	210	190	—
	水下	200	110	90	—

粉土地基可根据土的天然孔隙比 e 和天然含水率 $\omega(\%)$ 按表 1 - 8 确定承载力基本容许值 $[f_{a0}]$。

表 1 - 8　粉土地基承载力基本容许值 $[f_{a0}]$　　（单位：kPa）

e \ $[f_{a0}]$ \ $\omega(\%)$	10	15	20	25	30	35
0.5	400	380	355	—	—	—
0.6	300	290	280	270	—	—
0.7	250	235	225	215	205	—
0.8	200	190	180	170	165	—
0.9	160	150	145	140	130	125

老黏性土地基可根据压缩模量 E_s 按表 1 - 9 确定承载力基本容许值 $[f_{a0}]$。

表 1 - 9　老黏性土地基承载力基本容许值 $[f_{a0}]$

E_s/MPa	10	15	20	25	30	35	40
$[f_{a0}]$/kPa	380	430	470	510	550	580	620

注：当老黏性土 $E_s<10$MPa 时，承载力基本容许值 $[f_{a0}]$ 按一般黏性土（表 1 - 10）确定。

一般黏性土可根据液性指数 I_L 和天然孔隙比 e，按表 1 - 10 确定地基承载力基本容许值 $[f_{a0}]$。

表 1-10 一般黏性土地基承载力基本容许值 $[f_{a0}]$ （单位：kPa）

e \ $[f_{a0}]$ \ I_L	0	0.1	0.2	0.3	0.4	0.5	0.6	0.7	0.8	0.9	1.0	1.1	1.2
0.5	450	440	430	420	400	380	350	310	270	240	220	—	—
0.6	420	410	400	380	360	340	310	280	250	220	200	180	—
0.7	400	370	350	330	310	290	270	240	220	190	170	160	150
0.8	380	330	300	280	260	240	230	210	180	160	150	140	130
0.9	320	280	260	240	220	210	190	180	160	140	130	120	100
1.0	250	230	220	210	190	170	160	150	140	120	110	—	—
1.1	—	—	160	150	140	130	120	110	100	90	—	—	—

注：1. 土中含有粒径大于 2mm 的颗粒质量超过总质量的 30% 以上者，$[f_{a0}]$ 可适当提高。

2. 当 $e<0.5$ 时，取 $e=0.5$；当 $I_L<0$ 时，取 $I_L=0$。此外，超过表列范围的一般黏性土，$[f_{a0}]=57.22E_s^{0.57}$。

新近沉积黏性土地基可根据液限指数 I_L 和天然孔隙比 e，按表 1-11 确定承载力基本容许值 $[f_{a0}]$。

表 1-11 新近沉积黏性土地基承载力基本容许值 $[f_{a0}]$ （单位：kPa）

I_L \ $[f_{a0}]$ \ e	≤0.25	0.75	1.25
≤0.8	140	120	100
0.9	130	110	90
1.0	120	100	80
1.1	110	90	—

修正后的地基承载力容许值 $[f_a]$ 按式（1-9）确定。当基础位于水中不透水地层上时，$[f_a]$ 按平均常水位至一般冲刷线的水深每米再增大 10kPa。

$$[f_a]=[f_{a0}]+k_1\gamma_1(b-2)+k_2\gamma_2(h-3) \tag{1-9}$$

式中 $[f_a]$——修正后的地基承载力容许值（kPa）；

b——基础底面的最小边宽（m），当 $b<2$m 时，取 $b=2$m；当 $b>10$m 时，取 $b=10$m；

h——基础埋置深度（m），自天然地面起算，有水流冲刷时自一般冲刷线起算；当 $h<3$m 时，取 $h=3$m；当 $h/b>4$ 时，取 $h=4b$；

γ_1——基底持力层土的天然重度（kN/m^3）；若持力层在水面以下且为透水性土，应取浮重度；

γ_2——基底以上土层的加权平均重度（kN/m^3）；换算时若持力层在水面以下，且不透水时，不论基底以上土的透水性质如何，一律取饱和重度；当透水时，水中部分土层应取浮重度；

k_1、k_2——基底宽度、深度修正系数，根据基底持力层土的类别按表 1-12 确定。

表 1-12　地基土承载力宽度、深度修正系数 k_1、k_2

系数	土类	黏性土				粉土	砂土								碎石土			
		老黏性土	一般黏性土		新近沉积黏性土	—	粉砂		细砂		中砂		砾砂、粗砂		碎石、圆砾、角砾		卵石	
			$I_L \geq 0.5$	$I_L < 0.5$		—	中密	密实	中密	密实	中密	密实	中密	密实	中密	密实	中密	密实
k_1		0	0	0	0	0	1.0	1.2	1.5	2.0	2.0	3.0	3.0	4.0	3.0	4.0	3.0	4.0
k_2		2.5	1.5	2.5	1.0	1.5	2.0	2.5	3.0	4.0	4.0	5.5	5.0	6.0	5.0	6.0	6.0	10.0

注：1. 对于稍密和松散状态的砂、碎石土，k_1、k_2 值可采用表列中密值的 50%。

2. 强风化和全风化的岩石，可参照所风化成的相应土类取值；其他状况下的岩石不修正。

【例 1-1】　某桥墩的地基土是一般黏性土，天然孔隙比 $e=0.4$，天然含水率 $\omega=16\%$，塑限为 13%，液限为 28%，试确定该地基的容许承载力。

解：液性指数 $I_L=\dfrac{\omega-\omega_p}{\omega_L-\omega_p}=\dfrac{16-13}{28-13}=0.2$

天然孔隙比 $e=0.4<0.5$，e 取 0.5。查表 1-10，得到该地基容许承载力为 $[f_{a0}]=430\text{kPa}$。

三、软土地基承载力

软土地基承载力基本容许值 $[f_{a0}]$ 应由载荷试验或其他原位测试取得。载荷试验和原位测试确有困难时，对于中小桥、涵洞基底未经处理的软土地基，承载力容许值 $[f_a]$ 可采用以下两种方法确定：

1）根据原状土天然含水率 ω，按表 1-13 确定软土地基承载力基本容许值 $[f_{a0}]$，然后按式（1-10）计算修正后的地基承载力容许值 $[f_a]$：

$$[f_a]=[f_{a0}]+\gamma_2 h \tag{1-10}$$

式中，γ_2、h 意义同式（1-9）。

表 1-13　软土地基承载力基本容许值 $[f_{a0}]$

天然含水率 ω(%)	36	40	45	50	55	65	75
$[f_{a0}]$/kPa	100	90	80	70	60	50	40

2）根据原状土强度指标确定软土地基承载力容许值 $[f_a]$。根据原状土的黏聚力、重度、地基抗力系数的比例系数等按式（1-11）计算软土地基的承载力：

$$[f_a]=\frac{5.14}{m}k_p c_u+\gamma_2 h \tag{1-11}$$

$$k_p=\left(1+0.2\frac{b}{l}\right)\left(1-\frac{0.4H}{blc_u}\right) \tag{1-12}$$

式中　m——抗力修正系数，可视软土灵敏度及基础长宽比等因素选用 1.5~2.5；

c_u——地基土不排水抗剪强度标准值（kPa）；

k_p——系数，按式（1-12）计算；

H——由作用（标准值）引起的水平力（kN）；

b——基础宽度（m），有偏心作用时，取 $b-2e_b$；

l——垂直于 b 边的基础长度（m），有偏心作用时，取 $1-2e_l$；

e_b、e_l——偏心作用在宽度和长度方向的偏心距。

经排水固结方法处理的软土地基，其承载力基本容许值 $[f_{a0}]$ 应通过载荷试验或其他原位测试方法确定；经复合地基方法处理的软土地基，其承载力基本容许值应通过载荷试验确定，然后按式（1-11）计算修正后的软土地基承载力容许值 $[f_a]$。

地基承载力容许值 $[f_a]$ 应根据地基受荷阶段及受荷情况，乘以下列规定的抗力系数 γ_R。

（1）使用阶段

1）当地基承受作用短期效应组合或作用效应偶然组合时，可取 $\gamma_R=1.25$；但对承载力容许值 $[f_a]$ 小于150kPa 的地基，应取 $\gamma_R=1.0$。

2）当地基承受的作用短期效应组合仅包括结构自重、预加力、土重力、土侧压力、汽车和人群效应时，应取 $\gamma_R=1.0$。

3）当基础建于经多年压实未遭破坏的旧桥基（岩石旧桥基除外）上时，不论地基承受的作用情况如何，抗力系数均可取 $\gamma_R=1.5$；对 $[f_a]$ 小于150kPa 的地基，可取 $\gamma_R=1.25$。

4）基础建于岩石旧桥基上，应取 $\gamma_R=1.0$。

（2）施工阶段

1）地基在施工荷载的作用下，可取 $\gamma_R=1.25$。

2）当墩台施工期间承受单向推力时，可取 $\gamma_R=1.5$。

*任务　刚性扩大基础的验算

引导问题

1. 基础的埋置深度是深一点好还是浅一点好？基础的底面面积如何确定？
2. 偏心荷载作用下，基础可能发生怎样的破坏？

刚性扩大基础的设计与计算的主要内容：基础埋置深度的确定；刚性扩大基础尺寸的拟定；地基承载力验算；基底合力偏心距验算；基础稳定性和地基稳定性验算；基础沉降验算。

一、基础埋置深度的确定

确定基础埋置深度是地基基础设计中的重要步骤，它涉及结构物建成后的牢固、稳定及正常使用问题。在确定基础埋置深度时，必须考虑把基础设置在变形较小，而强度又比较大的持力层上，以保证地基强度满足要求，而且不致产生过大的沉降或沉降差。此外还要使基础有足够的埋置深度，以保证基础的稳定性，确保基础的安全。确定基础的埋置深度时，必须综合考虑地基的地质条件、地形条件、河流的冲刷程度、当地的冻结深度、上部结构形式，以及保证持力层稳定所需的最小埋深和施工技术条件、造价等因素。对于某一具体工程来说，往往是其中一两种因素起决定性作用，所以在设计时，必须从实际出发，抓住主要因素进行分析研究，确定合理的埋置深度。

1. 地基的地质条件

地质条件是确定基础埋置深度的重要因素之一。覆盖土层较薄（包括风化岩层）的岩石地基，一般应在清除覆盖土和风化层后，将基础直接修建在新鲜岩面上。当岩石的风化层很厚，难以全部清除时，基础在风化层中的埋置深度应根据其风化程度、冲刷深度及相应的容许承载力来确定。当岩层表面倾斜时，不得将基础的一部分置于岩层上，而另一部分置于土层上，以防基础因不均匀沉降而发生倾斜甚至断裂。在陡峭山坡上修建桥台时，还应注意岩体的稳定性。

当基础埋置在非岩石地基上时，如受压层范围内为均质土，基础埋置深度除满足冲刷、冻胀等要求外，可根据荷载大小，由地基土的承载能力和沉降特性来确定（同时考虑基础需要的最小埋深）。当地质条件较复杂（如地层为多层土组成等）或对大中型桥梁及其他建筑物基础持力层的选定，应通过较详细的计算或方案比较后确定。

2. 河流的冲刷深度

在有水流的河床上修建基础时，要考虑洪水对基础下地基土的冲刷作用，洪水水流越急，流量越大，洪水的冲刷越大。整个河床面被洪水冲刷后要下降，这叫一般冲刷，被冲下去的深度叫一般冲刷深度。同时由于桥墩的阻水作用，使洪水在桥墩四周冲出一个深坑，这叫局部冲刷。

因此，在有冲刷的河流中，为了防止桥梁墩、台基础四周和基底下土层被水流掏空以致墩、台倒塌，基础必须埋置在设计洪水的最大冲刷线以下不小于1m。特别是在山区和丘陵地区的河流，更应注意考虑季节性洪水的冲刷作用。

基础在设计洪水冲刷总深度以下的最小埋置深度不应是一个定值，它与河床地层的抗冲刷能力、计算设计流量的可靠性、选用的计算冲刷深度的方法、桥梁的重要性和破坏后修复的难易程度等因素有关。因此，对于大、中桥基础的基底在设计洪水冲刷总深度以下的最小埋置深度，建议根据桥梁大小、技术的复杂性和重要性，参照表1-14采用。

在计算冲刷深度时，尚应考虑其他可能产生的不利因素，当因水利规划使河道变迁，水文资料不足或河床为变迁性和不稳定河段时，表1-14所列数值应适当加大。

表1-14 基底埋深安全值 （单位：m）

桥梁类别 \ 总冲刷深度/m	0	5	10	15	20
大桥、中桥、小桥（不铺砌）	1.5	2.0	2.5	3.0	3.5
特大桥	2.0	2.5	3.0	3.5	4.0

注：1. 总冲刷深度为自河床面算起的河床自然演变冲刷、一般冲刷和局部冲刷深度之和。
2. 表列数值为墩台基底埋入总冲刷深度以下的最小值；若对设计流量、水位和原始断面资料无把握或不能获得河床演变准确资料时，其值宜适当加大。
3. 若桥位上下游有已建桥梁，应调查已建桥梁特大洪水冲刷情况，新建桥梁墩台基础埋置深度不宜小于已建桥梁冲刷深度且酌加必要的安全值。
4. 河床上有铺砌层时，基础底面宜设置在铺砌层顶面以下不小于1.0m。

修筑在覆盖土层较薄的岩石地基上，河床冲刷又较严重的大桥桥墩基础，基础应置于新鲜岩面或弱风化层中并有足够深度，以保证其稳定性。也可用其他锚固等措施，使基础与岩层能联成整体，以保证整个基础的稳定性。如风化层较厚，在满足冲刷深度要求的前提下，一般桥梁的基础可设置在风化层内，此时，地基各项条件均按非岩石考虑。

3. 当地的冻结深度

在寒冷地区，应考虑由于季节性的冰冻和融化对地基土引起的冻胀影响。对于冻胀性土，如土温较长时间保持在冻结温度以下，水分从未冻结土层不断地向冻结区迁移，引起地基的冻胀和隆起，为保证建筑物不受地基土季节性冻胀影响，除地基为非冻胀性土外，基础底面应埋置在天然最大冻结线以下一定深度。

我国幅员辽阔，地理气候不一，各地冻结深度应按实测资料确定。不同冻胀特性的地基土，考虑冻胀时的基础埋置深度不同，可按《公路桥涵地基与基础设计规范》（JTG D63—2007）4.1.1 条采用。

4. 上部结构形式与荷载

上部结构的形式不同，对基础产生的位移要求也不同。对中、小跨度简支梁桥来说，这项因素对确定基础的埋置深度影响不大。但对超静定结构即使基础发生较小的不均匀沉降也会使内力产生一定变化。例如对拱桥和连续梁桥，对基础的要求较高，需将基础设置在埋藏较深的坚实土层上。

上部结构的荷载越大，对基础埋深的要求也越高。

5. 当地的地形条件

当墩台、挡土墙等结构位于较陡的土坡上，在确定基础埋深时，还应考虑土坡连同结构物基础一起滑动的稳定性。由于在确定地基容许承载力时，一般是按地面为水平的情况确定的，因而当地基为倾斜土坡时，应结合实际情况，予以适当折减并采取相应措施。

当地基位于较陡的岩体上时可将基础做成台阶形，但要注意岩体的稳定性。基础前缘至岩层坡面间必须留有适当的安全距离，其数值与持力层岩石（或土）的类别及斜坡坡度等因素有关。根据挡土墙设计要求，基础前缘至斜坡坡面间安全距离及基础嵌入地基中的深度 h 与持力层岩石（或土）类的关系见表 1-15，在设计桥梁基础时也可作参考。但具体应用时，因桥梁基础承受荷载比较大，而且受力较复杂，宜将表中的 l 值适当增大，必要时应降低地基容许承载力，以防止邻近边缘部分地基下沉过大。

表 1-15　斜坡上基础埋深与持力层土类关系

持力层土类	h/m	l/m	示意图
较完整的坚硬岩石	0.25	0.25 ~ 0.50	
一般岩石（如砂页岩互层等）	0.60	0.60 ~ 1.50	
松软岩石（如千枚岩等）	1.00	1.00 ~ 2.00	
砂类砾石及土层	≥1.00	1.50 ~ 2.50	

6. 保证持力层稳定所需的最小埋置深度

地表土在温度和湿度影响下，产生一定的风化作用，性质不稳定。人类和动物的活动以及植物的生长作用，也会破坏地表土层的结构，影响其强度和稳定。一般地表土不宜作为持力层。为了保证地基和基础的稳定性，基础的埋置深度应满足最小埋置深度：①基础（除岩石地基外）应在天然地面或无冲刷河底以下不小于1.0m；②有冲刷时，涵洞基础应在局部冲刷线以下不小于1.0m；③河床有铺砌层时，涵洞基础底面宜设置在铺砌层顶面以下不小于1.0m；④上述影响基础埋深的因素不仅适用于天然地基上的浅基础，有些因素也适用于其他类型的基础（如沉井基础）。

二、刚性扩大基础尺寸的拟定

拟定基础尺寸也是基础设计的重要内容之一，尺寸拟定恰当，可以减少重复设计工作。刚性扩大基础拟定尺寸时主要根据基础埋置深度确定基础平面尺寸和基础分层厚度，在满足最基本构造要求的情况下，参照已有设计经验，拟定出初步尺寸，再通过验算进行调整，确定最终尺寸。

所拟定的基础尺寸，应在可能的最不利荷载组合的条件下，能保证基础本身有足够的结构强度，并能使地基与基础的承载力和稳定性均满足规定要求，并且是经济合理的。

基础厚度，应根据墩、台身结构形式，荷载大小，选用的基础材料等因素来确定。基底标高应按基础埋深的要求确定。水中基础顶面一般不高于最低水位，在季节性流水的河流或旱地上的桥梁墩、台基础，则不宜高出地面，以防碰损。这样，基础厚度可按上述要求所确定的基础底面和顶面标高求得。在一般情况下，大、中桥墩、台混凝土基础厚度在1.0～2.0m。

基础平面形式一般应根据墩、台身底面的形状和刚性角确定，基础平面形状常用矩形。基础底面长宽尺寸与高度有如下的关系式：

长度（横桥向）
宽度（顺桥向）

$$\left.\begin{aligned} a &= l + 2H\tan\alpha \\ b &= d + 2H\tan\alpha \end{aligned}\right\} \tag{1-13}$$

式中 l——墩、台身底截面长度（m）；

d——墩、台身底截面宽度（m）；

H——基础高度（m）；

α——墩、台身底截面边缘至基础边缘连线与垂线间的夹角。

基础悬出总长度（包括襟边与台阶宽度之和），应使悬出部分在基底反力作用下，在 a—a 截面（图1-25）所产生的弯曲应力和剪应力不超过基础圬工的强度限值。所以满足上述要求时，就可得到墩、台身底截面边缘至基础边缘的连线与垂线间的最大夹角 α_{max}，即刚性角。在设计时，应使每个台阶宽度 c_i 与厚度 t_i 保持在一定比例内，使其夹角 $\alpha_i \leqslant \alpha_{max}$，这时可认为属刚性基础，不必对基础进行弯曲拉应力和剪应力的强度验算，在基础中也可不设置受力钢筋。刚性角 α_{max} 的数值与基础所用的圬工材料强度有关。

根据试验，常用的基础材料的刚性角 α_{max} 可按下面提供的数值取用：砖、片石、块石、粗料石砌体，当用M5以下砂浆砌筑时，$\alpha_{max} \leqslant 30°$；砖、片石、块石、粗料石砌体，当用M5以上砂浆砌筑时，$\alpha_{max} \leqslant 35°$；混凝土浇筑时，$\alpha_{max} \leqslant 40°$。

基础剖面尺寸：刚性扩大基础的剖面形式一般做成矩形或台阶形，如图1-25b所示。自墩、台身底边缘至基顶边缘距离 c_1 称为襟边，其作用一方面是扩大基底面积、增加基础承载力，同时便于调整基础施工时在平面尺寸上可能发生的误差，也满足了支立墩、台身模板的需要。其值应视基底面积的要求、基础厚度及施工方法而定。桥梁墩台基础襟边最小值为20～30cm。

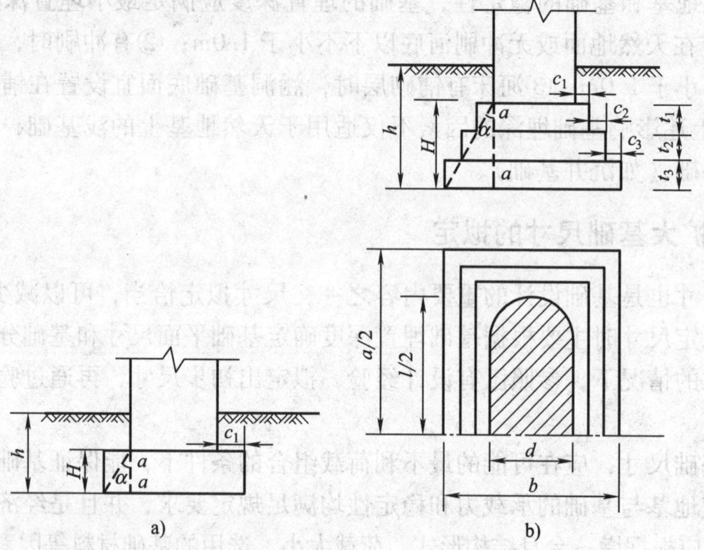

图 1-25 刚性扩大基础剖面、平面图

基础较厚（超过 1m）时，可将基础的剖面浇砌成台阶形，如图 1-25b 所示。台阶宽度 c_2、c_3根据基础材料的刚性扩散角确定；基础每层台阶高度 t_i通常为 0.50 ~ 1.00m，一般情况下各层台阶宜采用相同厚度。

有时为了改善基础受力状态或减小偏心距，可采用不对称襟边（如拱桥不等跨时，为使基底压力尽量均匀分布，可将基础做成立面不对称基础）。

三、地基承载力验算

地基承载力验算包括持力层强度验算、软弱下卧层验算和地基容许承载力的确定。

1. 持力层强度验算

持力层是指直接与基底相接触的土层，直接承担基础传递来的荷载。持力层承载力验算要求荷载在基底产生的地基应力不超过持力层的地基容许承载力。采用材料力学偏心受压简化计算方法，不考虑基础周围土的摩阻力和弹性抗力。

中心荷载下的基底压应力（图 1-26a）应满足式（1-14）的要求：

$$p = N/A \leqslant [f_a] \tag{1-14}$$

式中 p——基底平均压应力；

N——作用短期效应组合在基底产生的竖向力；

A——基础底面面积；

$[f_a]$——地基容许承载力。

基底单向偏心受压，基底应力分布如图 1-26b 所示，在荷载偏心一侧压应力较大，地基承载力应满足式（1-15）的要求：

$$p_{\max} = \frac{N}{A} + \frac{M}{W} = \frac{N}{A} + \frac{Ne_0}{\rho A} = \frac{N}{A}\left(1 + \frac{e_0}{\rho}\right) \leqslant \gamma_R [f_a] \tag{1-15}$$

式中　M——作用短期效应组合产生于墩台上的各外力对基底形心轴的力矩，$M = \sum T_i h_i + \sum P_i e_i = Ne_0$；

T_i——水平力；

h_i——水平力 T_i 作用点至基底的距离；

P_i——竖向力；

e_i——竖向力 P_i作用点至基底形心的偏心距；

e_0——合力偏心距；

W——基础底面偏心方向面积抵抗矩，对矩形基础：$W = \frac{1}{6}ab^2 = \rho A$；

ρ——基底核心半径，若图 1-26 基础底面为 $l \times b$ 的矩形基础，$\rho = b/6$；

γ_R——抗力系数，通常不小于 1。

从图 1-26 可以看出，随着偏心荷载或偏心距的增加，基底压应力最小值逐渐减小，直至减小为负值，即产生了拉应力。由于基底和持力层土体之间不能承受拉应力，所以这时的拉应力实际工程中是没有的，就按照拉应力为 0 考虑，如图 1-26d 所示。对矩形基础，其受压分布宽度为 b'，从三角形分布压力合力作用点及静力平衡条件可得

$$p_{\max} = \frac{2N}{3a(b/2 - e_0)} \tag{1-16}$$

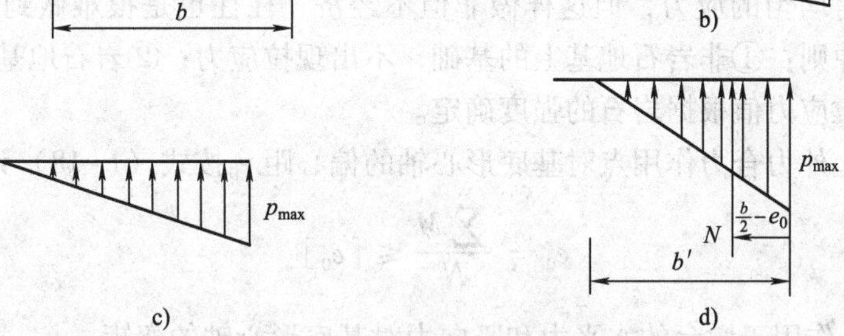

图 1-26　基底应力分布图

对公路桥梁，通常基础横向长度比顺桥向宽度大得多，同时上部结构在横桥向布置常是对称的，故一般由顺桥向控制基底应力计算。但对通航河流或河流中有漂流物时，应计算船舶撞击力或漂流物撞击力在横桥向产生的基底应力，并与顺桥向基底应力比较，取其大者控制设计。

2. 软弱下卧层承载力验算

当受压层范围内地基为多层土（主要对地基承载力有差异而言）组成，且持力层以下有软弱下卧层（指容许承载力小于持力层容许承载力的土层），这时还应验算软弱下卧层的承载力，验算时先计算软弱下卧层顶面 A 点（在基底形心轴下）的应力（包括自重应力及

附加力）不得大于该处地基土的容许承载力（图1-27）。即

$$p_z = \gamma_1(h+z) + \alpha(p-\gamma_2 h) \leqslant \gamma_R[f_a] \qquad (1\text{-}17)$$

式中 γ_1——相应于深度（$h+z$）以内土的对厚度加权平均厚度（kN/m^3）；

γ_2——深度 h 范围内土层的对厚度加权平均厚度（kN/m^3）；

h——基底埋深（m）；当基础受水流冲刷时，由一般冲刷线算起，不受水流冲刷时，由天然底面算起；如位于挖方内，则由开挖后底面算起；

z——从基底到软弱土层顶面的距离（m）；

α——基底中心下土中附加压应力系数，可按土力学教材或规范提供系数表查用；

p——由计算荷载产生的基底压应力（kPa），当基底压应力为不均匀分布且 z/b（或 z/d）>1 时，p 为基底平均压应力；当 z/b（或 z/d）≤1 时，p 按基底压应力图形采用距最大压应力点 $b/4 \sim b/3$ 处的压应力（其中 b 为矩形基础的短边宽度，d 为圆形基础直径）；

$[f_a]$——软弱下卧层顶面处的容许承载力（kPa）。

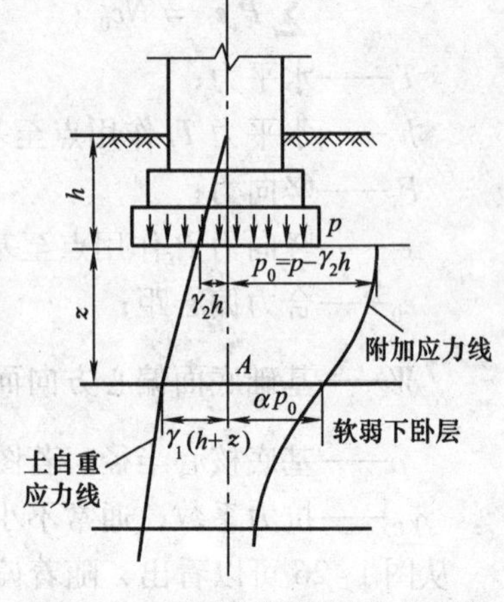

图1-27 软弱下卧层承载力验算

四、基底合力偏心距验算

控制基底合力偏心距的目的是尽可能使基底应力分布比较均匀，以免基底两侧应力相差过大，使基础产生较大的不均匀沉降，使墩、台发生倾斜，影响正常使用。若使合力通过基底中心，虽然可得均匀的应力，但这样做非但不经济，往往也是很难做到的，所以在设计时，应坚持以下原则：①非岩石地基上的基础，不出现拉应力；②岩石地基上的基础，可允许出现拉应力，拉应力值根据岩石的强度确定。

其中基底以上外力合力作用点对基底形心轴的偏心距 e_0 按式（1-18）计算：

$$e_0 = \frac{\sum M}{N} \leqslant [e_0] \qquad (1\text{-}18)$$

式中 $\sum M$——作用于墩台的水平力和竖向力对基底形心轴的弯矩；

N——作用在基底的合力的竖向分力。

容许偏心距 $[e_0]$ 通常用基底截面核心半径 ρ 表示，按式（1-19）计算：

$$\rho = \frac{W}{A} \qquad (1\text{-}19)$$

式中 W——相应于应力较小的基底边缘的截面模量；

A——基底截面面积。

墩台容许偏心距 $[e_0]$ 的取值见表1-16。

当外力合力作用点不在基底两个对称轴中任一对称轴上，或当基底截面为不对称时，可直接按式（1-20）求 e_0 与 ρ 的比值，使其满足规定的要求：

$$\frac{e_0}{\rho} = 1 - \frac{p_{min}}{N/A} \tag{1-20}$$

式中，符号意义同前，但要注意 N 和 p_{min} 应在同一种荷载组合情况下求得。在验算基底偏心距时，应采用与计算基底应力相同的最不利荷载组合。

表 1-16　墩台基底的合力偏心距容许值 $[e_0]$

作用情况	地基条件	合力偏心距	备　注
墩台仅受永久作用标准值效应组合	非岩石地基	桥墩 $[e_0] \leqslant 0.1\rho$	拱桥、刚构桥墩台，其合力作用点应尽量保持在基底重心附近
		桥台 $[e_0] \leqslant 0.75\rho$	
墩台承受作用标准值效应组合或偶然作用（地震作用除外）标准值效应组合	非岩石地基	$[e_0] \leqslant \rho$	拱桥单向推力墩不受限制，但应符合规定的抗倾覆稳定系数
	较破碎、极破碎岩石地基	$[e_0] \leqslant 1.2\rho$	
	完整、较完整岩石地基	$[e_0] \leqslant 1.5\rho$	

五、基础稳定性和地基稳定性验算

基础稳定性验算包括基础倾覆稳定性验算和基础滑动稳定性验算。此外，对某些土质条件下的桥台、挡土墙还要验算地基的稳定性，以防桥台、挡土墙下地基的滑动。

1. 基础稳定性验算

（1）基础倾覆稳定性验算　基础倾覆或倾斜除了地基的强度和变形原因外，往往发生在承受较大的单向水平推力而其合力作用点又距基础底面较远的结构物上，如挡土墙或高桥台受侧向土压力作用，大跨度拱桥在施工中墩、台受到不平衡的推力，以及多孔拱桥中一孔被毁等，此时在单向恒载推力作用下，均可能引起墩、台连同基础的倾覆和倾斜。

理论和实践证明，基础倾覆稳定性与合力的偏心距有关。合力偏心距越大，则基础抗倾覆的安全储备越小，如图 1-28 所示，因此，在设计时，可以限制合力偏心距 e_0 来保证基础的倾覆稳定性。

设基底截面重心至压力最大一边的边缘的距离为 y（荷载作用在重心轴上的矩形基础，$y=b/2$），如图 1-28 所示，外力合力偏心距为 e_0，则两者的比值 k_0 可反映基础倾覆稳定性的安全度，k_0 称为抗倾覆稳定系数。即

$$k_0 = \frac{y}{e_0},\ e_0 = \frac{\sum P_i e_i + \sum T_i h_i}{\sum P_i} \tag{1-21}$$

式中　P_i——作用于基底的各竖向力；

e_i——各竖直力 P_i 作用点至基础底面形心轴的距离；

T_i——作用于基底以上的各水平力；

h_i——各水平力 T_i 作用点至基底的距离；

y——沿重心与合力作用点连线，自重心至验算倾覆轴的距离；

e_0——所有偏心竖向力的合力至截面重心的距离。

如外力合力不作用在形心轴上（图 1-28b）或基底截面有一个方向为不对称，而合力又不作用在形心轴上（图 1-28c），基底压力最大一边的边缘线应是外包线，如图 1-28b、c 中的 I—I 线，y 值应是通过形心与合力作用点的连线的延长线与外包线相交点至形心的距离。

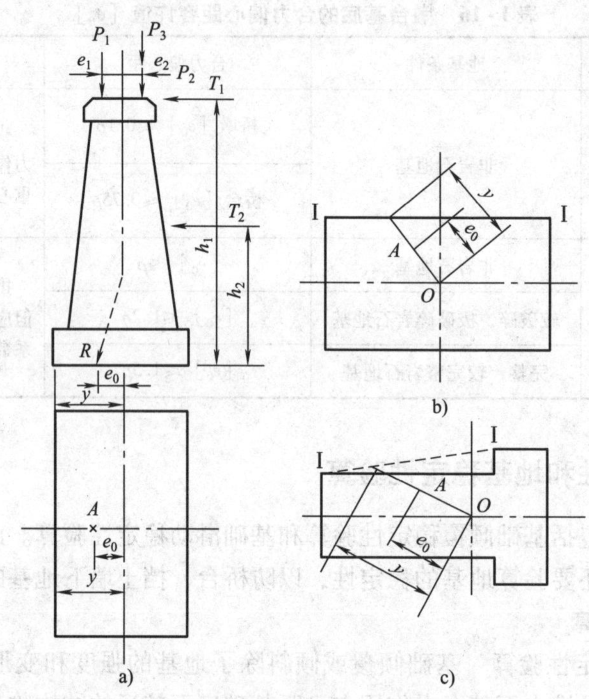

图 1-28 基础倾覆稳定性验算

a）合力在形心轴上 b）、c）合力不在形心轴上

不同的荷载组合，在不同的设计规范中，对抗倾覆稳定系数 k_0 的容许值均有不同要求，一般对主要荷载组合，$k_0 \geqslant 1.5$；在各种附加荷载组合时，$k_0 \geqslant 1.1 \sim 1.3$。

（2）基础滑动稳定性验算 基础在水平推力作用下沿基础底面滑动的可能性即基础抗滑动安全性的大小，可用基底与土之间的摩擦阻力和水平推力的比值 k_c 来表示，k_c 称为抗滑动稳定系数。即

$$k_c = \frac{\mu \sum P_i + \sum H_{ip}}{\sum H_{ia}} \geqslant [k_c] \tag{1-22}$$

式中 $\sum P_i$——竖向力总和；

$\sum H_{ip}$——抗滑水平力总和；

$\sum H_{ia}$——引起滑动的水平力总和；

μ——基础底面（圬工材料）与地基之间的摩擦系数；在无实测资料时，可参考表 1-17 采用。

表 1-17　基底摩擦系数 μ

地基土分类	μ	地基土分类	μ
黏土（流塑～坚硬）、粉土	0.25	软岩（极软岩～较软岩）	0.40～0.60
砂土（粉砂～砾砂）	0.30～0.40	硬岩（较硬岩～坚硬岩）	0.60～0.70
碎石土（松散～密实）	0.40～0.50		

验算桥台基础的滑动稳定性时，如台前填土保证不受冲刷，可同时考虑计入与台后土压力方向相反的台前土压力，其数值可按主动或静止土压力进行计算。

按式（1-22）求得的抗滑动稳定系数 k_c 值，必须大于规范规定的设计容许值，一般根据荷载性质，$k_c \geqslant 1.2 \sim 1.3$。

修建在非岩石地基上的拱桥桥台基础，在拱的水平推力和力矩作用下，基础可能向路堤方向滑移或转动，此水平位移和转动还与台后土抗力的大小有关。

2. 地基稳定性验算

位于软土地基上较高的桥台需验算桥台沿滑裂曲面滑动的稳定性，基底下地基如在浅层处有软弱夹层，在台后土推力作用下，基础也有可能沿软弱夹层土层Ⅱ的层面滑动（图 1-29a）；在较陡的土质斜坡上的桥台、挡土墙也有滑动的可能（图 1-29b）。

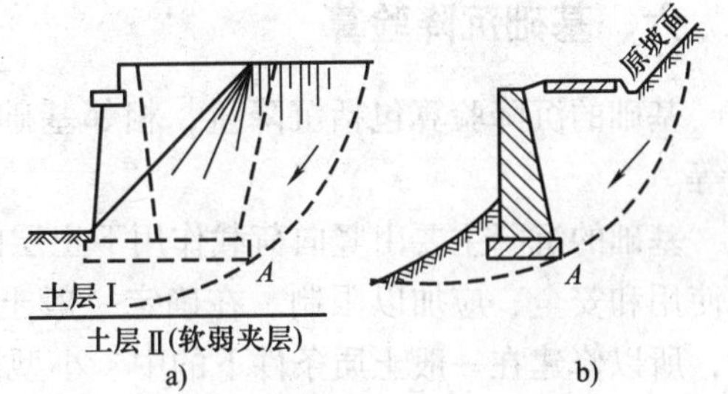

图 1-29　地基稳定性验算

a）在软土层上　b）在陡坡上

这种地基稳定性可按土坡稳定分析方法，即用圆弧滑动面法来进行验算。在验算时一般假定滑动面通过填土一侧基础剖面角点 A（图 1-29），但在计算滑动力矩时，应计入桥台上作用的外荷载（包括上部结构自重和活载等）以及桥台和基础的自重的影响，然后求出稳定系数满足规定的要求值。

以上对地基与基础的验算，均应满足设计规定的要求，达不到要求时，必须采取措施，如梁桥桥台后土压力引起的倾覆力矩比较大，基础的抗倾覆稳定性不能满足要求时，可将台身做成不对称的形式（如图 1-30 所示的后倾形式），这样可以增加台身自重所产生的抗倾覆力矩，提高抗倾覆的安全度。如采用这种外形，则在砌筑台身时，应及时在台后填土并夯实，以防台身向后倾覆和转动；也可在台后一定长度范围内填碎石、干砌片石或填石灰土，以增大填料的内摩擦角、减小土压力，达到减小倾覆力矩、提高抗倾覆安全度的目的。

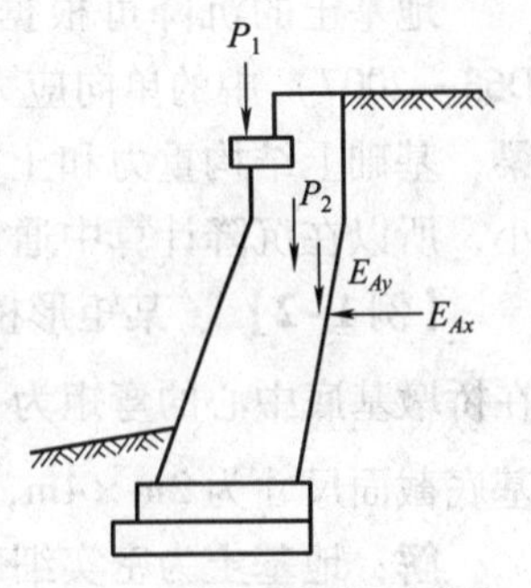

图 1-30　基础抗倾覆措施

拱桥桥台，由于拱脚水平推力作用，基础的滑动稳定性不能满足要求时，可以将基底四周做成如图 1-31a 所示的齿槛，这样，由基底与土间的摩擦滑动变为土的剪切破坏，从而提高了基础的抗滑力；如仅受单向水平推力，也可将基底设计成如图 1-31b 所示的倾斜形，以减小滑动力，同时增大斜面上的压力。由图 1-31b 可见滑动力随 α 角的增大而减小，出于安全考虑，α 角不宜大于 10°，同时要保持基底以下土层在施工时不受扰动。

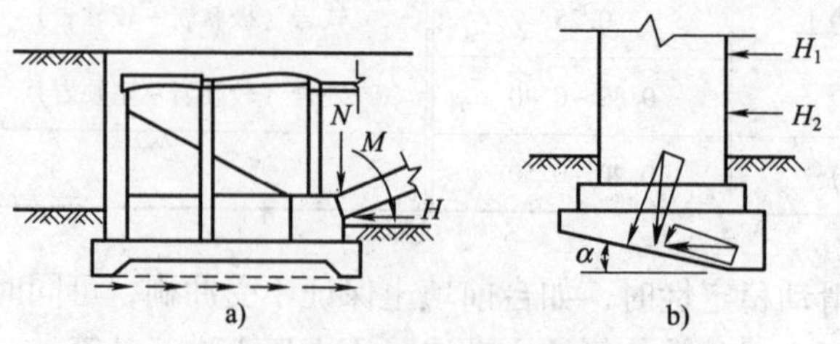

图 1-31　基础抗滑动措施

a）基底设置齿槛　b）基底设置逆坡

当高填土的桥台基础或土坡上的挡墙地基可能出现滑动或在土坡上出现裂缝时，可以增加基础的埋置深度或改用桩基础，提高墩台基础下地基的稳定性；或者在土坡上设置地面排水系统，拦截和引走滑坡体以外的地表水，以减少因渗水而引起土坡滑动的不稳定因素。

六、基础沉降验算

基础的沉降验算包括沉降量，相邻基础沉降差，基础由于地基不均匀沉降而发生的倾斜等。

基础的沉降主要由竖向荷载作用下土层的压缩变形引起。沉降量过大将影响结构物的正常使用和安全，应加以限制。在确定一般土质的地基容许承载力时，已考虑这一变形的因素，所以修建在一般土质条件下的中、小型桥梁的基础，只要满足了地基的强度要求，地基（基础）的沉降也就满足要求。但对于下列情况，则必须验算基础的沉降，使其不大于规定的容许值：①修建在地质情况复杂、地层分布不均或强度较小的软黏土地基及湿陷性黄土上的基础；②修建在非岩石地基上的拱桥、连续梁桥等超静定结构的基础；③当相邻基础下地基土强度有显著不同或相邻跨度相差悬殊而必须考虑其沉降差时；④对于跨线桥、跨线渡槽要保证桥（或槽）下净空高度时。

地基土的沉降可根据土的压缩特性指标按《公路桥涵地基与基础设计规范》（JTG D63—2007）中的单向应力分层总和法（用沉降计算经验系数 Ψ_s 修正）计算。对于公路桥梁，基础上结构重力和土重力作用对沉降影响大，汽车等活载作用时间短暂，对沉降影响小，所以在沉降计算中通常不予考虑。

【例 1-2】　某矩形桥墩作用短期效应组合在基底产生的竖向合力为 $N=2600\text{kN}$，作用在桥墩基底中心的弯矩为 $\sum M=350\text{kN}\cdot\text{m}$，地基土为密实细砂，饱和重度 $\gamma_{sat}=20\text{kN/m}^3$，基底截面尺寸为 2m×4m，其他条件如图 1-32 所示。请验算该地基的承载力。

解： 地基土为密实细砂，查表 1-7，得到 $[f_{a0}]=300\text{kPa}$。

查表 1-12，得地基承载力修正系数为 $k_1=2.0$，$k_2=4.0$。地基承载力修正值按式（1-9）为

$$
\begin{aligned}
[f_a] &= [f_{a0}] + k_1\gamma_1(b-2) + k_2\gamma_2(h-3) \\
&= 300\text{kPa} + 2.0\times(20-10)\times(2.2-2)\text{kPa} + 4.0\times(20-10)\times(4.5-3)\text{kPa} \\
&= 364\text{kPa}
\end{aligned}
$$

基底荷载偏心距 $e = \sum M/N = 350\text{m}/2600 = 0.135\text{m} < b/6 = 0.367\text{m}$

基底最大最小压应力为

$$\left.\begin{matrix}p_{\max}\\p_{\min}\end{matrix}\right\} = \frac{N}{A}\left(1 \pm \frac{6e}{l}\right) = \frac{2600}{2.2 \times 4.0}\left(1 \pm \frac{6 \times 0.135}{2.2}\right)\text{kPa} = \begin{cases}404.2\text{kPa}\\186.7\text{kPa}\end{cases}$$

取 $\gamma_R = 1.25$，则 $p_{\max} = 404.2\text{kPa} < \gamma_R\ [f_a] = 1.25 \times 364\text{kPa} = 455\text{kPa}$

$$p = N/A = 2600\text{kPa}/(2.2 \times 4.0) = 295.5\text{kPa} < [f_a] = 364\text{kPa}$$

经验算，该地基承载力满足要求。

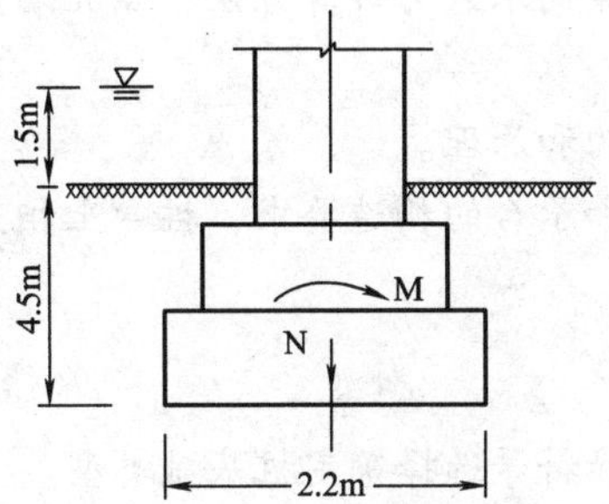

图 1-32　例 1-2 浅基础验算

习　题

1-1　什么是刚性基础？刚性基础有什么特点？

1-2　浅基础按构造形式分为哪几种类型？

1-3　确定基础埋置深度应考虑哪些因素？

1-4　地基土质条件以及基础的条件对地基的承载力有哪些影响？地基承载力的确定有哪些方法？

1-5　什么是刚性角？请解释为什么刚性基础的基底不能做得太宽。

1-6　水中基坑开挖的围堰形式有哪几种？它们各自的适用条件和结构特点是什么？

1-7　有一桥墩，底面尺寸为 2m×8m，刚性扩大基础（采用 C20 混凝土）顶面设在河床下 1m，作用于基础顶面的作用力：轴心重力 $N = 5200\text{kN}$，弯矩 $M = 840\text{kN}\cdot\text{m}$，水平力 $H = 96\text{kN}$。地基土为一般黏性土，第一层厚 5m（自河床算起），$\gamma = 19.0\text{kN/m}^3$，$e = 0.9$，$I_L = 0.8$；第二层厚 5m，$\gamma = 19.5\text{kN/m}^3$，$e = 0.45$，$I_L = 0.35$，第二层以下为页岩。低水位在河床以上 1m。请确定基础埋置深度及尺寸，并验算说明其合理性。

项目二　桩基础的施工与检测

知识目标

掌握：常见桩型，桩基础竖向承载力计算方法，钻孔灌注桩的施工工艺、常见质量问题及避免措施。

理解：桩基础质量检测目的和原理。

了解：桩的负摩阻力，桩和承台的构造要求，桩－土相互作用。

能力目标

能够根据荷载条件、地质资料等选择确定桩基础类型。

能够根据地质资料、桩基础的尺寸参数等查阅相关规范等资料编写桩基础的施工方案，并提出常见质量问题的避免方法。

能够根据桩基础承载力或完整性检测目的的不同，选用相应的检测方法。

情境导入

在桥梁工程中，常用的三大基础类型是刚性扩大基础、桩基础和沉井基础。在上个项目我们已经学习了天然地基上刚性扩大基础（即浅基础）的设计计算及施工，本项目进入深基础的主要类型——桩基础的学习。

当地基浅层土质不良，采用浅基础无法满足建筑物对地基强度、变形和稳定性方面的要求时，往往需要采用深基础。

深基础中的桩基础是一种广泛采用的基础形式。本项目将主要介绍桩基础的组成、作用及常用的结构形式，桩基础的分类、构造及施工工艺，并对桩基础的质量检验作简要介绍，还要讨论单桩的承载力问题，包括单桩的轴向承载力、横向承载力和负摩阻力问题。

学完本项目应该了解桩基础的作用、种类等基本知识，知道桩基础的施工工艺过程，掌握单桩轴向外力的传递机理及单桩轴向受压容许承载力的确定方法。

知识一　概　　述

引导问题

1. 什么是桩基础？同浅基础相比较，桩基础有哪些优点？
2. 桩基础通常用作哪些土木工程的基础？

一、桩基础的特点

1. 组成

桩基础简称桩基。桩基础可以是单根桩（如一柱一桩的情况），也可以是单排桩或多排桩。对于双（多）柱式桥墩单排桩基础，当桩外露在地面上较高时，桩间以连系梁相连，以加强各桩的横向连系。多数情况下桩基础是由多根桩组成的群桩基础。桩基础中的一根单桩称为基桩。基桩可全部或部分埋入地基土中。群桩基础中所有桩的顶部由承台连成一整体，在承台上再修筑墩身或台身及上部结构，如图 2-1 所示。根据承台是否埋入地基土中，群桩基础承台分为高桩承台和低桩承台。其中承台在地面以上的称为高桩承台，承台埋在地面以下地基土中的称为低桩承台。

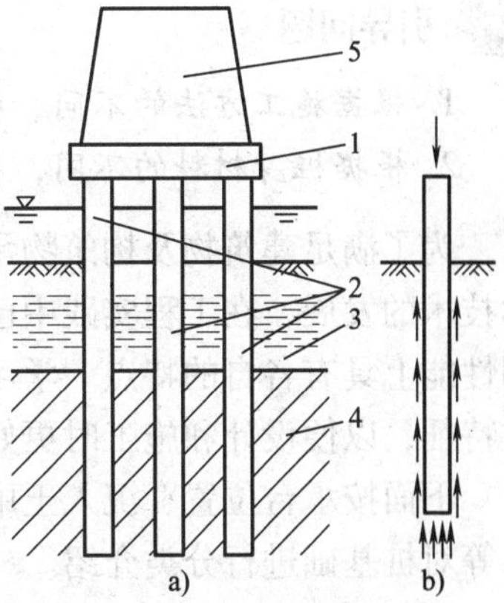

图 2-1 桩基础

a）群桩基础 b）基桩竖向荷载传递

1—承台 2—基桩 3—松软土层

4—持力层 5—墩身

2. 作用

承台的作用是将外力传递给各桩并将各桩连成一个整体共同承受外荷载。基桩的作用在于穿过软弱的压缩性土层或水，使桩端坐落在更密实的地基持力层上。桩端所在土层称为该基桩的持力层。各桩所承受的荷载由桩通过桩侧土的摩阻力及桩端土的抵抗力传递到桩周土及持力层中，如图 2-1b 所示。

3. 特点

设计合理、施工得当的桩基础，具有承载力高、稳定性好、沉降量小而均匀等优点，在深基础中具有耗用材料少、施工简便等优点。在深水河道中，可避免（或减少）水下工程，简化施工设备和技术要求，加快施工速度并改善工作条件。

二、桩基础的适用条件

在下列情况下可采用桩基础：

1）荷载较大，地基上部土层软弱，适宜的地基持力层位置较深，采用浅基础或人工地基在技术上、经济上不合理时。

2）河床冲刷较大，河道不稳定或冲刷深度不易计算正确，位于基础或结构物下面的土层有可能被侵蚀、冲刷，如采用浅基础不能保证基础安全时。

3）当地基计算沉降过大或建筑物对不均匀沉降敏感时，采用桩基础可以穿过松软（高压缩）土层，将荷载传到较坚实（低压缩性）土层，以减小建筑物沉降并使沉降较均匀。

4）当建筑物承受较大的水平荷载，需要减小建筑物的水平位移和倾斜时。

5）当施工水位或地下水位较高，采用其他深基础施工不便或经济上不合理时。

6）地震区，在可液化地基中，采用桩基础可增强建筑物抗震能力，桩基础穿越可液化土层并伸入下部密实稳定土层，可消除或减轻地震对建筑物的危害。

以上情况也可以采用其他形式的深基础，但桩基础由于耗材少、施工快速简便、地质适应性好等，往往是优先考虑的深基础方案。

知识二　桩与桩基础的分类

引导问题

1. 根据施工方法的不同，桩基础可以分为哪几类？
2. 根据桩身材料的不同，桩基础可以分为哪几类？

为了满足建筑物及构筑物承载力、稳定性和控制变形等的要求，适应地基特点，随着科学技术的发展，在工程实践中已形成了各种类型的桩基础，它们在桩身构造和桩－土相互作用性能上具有各自的特点。学习桩和桩基础的分类，掌握其性能特点，了解桩和桩基础的基本特征，以便设计和施工时更好地发挥桩基础的优势。

下面按承台位置、沉入土中的施工方法、桩的设置效应、桩－土相互作用特点及桩身材料等对桩基础进行分类介绍。

一、按承台位置分类

桩基础按承台高低位置不同可分为高桩承台基础和低桩承台基础（简称高桩承台、低桩承台），如图2-2所示。

高桩承台的承台底面位于地面（或冲刷线）以上，低桩承台的承台底面位于地面（或冲刷线）以下。高桩承台的结构特点是基桩部分桩身沉入土中，部分桩身外露在地面以上（称为桩的自由长度），而低桩承台的基桩全部沉入土中（桩的自由长度为零）。

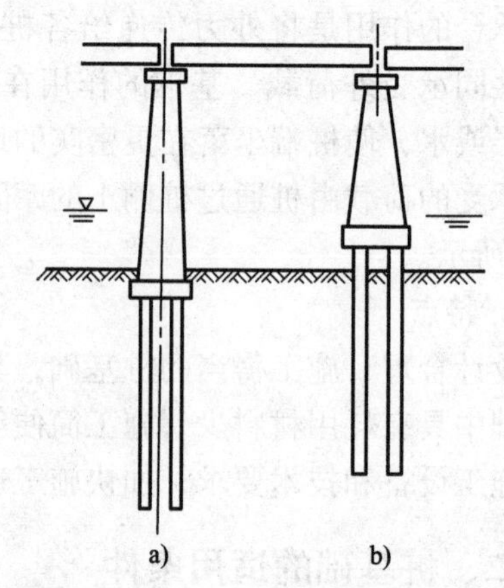

图2-2　高桩承台基础和低桩承台基础
a）低桩承台　b）高桩承台

高桩承台由于承台位置较高或设在施工水位以上，可减少墩台的圬工数量，避免或减少水下作业，施工较为方便。然而，在水平力的作用下，由于承台及基桩露出地面的一段自由长度周围无土体来共同承受水平外力，基桩的受力情况较为不利，桩身内力和位移都比同样水平外力作用下的低桩承台要大，其稳定性也比低桩承台差。

二、按施工方法分类

基桩的施工方法不同，不仅在于采用的机具设备和工艺过程的不同，而且将影响桩与桩周土接触边界处的状态，影响桩－土间的共同作用性能。桩的施工方法种类较多，但基本形式为沉桩（预制桩）和灌注桩两种。

1. 沉桩（预制桩）

沉桩是指按设计要求在地面良好条件下（如地基沉降量小、地面平坦等）制作的桩（长桩可在桩端设置钢板、法兰盘等接桩构造，分节制作），桩体质量高，可大量工厂化生产，加速施工进度。沉桩根据施工方式不同分为打入桩、振动下沉桩和静力压桩等。

（1）打入桩（锤击桩） 打入桩是通过锤击（或以高压射水辅助）将各种预先制好的桩（主要是钢筋混凝土实心桩或管桩，也有钢桩或木桩）打入地基内达到所需要的深度。这种施工方法适应于桩径较小（一般直径在0.60m以下），地基土质为砂性土、塑性土、粉土、细砂以及松散的不含大卵石或漂石的碎卵石类土的情况。

（2）振动下沉桩 振动下沉桩是将大功率的振动打桩机安装在桩顶（预制的钢筋混凝土桩或钢管桩），利用振动力以减少土对桩的阻力，使桩沉入土中。对于大桩径的预制桩或钢桩，土的抗剪强度受振动时有较大降低的砂土等地基，采用振动下沉的效果更为明显。

（3）静力压桩 在软塑黏性土中也可以用重力将桩压入土中，称为静力压桩。这种压桩施工方法免除了锤击的振动影响，消除了噪声和振动污染，是在软土地区，特别是在不允许有强烈振动的条件下桩基础施工的一种有效方法。

《公路桥涵地基与基础设计规范》（JTG D63—2007）将锤击、静压、振动下沉和射水下沉的桩称为沉桩。

预制桩具有下述一些特点：

1）不易穿透较厚的砂土等硬夹层（除非采用预钻孔、射水等辅助沉桩措施），只能进入砂、砾、硬黏土、强风化岩层等坚实持力层不大的深度。

2）沉桩方法一般采用锤击，由此产生的振动、噪声污染必须加以考虑。

3）沉桩过程产生挤土效应，特别是在饱和软黏土地区沉桩可能导致周围建筑物、道路、管线等的损坏。

4）一般说来预制桩的施工质量容易得到保证。

5）预制桩打入松散的粉土、砂砾层中，由于受桩周和桩端土挤密，使桩侧表面法向应力提高，桩侧摩阻力和桩端阻力也相应提高。

6）由于桩的贯入能力受多种因素制约，因而常常出现因桩打不到设计标高而截桩，造成浪费。

7）预制桩由于承受了运输、起吊、打击产生的应力，需要配置较多钢筋，混凝土强度等级也要相应提高，因此其桩身造价往往高于灌注桩。

2. 灌注桩

灌注桩是在现场地基中钻挖桩孔，然后在孔内放入钢筋骨架，再灌注桩身混凝土而成的桩。灌注桩在成孔过程中需采取相应的措施和方法来保证孔壁稳定和提高桩体质量。针对不同类型的地基土可选择适当的钻孔设备和施工方法。

（1）钻、挖孔灌注桩

1）钻孔灌注桩的概念。钻孔灌注桩是指用钻（冲）孔机具在土中钻进，边破碎土体边出土渣成孔，然后在孔内放入钢筋骨架，灌注混凝土而形成的桩。为了顺利成孔、成桩，需采用制备有一定要求的泥浆护壁、提高孔内泥浆水位、灌注水下混凝土等相应的施工工艺和方法。

2）钻孔灌注桩的特点及适用条件。钻孔灌注桩的特点是施工设备简单、操作方便，适用于各种砂性土、黏性土，也适用于碎、卵石类土层和岩层。但对淤泥及可能发生流砂或有承压水的地基，成孔过程中孔壁易坍塌，施工较困难，施工前应做试桩以取得经验。我国已施工的钻孔灌注桩的最大入土深度已达百余米。

3）挖孔灌注桩的概念。依靠人工或机械在地基中挖出桩孔，然后同钻孔桩一样灌注混凝土而成的桩称为挖孔灌注桩。

4）挖孔灌注桩的特点及适用条件。挖孔灌注桩适用于无水或少水的较密实的各类土层，或缺乏钻孔设备，或不用钻机以节省造价的情况。桩的直径（或边长）不宜小于1.5m，孔深一般不宜超过20m。可能发生流砂或含较厚的软黏土层的地基施工较困难（需要加强孔壁支撑）；在地形狭窄、山坡陡峻处可以代替钻孔桩或较深的刚性扩大基础。

挖孔桩具有如下一些优点：

① 施工工艺和设备比较简单。只有护筒、套筒或简单模板，简单起吊设备（如绞车），必要时设潜水泵等备用，自上而下，人工或机械开挖。

② 成孔质量好。不卡钻，不断桩，不塌孔，绝大多数情况下无须浇筑水下混凝土，桩底无沉淀浮泥，混凝土质量较好；能直接检验孔壁和孔底土质，所以能保证桩的质量。易于扩大桩尖，提高桩的承载力。

③ 速度快。由于护筒内挖土方量甚小，进尺比钻孔快，而且无须重大设备如钻机等，容易多孔平行施工，加快工程进度。

④ 成本低。不需要使用大型机械，成本比钻孔灌注桩降低20%～30%。

（2）沉管灌注桩　沉管灌注桩指采用锤击或振动的方法把带有钢筋混凝土桩尖或带有活瓣式桩尖（沉桩时桩尖闭合，拔管时活瓣张开）的钢套管沉入土层中成孔，然后在套管内放置钢筋笼，并边灌混凝土边拔套管而形成的灌注桩。也可将钢套管打入土中挤土成孔至设计标高，向套管中灌注混凝土，并拔出套管成桩。

由于采用了套管，可以避免钻孔灌注桩施工中可能产生的流砂、塌孔的危害和由泥浆护壁所带来的排渣等弊病。但桩的直径较小，常用的尺寸在0.6m以下，桩长常在20m以内。它适用于黏性土、砂性土地基。在软黏土中由于沉管的挤压作用，对邻桩有挤压影响，且挤压产生的孔隙水压力易使拔管时出现混凝土桩局部桩径减小的缩颈现象。

各类灌注桩有如下共同优点：

1）可根据土层分布情况任意变化桩长；根据同一建筑物的荷载分布与土层情况可采用不同桩径；承受侧向荷载的桩，可设计成有利于提高横向承载力的异形桩，还可设计成变截面桩，即在受弯矩较大的上部采用较大的断面。

2）可穿过各种软、硬夹层，将桩端置于坚实土层或嵌入基岩，还可扩大桩端以充分发挥桩身强度和持力层的承载力。

3）桩身钢筋可根据荷载及其性质以及荷载沿深度的传递特征、土层的变化来配置。无须像预制桩那样配置起吊、运输、打击应力筋。其配筋率低于预制桩，桩身造价约为预制桩的40%～60%。

3. 管柱基础

管柱基础是将预制的大直径（直径为1～5m）钢筋混凝土或预应力钢筋混凝土或钢管柱（实质上是一种巨型的管桩，每节长度根据施工条件确定，一般为4m、8m或10m，接头用法兰盘和螺栓联接），用大型的振动沉桩锤沿导向结构将其振动下沉到基岩（一般以高压射水和吸泥机配合帮助下沉），然后在管柱内钻岩成孔，下放钢筋笼骨架，灌注混凝土，将管柱与岩盘牢固连接（图2-3）。

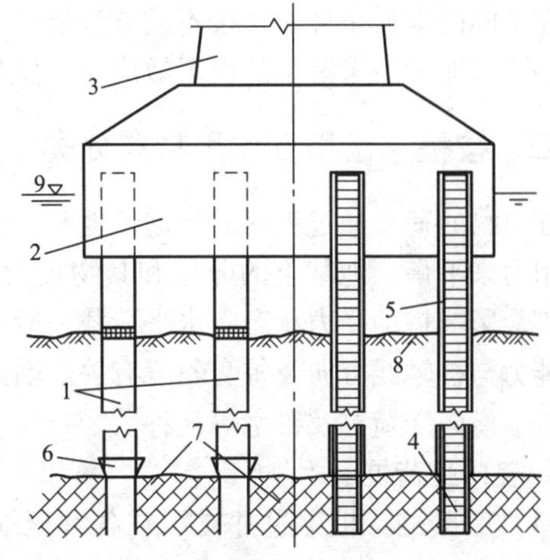

图 2-3　管柱基础

1—管柱　2—承台　3—墩身　4—嵌固于岩层
5—钢筋骨架　6—钢管靴　7—岩层　8—覆盖层　9—水位

管柱基础可以在深水及各种覆盖层等地质条件下进行施工，没有水下作业，不受季节限制，但施工需要振动沉桩锤、凿岩机、起重设备等大型机具，动力要求也高，所以在一般公路桥梁中很少采用。

1957 年建成的我国武汉长江大桥首次采用直径 1.55m 的管柱基础。管柱通过覆盖层下沉到基岩层，再在管柱内用大型钻机钻岩达到必要的深度，然后放置钢筋骨架，灌注水下混凝土，使管柱在岩层中锚固。20 世纪 60 年代初，南京长江大桥采用了直径 3.6m 的预应力混凝土大型管柱基础。管柱基础能达到气压沉箱所不能达到的水下施工深度，可避免在水下和高气压下作业，有利于工人健康，而且不受洪水季节影响，可常年施工。因此管柱基础应用广泛。管柱直径也不断增大，如江西南昌 1994 年建成的赣江大桥采用的管柱直径达 5.8m。

三、按桩的设置效应分类

根据成桩方法和成桩过程的挤土效应情况，将桩分为挤土桩、部分挤土桩和非挤土桩三类。

1. 挤土桩

实心的预制桩、下端封闭的管桩、木桩以及沉管灌注桩在锤击或振入地基土体的过程中都要将桩位处的土大量排挤开（一般把用这类方法设置的桩称为打入桩），因而使土的结构严重扰动破坏（重塑）。黏性土由于重塑作用使抗剪强度降低（一段时间后部分强度可以恢复）；而原来处于疏松和稍密状态的无黏性土的抗剪强度则可提高。

2. 部分挤土桩

底端开口的钢管桩、型钢桩和薄壁开口预应力钢筋混凝土管桩等，打桩时对桩周土稍有排挤作用，但对土的强度及变形性质影响不大。由原状土测得的土的物理力学性质指标一般仍可用于估算桩基承载力和沉降。

3. 非挤土桩

先钻孔后打入预制桩以及钻（冲、挖）孔桩，在成孔过程中将孔中土体清除掉，不会产生成桩时的挤土效应。但成孔后桩周土可能向桩孔内移动，使得非挤土桩的承载力常常有所减小。

在饱和软土中设置挤土桩，如果设计和施工不当，就会产生明显的挤土效应，导致未初凝的灌注桩桩身缩小乃至断裂，桩上浮和移位，地面隆起，从而降低桩的承载力，有时还会损坏邻近建筑物及地下管线；桩基施工后，还可能因饱和软土中孔隙水压力消散，土层产生再固结沉降，使桩产生负摩阻力，降低桩基承载力，增大桩基沉降。挤土桩若设计和施工得当，充分发挥优点，避免缺点，可取得良好的技术经济效果。

在不同的地质条件下，按不同方法设置的桩所表现的工程性状是复杂的，因此，目前在设计中还只能大致考虑桩的设置效应，主要是挤土效应。

四、按桩－土相互作用特点分类

建筑物的荷载通过桩基础传递给地基。竖向荷载一般由桩端土层抵抗力和桩侧与土产生的摩阻力来平衡。地基土的分层和其物理力学性质不同，桩的尺寸和设置在土中方法的不同，都会影响桩的受力状态。水平荷载一般由桩和桩侧土水平抗力来平衡，而桩承受水平荷载的能力与桩轴线方向及桩身斜度有关。因此，根据桩－土相互作用特点，基桩可分为竖向受荷桩、横向受荷桩及桩墩等几种。

1. 竖向受荷桩

（1）摩擦桩　桩穿过并支承在各种压缩性土层中，在竖向荷载作用下，基桩所发挥的承载力以侧摩阻力为主时，称为摩擦桩，如图2-4a所示。以下几种情况均可视为摩擦桩：当桩端无坚实持力层且不扩底时；当桩的长径比很大，即使桩端置于坚实持力层上，由于桩身压缩量过大，传递到桩端的荷载较小时；当预制桩沉桩过程由于桩距小、桩数多、沉桩速度快，使已沉入桩上浮，桩端阻力明显降低时。

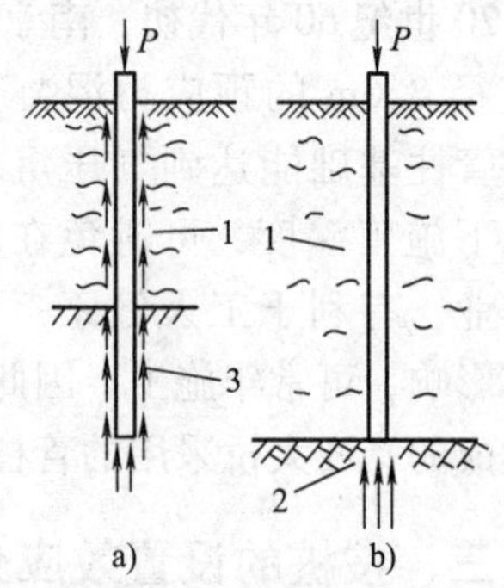

图2-4　端承桩和摩擦桩
a）摩擦桩　b）端承桩
1—软弱土层　2—岩层或硬土层
3—中等土层

（2）端承桩或柱桩　桩穿过较松软土层，桩端支承在坚实土层（砂、砾石、卵石、坚硬老黏土等）或岩层中，且桩的长径比不太大，在竖向荷载作用下，基桩所发挥的承载力以桩端土层的抵抗力为主时，称为端承桩或柱桩，如图2-4b所示。按照我国习惯，柱桩专指桩端支承在基岩上的桩，此时因桩的沉降甚微，认为桩侧摩阻力可忽略不计，全部竖向荷载由桩端岩层抵抗力平衡。

柱桩承载力较大，较安全可靠，基础沉降也小，但如岩层埋置很深，就需采用摩擦桩。柱桩和摩擦桩由于它们在土中的工作条件不同，其与土的共同作用特点也不同，因此在设计计算时所采用的方法和有关参数也不一样。

2. 横向受荷桩

（1）主动桩　桩顶受横向荷载作用，桩身轴线偏离初始位置，桩身所受土压力因桩主动变位而产生。风力、地震作用、车辆制动力等作用下的建筑物桩基属于主动桩。

（2）被动桩　沿桩身一定范围内承受侧向土压力，桩身轴线受该土压力作用而偏离初始位置。深基坑支挡桩、坡体抗滑桩、堤岸护坡桩等均属于被动桩。

（3）竖直桩与斜桩　按桩轴方向可分为竖直桩、单向斜桩和多向斜桩等，如图2-5所示。在桩基础中是否需要设置斜桩，斜度如何确定，应根据荷载的具体情况而定。一般结构物基础承受的水平力常较竖直力小得多，且现已广泛采用的大直径钻、挖孔灌注桩具有一定的水平承载力，因此，桩基础常全部采用竖直桩。拱桥墩台等结构物桩基础因需要承担较大的水平推力而常常设置斜桩，减小桩身弯矩、剪力和整个基础的侧向位移。

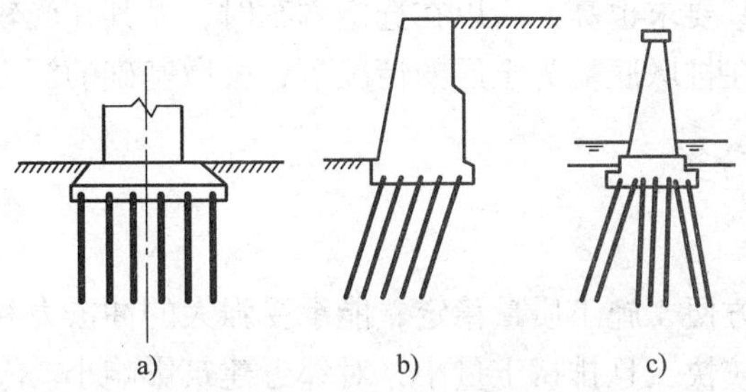

图 2-5　竖直桩与斜桩

a）竖直桩　b）斜桩（单向）　c）斜桩（多向）

桩的桩轴线与竖直线所成倾斜角的正切值不宜大于 1/8（对竖向的倾角为 7.1°），否则斜桩施工斜度误差将显著地影响桩的受力情况。目前为了适应拱台推力，有些拱台基础已采用倾斜角大于 45°的斜桩。

3. 桩墩

（1）定义及分类　桩墩是通过在地基中成孔后配置钢筋、灌注混凝土形成的大断面柱形深基础，即以单个桩墩代替群桩及承台，通常埋深不超过 6m。

桩墩基础底端大多为岩石或卵石，有时也可选择坚硬土层作为持力层，分为端承桩墩和摩擦桩墩两种，如图 2-6 所示。

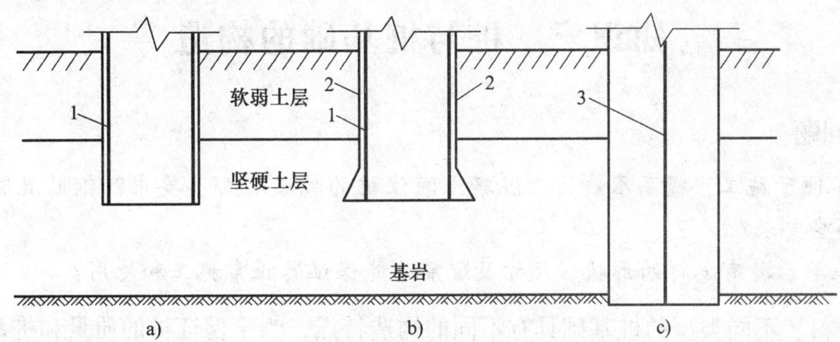

图 2-6　桩墩基础

a）、b）摩擦桩墩　c）端承桩墩

1—钢筋　2—钢套筒　3—钢核

（2）构造及特点　桩墩一般为直柱形，在桩墩底土较坚硬的情况下为使桩墩底承受较大的荷载，也可将桩墩底端尺寸扩大而做成扩底桩墩（图 2-6b）。桩墩断面形状常为圆形，其直径不小于 0.8m。桩墩一般为钢筋混凝土结构，当桩墩受力很大时也可用钢套筒或钢核桩墩（图 2-6b、c）。

桩墩的受力分析与基桩类似，但桩墩的断面尺寸较大，端部阻力较大，侧摩阻力发挥较小，有较高的竖向承载力，并可承受较大的水平荷载。对于扩底桩墩，还有抵抗较大上拔荷载的能力。墩底扩底直径不宜大于墩身直径的 2.5 倍。

（3）适用条件　对于上部结构传递的荷载较大且要求基础墩身面积较小的情况，可考虑桩墩深基础方案。桩墩的优点在于墩身面积小、美观、施工方便、经济，但外力太大时，纵向稳定性较差，对地基要求也高，所以在选定方案时，尤其在受较大船撞力的河流中应用此类型桥墩应当谨慎。在桩墩底端为土层的情况下，桩墩基础的沉降量较大。

五、按桩身材料分类

1. 钢桩

钢桩强度高、运输方便、施工质量稳定，能承受强大的冲击力和获得较高的承载力，沉桩时贯入能力强、速度较快，且排挤土量小，对邻近建筑影响小。

可根据荷载特征制作各种有利于提高承载力的断面，其设计的灵活性大，壁厚、桩径的选择范围大，便于割接，桩长容易调节。

还可根据弯矩沿桩身的变化情况局部加强其断面刚度和强度。

主要缺点是用钢量大，成本昂贵，在大气和水土中钢材易被腐蚀。

2. 钢筋混凝土桩

钢筋混凝土桩的配筋率较低（一般为0.3%～1.0%），而混凝土取材方便、价格便宜、耐久性好。钢筋混凝土桩既可预制又可现浇（灌注桩），预制桩可以施加预应力，提高桩身抗裂能力，还可采用预制与现浇组合，适用于各种地层，成桩直径和长度可变范围大。

因此，桩基工程的绝大部分是钢筋混凝土桩，桩基工程的主要研究对象和主要发展方向也是钢筋混凝土桩。

知识三　桩与桩基础的构造

引导问题

1. 为了便于施工，提高承载力，混凝土灌注桩的构造有哪些要求？钢筋混凝土灌注桩的构造有哪些要求？

2. 桩基承台具有怎样的形状、尺寸及配筋才能保证其正常施工和使用？

不同材料、不同类型的桩基础具有不同的构造特点，为了保证桩的质量和桩基础的正常工作，在设计桩基础时应满足其构造的基本要求。现仅以目前国内桥梁工程中最常用的桩与桩基础的构造特点及要求为例简述如下。

一、基桩的构造

桩的构造是指桩的几何形状、几何尺寸大小、采用材料种类、对材料的强度等级要求及配筋率高低等。

1. 钢筋混凝土灌注桩

钻（挖）孔桩及沉管桩是采用就地灌注的钢筋混凝土桩，桩身常为实心断面（图2-7）。

设计直径：钻孔桩直径一般为0.80～1.50m，挖孔桩的直径或最小边宽度不宜小于1.50m，沉管灌注桩直径一般为0.30～0.60m。

混凝土：强度等级不低于C20，对仅承受竖向力的基桩可用C15（但水下混凝土仍不应低于C20）。

桩内钢筋：应按照内力和抗裂性的要求布设，长摩擦桩应根据桩身弯矩分布情况分段配

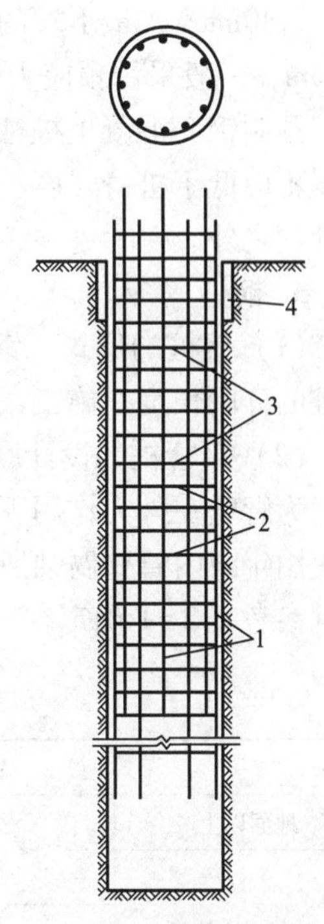

图 2-7 钢筋混凝土灌注桩
1—主筋 2—箍筋
3—加劲箍筋 4—护筒

筋，短摩擦桩和柱桩也可按桩身最大弯矩通长均匀配筋。当按内力计算桩身不需要配筋时，应在桩顶 3 ~ 5m 内设置构造钢筋。

主筋：直径不宜小于 14mm，每根桩不宜少于 8 根。

箍筋：直径一般不小于 8mm，间距为 200 ~ 400mm。

加劲箍筋：对于直径较大的桩或较长的钢筋骨架，可在钢筋骨架上每隔 2.0 ~ 2.5m 设置一道加劲箍筋（直径为 14 ~ 18mm），如图 2-7 所示。

主筋保护层厚度：一般不应小于 50mm。

配筋率：钻孔灌注桩常用的配筋率为 0.2% ~0.6%。

钻（挖）孔桩的柱桩根据桩端受力情况需嵌入岩层时，嵌入深度应计算确定，并不得小于 0.5m。

2. 钢筋混凝土预制桩

预制的钢筋混凝土桩，有实心的圆桩和方桩（少数为矩形桩），有空心的管桩，另外还有管柱（用于管柱基础）。

方桩：桩长在 10m 以内时横断面尺寸为 0.30m ×0.30m。

混凝土：强度等级不低于 C25。

桩内钢筋：应按制造、运输、施工和使用各阶段的内力要求配筋。

主筋直径：一般为 19 ~25mm。由于桩尖穿过土层时直接受到正面阻力，应在桩尖处把所有的主筋弯在一起并焊在一根芯棒上。

箍筋直径：一般为 6 ~ 8mm，间距为 0.10 ~ 0.20m（在两端处一般减少 0.05m）。因桩头直接受到锤击，故在桩顶需设三层方格网片以增强桩头强度。

钢筋保护层厚度：不小于 35mm。

吊环：桩内需预埋直径为 20 ~25mm 的钢筋吊环，吊点位置通过计算最大拉应力确定，如图 2-8 所示。

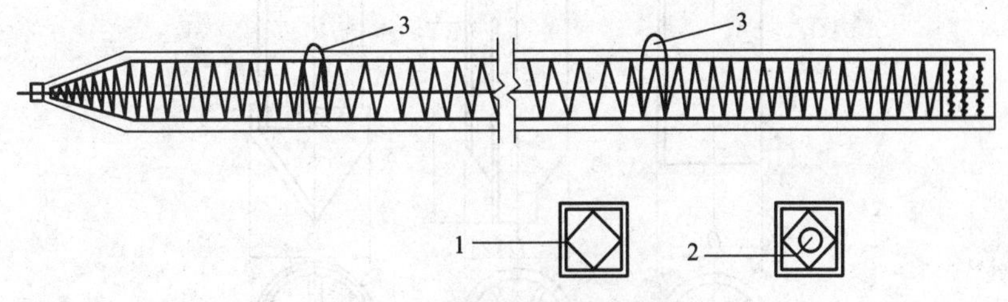

图 2-8 预制钢筋混凝土方桩
1—实心方桩 2—空心方桩 3—吊环

管桩：由工厂以离心旋转机生产。有普通钢筋混凝土桩和预应力钢筋混凝土桩两种。直径为 400mm、550mm 等，管壁厚 80mm，混凝土强度等级为 C25 ~ C40，每节管桩两端装有连接钢盘（法兰盘）以供接长。

管柱：实质上是一种大直径薄壁钢筋混凝土圆管节，在工厂分节制成，施工时逐节用螺栓接成。它的组成部分是法兰盘、主钢筋、螺旋筋和管壁（混凝土强度等级不低于 C25，厚

100～140mm)，最下端的管柱具有钢刃脚，用薄钢板制成。我国常用的管柱直径为1.50～5.80m，一般采用预应力钢筋混凝土管柱。

预制钢筋混凝土桩柱的分节长度，应根据施工条件决定，并应尽量减少接头数量。接头强度不应低于桩身强度，并有一定的刚度以减少锤振能量的损失。接头法兰盘的平面不得凸出管壁之外。

3. 钢桩

(1) 钢桩的形式　钢桩的形式很多，主要有钢管桩和H型钢桩，常用的是钢管桩。钢管桩的分段长度按施工条件确定，不宜超过15m，常用直径为400～1000mm。

(2) 钢管桩的设计厚度　钢管桩的设计厚度由有效厚度和腐蚀厚度两部分组成。有效厚度为管壁在外力作用下所需要的厚度，可按使用阶段的应力计算确定。腐蚀厚度为建筑物在使用年限内管壁腐蚀所需要的厚度，可通过钢桩的腐蚀情况实测或调查确定，无实测资料时可参考表2-1确定。

表2-1　钢管桩年腐蚀速率

钢管桩所处环境		单面年腐蚀率/(mm/a)
地面以上	无腐蚀性气体或腐蚀性挥发介质	0.05～0.1
地面以下	水位以上	0.05
	水位以下	0.02
	波动区	0.1～0.3

注：表中上限值反映一般情况，下限值为近海或临海地区的情况。

(3) 钢桩的防腐　钢桩防腐处理可采用外表涂防腐层，增加腐蚀余量及阴极保护等方法。当钢管桩内壁同外界隔绝时，可不考虑内壁防腐。

(4) 钢管桩的分类　钢管桩按桩端构造可分为开口桩、半闭口桩和闭口桩三类，如图2-9所示。

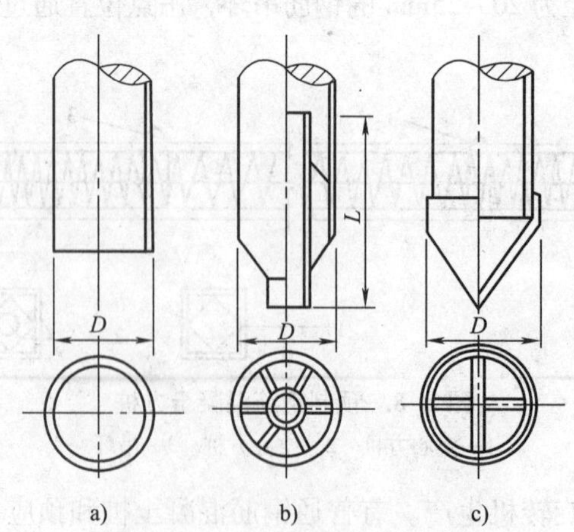

图2-9　钢管桩的端部构造形式

a) 开口桩　b) 半闭口桩　c) 闭口桩

开口钢管桩穿透土层的能力较强，但沉桩过程中桩底端的土将涌入钢管内腔形成土塞。

二、承台的构造及桩与承台的连接

1. 对承台的要求

对于多排桩基础，桩顶由承台连接成为一个整体。承台的平面尺寸和形状应根据上部结构（墩、台身）的底面尺寸和形状以及基桩的平面布置而定，一般采用矩形或圆形。

承台厚度应保证承台有足够的强度和刚度，公路桥梁墩台多采用钢筋混凝土或混凝土刚性承台（承台本身材料的变形远小于其位移），其厚度不宜小于 1.5m。混凝土强度等级不宜低于 C15。对于空心墩台的承台，应验算承台强度并设置必要的钢筋，承台厚度可不受上述限制。

2. 桩和承台的连接

钻（挖）孔灌注桩桩顶主筋宜伸入承台，桩身伸入承台长度一般为 150 ~ 200mm（盖梁式承台，桩身可不伸入）。伸入承台的桩顶主筋可做成喇叭形（相对竖直线倾斜 15°，若受构造限制，主筋也可不做成喇叭形，如图 2 - 10a、b 所示。伸入承台的钢筋锚固长度应符合结构规范要求。对于不受轴向拉力的打入桩可不破桩头，将桩直接埋入承台内，如图 2 - 10c 所示。

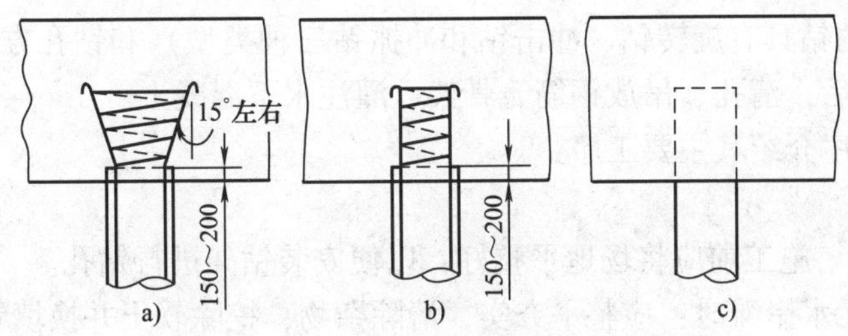

图 2 - 10 桩和承台的连接

a）主筋喇叭形 b）主筋直立 c）桩头埋入承台

3. 承台的钢筋构造

承台的受力情况比较复杂，为了使承台受力较为均匀并防止承台因桩顶荷载作用发生破碎和断裂，应在承台底部桩顶平面上设置一层钢筋网，钢筋纵桥向和横桥向每 1m 宽度内可采用钢筋截面面积 1200 ~ 1500mm^2。此项钢筋直径为 14 ~ 18mm，应按规定锚固长度弯起锚固，钢筋网在越过桩顶钢筋处不应截断，并应与桩顶主筋连接。钢筋网也可根据基桩和墩台的布置，按带状布设，如图 2 - 11 所示。低桩承台有时也可不设钢筋网。

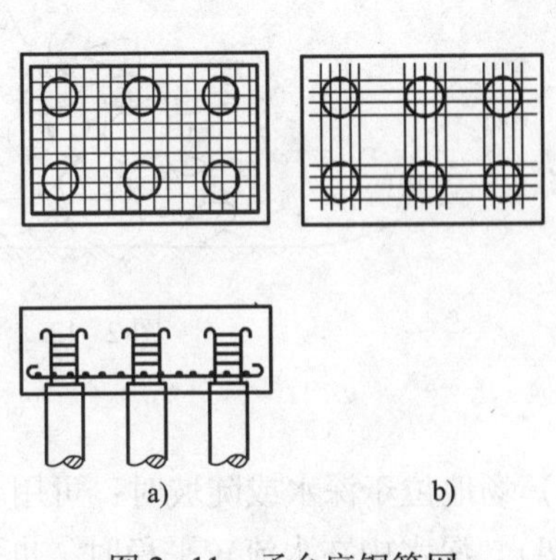

图 2 - 11 承台底钢筋网

a）一层钢筋网 b）带状钢筋网

对于双柱式或多柱式墩（台）单排桩基础，在桩之间为加强横向联系而设有连系梁时，一般认为连系梁不直接承受外力，可不作内力计算，按横断面面积的 0.15% 配置构造钢筋。

知识四　桩基础的施工

引导问题

1. 钻孔灌注桩成孔可以采用哪些方法？如何保证成孔时孔壁不坍塌？孔内混凝土浇筑怎样确保其施工质量？

2. 水中桩基础采用的混凝土灌注桩如何成孔？预制桩或钢桩下沉时怎样防止桩顶被打碎或破坏？

我国目前常用的桩基础施工方法有灌注法和沉入法。下面主要介绍广泛采用的钻孔灌注桩的施工方法和设备，对挖孔灌注桩、沉管灌注桩和各种沉入桩的施工方法仅作简要说明。

桩基础施工前应根据已定出的墩台纵横中心轴线直接定出桩基础轴线和各基桩桩位，并设置好固定桩标志或控制桩，以便施工时随时校核。

一、钻孔灌注桩的施工

钻孔灌注桩施工应根据土质、桩径大小、入土深度和机具设备等条件选用适当的钻具（目前我国常使用的钻具有旋转钻、冲击钻和冲抓钻三种类型）和钻孔方法，以保证能顺利达到预计孔深，然后，清孔、吊放钢筋笼骨架、灌注水下混凝土。

下面按施工顺序介绍其主要工序：

1. 准备工作

（1）准备场地　施工前应将场地平整好，以便安装钻架进行钻孔。

1）墩台位于无水岸滩时：应整平夯实，清除杂物，挖除软土并换填硬土。

2）场地有浅水时：宜采用土或草袋围堰筑岛，如图 2 - 12 所示。

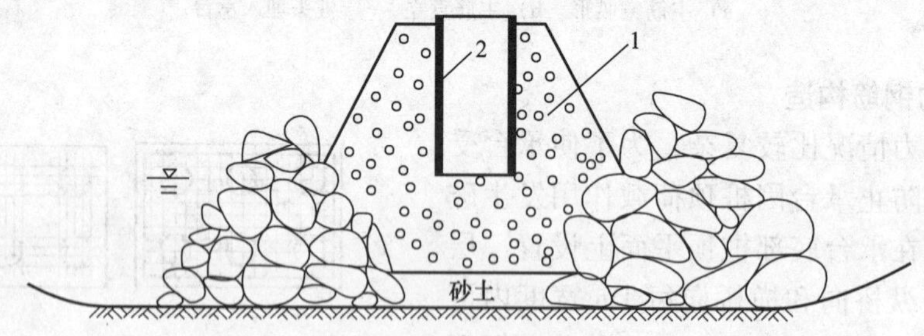

图 2 - 12　浅水中桩基础施工（围堰法）

1—围堰　2—护筒

3）场地位于深水或陡坡时：可用木桩或钢筋混凝土桩搭设支架，安装施工平台支承钻机（架）。深水中在水流较平稳时，也可将施工平台架设在浮船上，就位锚固稳定后在水上钻孔。

（2）埋置护筒

1）护筒的作用。固定桩位，并用作钻孔导向；保护孔口，防止孔口土层坍塌；隔离孔内孔外表层水，并保持钻孔内水位高出施工水位以稳固孔壁。

2）护筒制作要求。坚固、耐用、不易变形、不漏水、装卸方便和能重复使用。一般用木材、薄钢板或钢筋混凝土制成。护筒内径应比钻头直径稍大，旋转钻须增大0.1~0.2m，冲击钻或冲抓钻增大0.2~0.3m。

3）埋置护筒时应注意下列几点：

① 护筒平面位置应埋设正确，偏差不宜大于50mm。

② 护筒顶标高应高出地下水位和施工最高水位1.5~2.0m。无水地层钻孔因护筒顶部设有溢浆口，筒顶也应高出地面0.2~0.3m。

③ 护筒底应低于施工最低水位（一般低0.1~0.3m即可）。深水下沉埋设的护筒应沿导向架借助自重、射水、振动或锤击等方法将护筒下沉至稳定深度，黏性土入土深度应达到0.5~1m，砂性土则为3~4m。

④下埋式及上埋式护筒挖坑不宜太大（一般比护筒直径大0.1~0.6m），护筒四周应夯填密实的黏土，护筒底应埋置在稳固的黏土层中，否则也应换填黏土并夯实，其厚度一般为0.5m。

（3）制备泥浆　泥浆在钻孔中的作用是：

1）在孔内产生较大的静水压力，防止塌孔。

2）泥浆向孔外土层渗漏，在钻进过程中，由于钻头的转动，孔壁表面形成一层胶泥，具有护壁作用，同时将孔内外水流切断，能稳定孔内水位。

3）泥浆相对密度大，具有挟带钻渣的作用，利于钻渣排出。

4）具有冷却机具和切土润滑作用，降低钻具磨损和发热程度。

因此在钻孔过程中孔内应保持一定稠度的泥浆，一般相对密度以1.1~1.3为宜，在冲击钻进大卵石层时可用1.4以上，黏度为20s，含砂率小于6%。在较好的黏性土层中钻孔，也可灌入清水，使钻孔内自造泥浆，达到护壁效果。调制泥浆的黏土塑性指数不宜小于15。

（4）安装钻机或钻架　钻架是钻孔、吊放钢筋笼、灌注混凝土的支架。我国生产的定型旋转钻机和冲击钻机都附有定型钻架，其他常用的还有木制的和钢制的四脚钻架（图2-13）、三脚钻架或人字扒杆。

在钻孔过程中，成孔中心必须对准桩位中心，钻机（架）必须保持平稳，不发生位移、倾斜和沉陷。钻机（架）安装就位时，应详细测量，底座应用枕木垫实塞紧，顶端应用缆风绳固定平稳，并在钻进过程中经常检查。

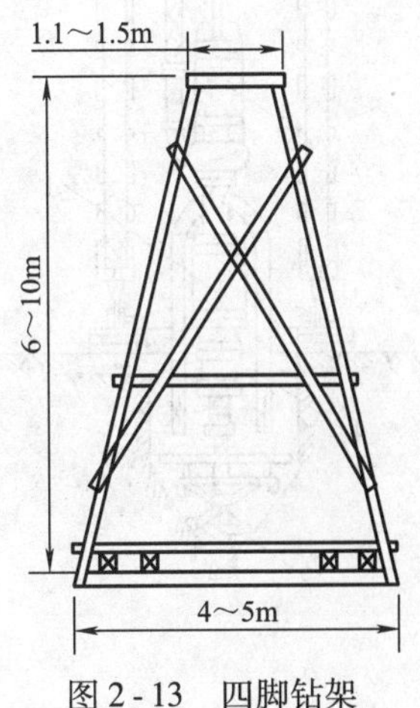

图2-13　四脚钻架

2. 钻孔

（1）钻孔方法和钻具　旋转钻进成孔，利用钻具的旋转切削土体钻进，同时采用循环泥浆的方法护壁排渣。我国现用旋转钻机的工作方式按泥浆循环的程序不同分为正循环和反循环两种。

正循环成孔即在钻进的同时，泥浆泵将泥浆压进泥浆笼头，通过钻杆中心从钻头喷入钻孔内，泥浆挟带钻渣沿钻孔上升，从护筒顶部排浆孔排出至沉淀池，钻渣在此沉淀，泥浆仍进入泥浆池循环使用，如图2-14所示。

正循环成孔特点：设备简单，操作方便，工艺成熟，当孔深不太深、孔径较小时钻进效率高。当桩径较大时，钻杆与孔壁间的环形断面较大，泥浆循环时返流速度低，排渣能力弱。

反循环成孔是泥浆从钻杆与孔壁间的环状间隙流入孔内，以冷却钻头并携带沉渣由钻杆内腔返回地面的一种钻进工艺。

反循环成孔特点：成孔效率高，但在接长钻杆时装卸较麻烦，若钻渣粒径超过钻杆内径（一般为120mm）则易堵塞管路。

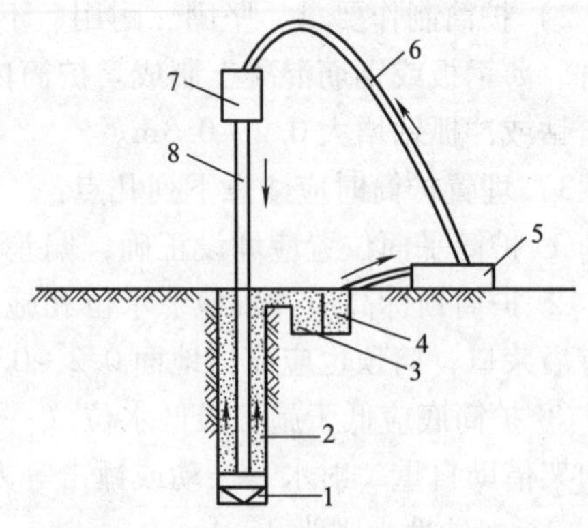

图 2-14　正循环旋转钻孔示意图

1—钻头　2—钻孔　3—沉淀池　4—泥浆池　5—泥浆泵　6—泥浆胶管　7—泥浆龙头　8—钻杆

我国定型生产的旋转钻机的转盘、钻架、动力设备等均配套定型，钻头的构造根据土质采用不同形式，正循环旋转钻机所用钻头有：鱼尾钻头、笼式钻头和刺猬钻头。常用的反循环钻头有：三翼空心单尖钻头和牙轮钻头。

旋转钻孔也可采用更轻便、高效的潜水电钻，钻头的旋转电动机及变速装置均经密封后安装在钻头与钻杆之间，如图 2-15 所示。钻孔时钻头旋转刀刃切土，并在端部喷出高速水流冲刷土体，以水力排渣。

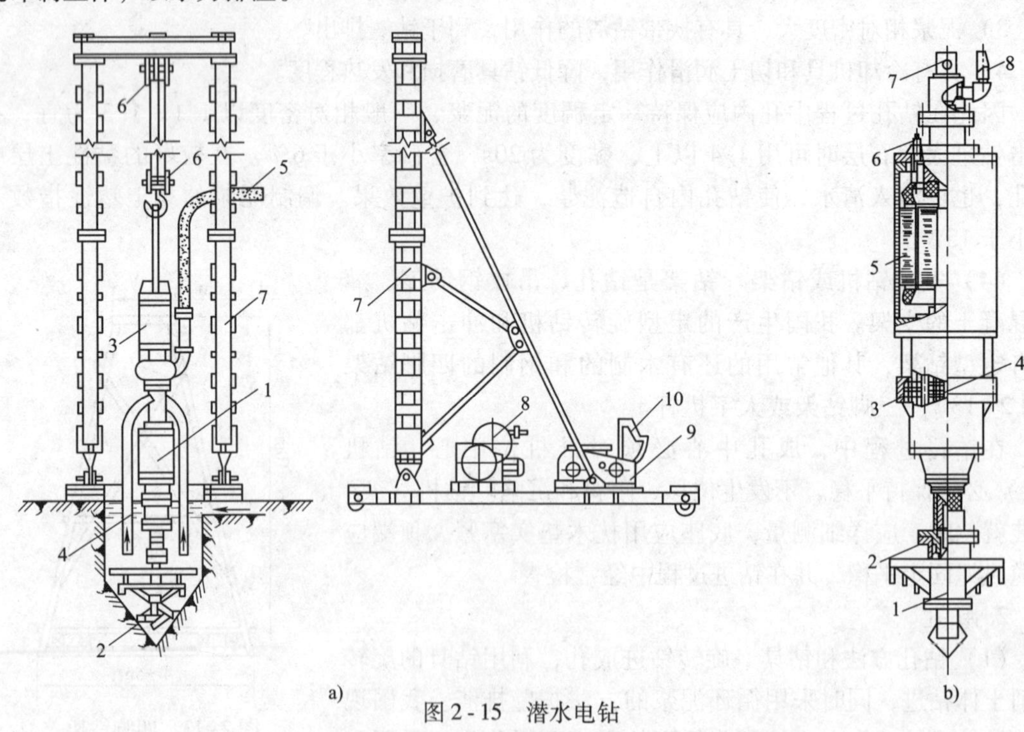

图 2-15　潜水电钻

a）钻机

1—潜水电钻　2—钻头　3—潜水砂石泵　4—吸泥管　5—排泥胶管　6—三轮滑车　7—钻机架　8—副卷扬机　9—慢速主卷扬机　10—配电箱

b）电钻

1—钻头　2—钻头接箍　3—行星减速器　4—中间进水箱　5—潜水电动机　6—电缆　7—提升盖　8—进水管

旋转钻进成孔适用于较细、软的土层，如各种塑性状态的黏性土、砂土，夹少量粒径小于100~200mm的砂卵石土层，在软岩中也曾使用。我国采用这种钻孔方法达到的深度在100m以上。

冲击钻进成孔，利用钻锥（重为10~35kN）不断地提锥、落锥反复冲击孔底土层，把土层中泥沙、石块挤向四壁或打成碎渣，钻渣悬浮于泥浆中，利用掏渣筒取出，重复上述过程冲击钻进成孔。

主要采用的机具有定型的冲击式钻机（包括钻架，动力、起重装置等）、冲击钻头、转向装置和掏渣筒等，也可用30~50kN带离合器的卷扬机配合钢、木钻架及动力装置组成简易冲击钻机。

冲击时钻头应有足够的重量、适当的冲程和冲击频率，以使它有足够的能量将岩块打碎。冲锥每冲击一次旋转一个角度，才能得到圆形的钻孔，因此在锥头和提升钢丝绳连接处应有转向装置。常用的转向装置有合金套或转向环，可以保证冲锥的转动，也避免了钢丝绳打结扭断。

掏渣筒是用以掏取孔内钻渣的工具，如图2-16所示。用约30mm厚的钢板制作，直径为桩孔直径的50%~70%，下面碗形阀门应与渣筒密合，以防止漏水漏浆。

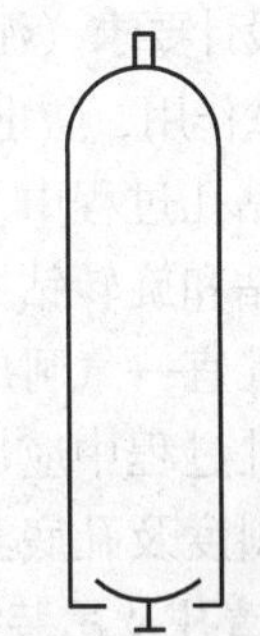

图2-16 掏渣筒

冲击钻孔适用于含有漂卵石、大块石的土层及岩层，也能用于其他土层。成孔深度一般不宜大于50m。

冲抓钻进成孔，用兼有冲击和抓土作用的冲抓锥通过钻架，由带离合器的卷扬机操纵，靠冲锥自重（重为10~20kN）冲下使锥瓣张开插入土层，然后由卷扬机提升锥头，收拢锥瓣，将土抓出，弃土后继续冲抓钻进而成孔。

钻锥常采用四瓣或六瓣冲抓锥，其构造如图2-17所示。当收紧外套钢丝绳、放松内套钢丝绳时，内套在自重作用下相对外套下坠，便使锥瓣张开插入土中。

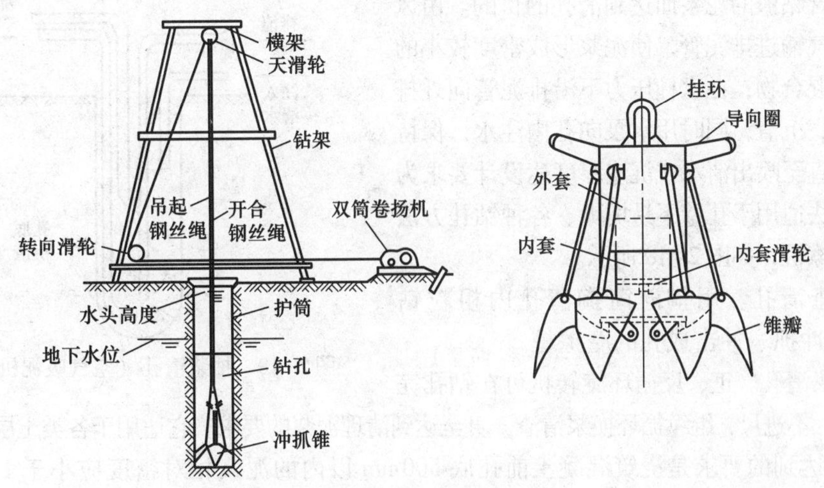

图2-17 冲抓锥

冲抓成孔适用于黏性土、砂性土及夹有碎卵石的砂砾土层，成孔深度不宜大于30m。

（2）钻孔过程中容易发生的质量问题及处理方法　在钻孔过程中应防止坍孔、孔形扭歪或孔偏斜，甚至把钻头埋住或掉进孔内等事故。

1）塌孔。在成孔过程中或成孔后，有时在排出的泥浆中不断出现气泡，有时护筒内的水位突然下降，这是塌孔的迹象。其形成原因主要是土质松散、泥浆护壁不好、护筒水位不高等。如发生塌孔，应探明塌孔位置，将砂和黏土的混合物回填到塌孔位置以上1~2m，如塌孔严重，应全部回填，等回填物沉积密实再重新钻孔。

2）缩孔。缩孔是指孔径小于设计孔径的现象。缩孔是由于塑性土膨胀造成的，处理时可反复扫孔，以扩大孔径。

3）斜孔。桩成孔后发现较大垂直偏差，是由于护筒倾斜和位移，钻杆不垂直，钻头导向部分太短、导向性差，土质软硬不一或遇上孤石等原因造成的。斜孔会影响桩基质量，会造成施工上的困难。处理时可在偏斜处吊放钻头，上下反复扫孔，直至把孔位校直；或在偏斜处回填砂黏土，待沉积密实后再钻。

（3）钻孔注意事项　在钻孔过程中，始终要保持钻孔护筒内水位高出筒外1~1.5m，护壁泥浆符合设计要求（泥浆相对密度为1.1~1.3、黏度为10~25s、含砂率不大于6%等），以起到护壁、固壁作用，防止塌孔。若发现漏水（漏浆）现象，应找出原因，及时处理。

在钻孔过程中，应根据土质等情况控制钻进速度、调整泥浆稠度，以防止坍孔及钻孔偏斜、卡钻和旋转钻机负荷超载等情况发生。

钻孔宜一气呵成，不宜中途停钻，以避免塌孔。

钻孔过程中应加强对桩位、成孔情况的检查工作。终孔时应对桩位、孔径、形状、深度、倾斜度及孔底土质等情况进行检验，合格后立即清孔、吊放钢筋笼，灌注混凝土。

3. 清孔及吊装钢筋骨架

清孔目的是除去孔底沉淀的钻渣和泥浆，以保证灌注的钢筋混凝土质量，确保桩的承载力。清孔的方法有以下几种。

1）抽浆清孔。又称空气吸泥机清孔，用空气吸泥机吸出含钻渣的泥浆而达到清孔的目的。由风管将压缩空气输进排泥管，使泥浆形成密度较小的泥浆-空气混合物，在水柱压力下沿排泥管向外排出泥浆和孔底沉渣，同时用水泵向孔内注水，保持水位不变，直至喷出清水或沉渣厚度达设计要求为止，这种方法适用于孔壁不易坍塌、各种钻孔方法的柱桩和摩擦桩，如图2-18所示。

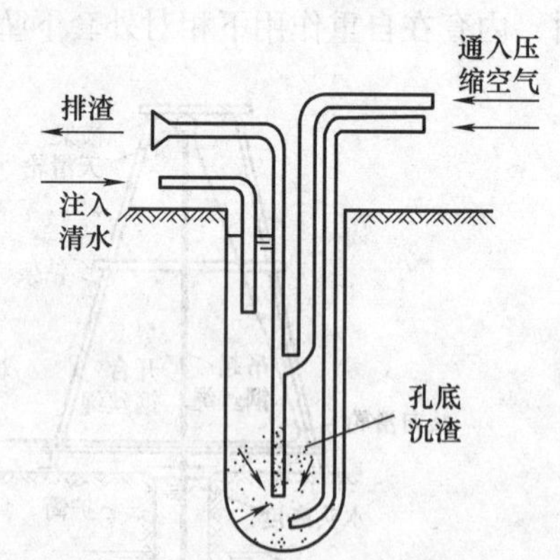

图2-18　抽浆清孔（空气吸泥机清孔）

2）掏渣清孔。用掏渣筒掏清孔内粗粒钻渣，适用于冲抓、冲击成孔的摩擦桩。

3）换浆清孔。正、反循环旋转机可在钻孔完成后不停钻、不进尺，继续循环换浆清渣，直至达到清理泥浆的要求。它适用于各类土层的摩擦桩。

清孔应达到的要求是浇筑混凝土前孔底500mm以内的泥浆相对密度应小于1.25、含砂率不大于8%、黏度不大于28s，见《建筑桩基技术规范》（JGJ 94—2008）。

钢筋笼骨架吊放前应检查孔底深度是否符合要求；孔壁有无妨碍骨架吊放和正确就位的情况。

钢筋笼骨架吊装可利用钻架或另立扒杆进行。吊放时应避免骨架碰撞孔壁，并保证骨架外混凝土保护层厚度，应随时校正骨架位置。钢筋笼骨架达到设计标高后，牢固定位于孔口。再次进行孔底检查，有时须进行二次清孔，达到要求后即可灌注水下混凝土。

4. 灌注水下混凝土

目前我国多采用直升导管法灌注水下混凝土。

（1）灌注方法及有关设备　导管法的施工过程如图2-19所示。

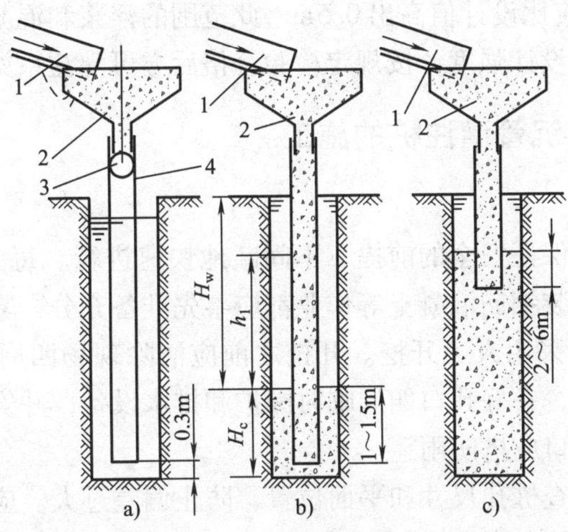

图2-19　灌注水下混凝土

a）初灌准备　b）初灌混凝土　c）灌注过程中

1—通混凝土储料槽　2—漏斗　3—隔水栓　4—导管

导管是内径为0.20~0.40m的钢管，壁厚3~4mm，每节长度为1~2m，最下面一节导管应较长，一般为3~4m。导管两端用法兰盘连接，并垫橡皮圈以保证接头不漏水，如图2-19所示。导管内壁应光滑，内径大小一致，连接牢固，在压力下不漏水。可在漏斗与导管接头处设置活门作为隔水装置。

首批灌注的混凝土数量，要保证将导管内水全部压出，并能将导管初次埋入1~1.5m深。即漏斗和储料槽的最小容量（m^3）为（图2-19b）

$$V=\frac{\pi d^2 h_1}{4}+\frac{\pi D^2 H_c}{4} \tag{2-1}$$

式中　H_c——导管初次埋深加开始时导管离孔底的间距（m）；

h_1——孔内混凝土高度至H_c时，导管内混凝土柱与导管外水压平衡所需高度（m）；

d、D——导管及桩孔直径（m）。

漏斗顶端至少应高出桩顶3m（桩顶在水面以下时应比水面高出3m），以保证在灌注最后部分混凝土时，管内混凝土能满足顶托管外混凝土及其上面的水或泥浆重力的需要。

（2）对混凝土材料的要求　混凝土应有必要的流动性，坍落度宜在180~220mm范围内，水灰比宜为0.5~0.6。为了改善混凝土的和易性，可在其中掺入减水剂和粉煤灰掺合物。为防卡管，石料尽可能用卵石，适宜直径为5~30mm，最大粒径不应超过40mm。水泥强度等级不宜低于32.5级，每立方米混凝土的水泥用量不小于350kg。

（3）灌注水下混凝土注意事项　灌注水下混凝土是钻孔灌注桩施工最后一道关键性工序，其施工质量将严重影响到成桩质量，施工中应注意以下几点：

1）混凝土拌和必须均匀，尽可能缩短运输距离和减小颠簸，防止混凝土离析而发生卡管事故。

2）灌注混凝土必须连续作业，一气呵成，避免任何原因的中断。

3）在灌注过程中，要随时测量和记录孔内混凝土灌注标高和导管入孔长度，孔内混凝土上升到接近钢筋骨架底处时应防止钢筋笼架被混凝土顶起。

4）灌注的桩顶标高应比设计值高出0.5m，此范围的浮浆和混凝土待混凝土养护完成应凿除。待桩身混凝土达到设计强度，按规定检验合格后方可灌注系梁、盖梁或承台。

二、挖孔灌注桩和沉管灌注桩的施工

1. 挖孔灌注桩的施工

挖孔桩施工，必须在保证安全的前提下不间断地快速进行。每一桩孔开挖、提升出土、排水、支撑、立模板、吊装钢筋混凝土等作业都应事先准备充分，紧密配合。

（1）开挖桩孔　一般采用人工开挖。开挖之前应清除现场四周及山坡上的悬石、浮土等，排除一切不安全因素，备好孔口四周临时围护和排水设备，并安排好排土提升设备，布置好弃土通道，必要时孔口应搭防雨篷。

挖土过程中要随时检查桩孔尺寸和平面位置，防止偏差过大。应根据孔内渗水情况，做好孔内排水工作，并注意施工安全。

（2）护壁和支撑　挖孔桩开挖过程中，开挖和护壁两个工序必须连续作业，以确保孔壁不塌。应根据地质、水文条件、材料来源等情况因地制宜选择支撑和护壁方法。

常用的井壁护圈有下列几种：

1）现浇混凝土护圈。当桩孔较深，土质相对较差，出水量较大或遇流砂等情况时，宜就地灌注混凝土围圈护壁。

采用拼装式弧形模板，每下挖1~2m灌注一次，随挖随支。护圈的结构形式为斜阶形。混凝土强度等级为C15或C20。必要时可配置少量的钢筋，如图2-20所示。有时也可在架立钢筋网后直接锚喷砂浆，形成护圈，代替现浇混凝土护圈，这样可以节省模板。

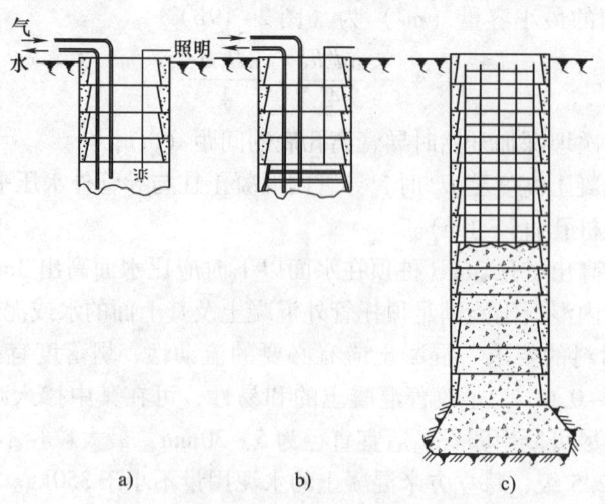

图2-20　混凝土护圈

a）护圈保护下开挖土方　b）支模板浇筑混凝土护圈　c）浇筑桩身混凝土

2）沉井护圈。先在桩位上制作钢筋混凝土井筒，然后在井筒内挖土，井筒靠自重或附加荷载克服井壁与土之间的摩阻力，使其下沉至设计标高，再在井内吊装钢筋骨架及灌注桩身混凝土。

3）钢套管护圈。在桩位处先用桩锤将钢套管强行打入土层中，再在钢套管的保护下，将管内土挖出，吊放钢筋笼，浇筑桩基混凝土。待浇筑混凝土完毕，立即用振动锤和人字拔杆将钢套管强行拔出移至下一桩位使用。这种方法适用于地下水丰富的强透水地层或承压水地层，可避免产生流砂和管涌现象，能确保施工安全。

(3) 吊装钢筋骨架及灌注桩身混凝土　挖孔到达设计深度后，应检查和处理孔底和孔壁，以保证基桩质量。

2. 沉管灌注桩的施工

沉管灌注桩，是将一根与桩的设计尺寸相适应的钢管（下端带有桩尖）采用锤击或振动的方法沉入土中，然后将钢筋笼放入钢管内，再灌注混凝土，并边灌边将钢管拔出，利用拔管时的振动力将混凝土捣实。

钢管下端有两种构造，一种是开口，在沉管时套以钢筋混凝土预制桩尖，拔管时，桩尖留在桩底土中；另一种是管端带有活瓣桩尖，沉管时，桩尖活瓣合拢，灌注混凝土后拔管时活瓣打开。

施工中应注意下列事项：

1）套管沉入土中时，应保持位置正确，如有偏斜或倾斜应立即纠正。

2）拔管时应先振后拔，满灌慢拔，边振边拔。在开始拔管时应确保桩靴活瓣确已张开，或钢筋混凝土确已脱离，灌入混凝土已从套管中流出，方可继续拔管。拔管速度宜控制在1.5m/min之内，在软土中不宜大于0.8m/min。边振边拔，以防管内混凝土被吸住上拉而缩颈，每拔起0.5m，宜停拔，再振动片刻，如此反复进行，直至将套管全部拔出。

3）在软土中沉管时，由于排土挤压作用，会使周围土体侧移及隆起，有可能挤断邻近已完成但混凝土强度还不高的灌注桩，因此桩距不宜小于3~3.5倍桩径，宜采用间隔跳打的施工方法，避免对邻桩挤压过大。

4）由于沉管的挤压作用，在软黏土中或软、硬土层交界处所产生的孔隙水压力较大或侧压力大小不一，易引起混凝土桩缩颈。为了避免这种现象，可采取扩大桩径的“复打”措施，即在灌注混凝土并拔出套管后，立即在原位重新沉管再灌注混凝土。复打后的桩，其横截面增大，承载力提高，但其造价也相应增加，还将挤压邻近桩，导致倾斜、移位。

三、打入桩的施工

打入桩靠桩锤的冲击能量将桩打入土中，因此桩径不能太大（在一般土质中桩径不大于0.6m），桩的入土深度在一般土质中不超过40m，否则打桩设备要求较高，而打桩效率较低。

打桩过程包括：桩架移动和定位、吊桩和定桩、打桩、截桩和接桩等。

正式打桩前，还应进行打桩试验，以便检验设备和工艺是否符合要求。按照规范的规定，试桩不得少于2根。

现就打桩施工的主要设备和施工中应注意的主要问题简要介绍如下：

1. 桩锤

常用的桩锤有坠锤、单动汽锤、双动汽锤及柴油锤等几种。

打入桩施工时，应适当选择桩锤重量，桩锤过轻，桩难以打入，频率较低，还可能将桩头打坏。桩锤过重，则各种机具、动力设备都需加大，不经济。

2. 桩架

桩架在结构上必须有足够的强度、刚度和稳定性，保证在打桩过程中桩架不会发生移位和倾斜。

桩架的作用：吊装桩锤、插桩、打桩、控制桩锤的上下方向。

桩架的组成：包括导杆（又称龙门，控制桩和锤的插打方向）、起吊设备（滑轮组、绞车、动力设备等）、撑架（支撑导杆）及底盘（承托以上设备）、移位行走部件等。

桩架的高度：应保证吊桩就位的需要和锤击的必要冲程。

桩架的类型：根据材料不同，有木桩架和钢结构桩架，常用的是钢桩架。根据作业性的差异，桩架有简易桩架和多功能桩架（或称万能桩架）。

3. 桩的吊运

钢筋混凝土预制桩由预制场地吊运到桩架内，在起吊、运输、堆放时，都应该按照设计计算的吊点位置起吊（一般吊点在桩内预埋直径为20～25mm的钢筋吊环，或以油漆在桩身标明），否则桩身受力情况与计算不符，可能引起桩身混凝土开裂。

一般长度的桩，水平起吊采用两个吊点；插桩吊立时，常为单点起吊；对于较长的桩，为了减小内力、节省钢材，可采用多点起吊。

4. 打桩过程中的常见问题

由于桩要穿过构造复杂的土层，所以在打桩过程中要注意随时观察，凡发生贯入度突变、桩身突然倾斜、锤击时桩锤产生严重回弹、桩顶或桩身出现严重裂缝或破碎等情况应暂停施工，及时研究处理。

5. 打桩过程注意事项

为了避免或减轻打桩时由于土体挤压，使后打入的桩打入困难或先打入的桩被推挤移动，打桩顺序应视桩距、土质情况及周围环境而定，可由基础的一端向另一端推进，或由中央向两端推进。

在打桩前，应检查锤与桩的中心线是否一致，桩位是否正确，桩的垂直度或倾斜度是否符合设计要求，打桩架是否安置牢固平稳。桩顶应采用桩帽、桩垫保护，以免打裂桩头。

桩开始打入时，应轻击慢打，每次的冲击能不宜过大，随着桩的打入，逐渐增大锤击的冲击能量。

打桩时应记录好桩的贯入度，将其作为桩承载力是否达到设计要求的一个参考数据。

打桩过程中应注意随时观测打桩情况，防止基桩的偏移，并填写好打桩记录。

每打一根桩应一次连续完成，避免中途停顿过久，否则因桩周摩阻力的恢复而增加沉桩难度。

接桩要使上下两节桩对准接准；在接桩过程中及接好打桩前，均须注意检查上下两节桩的纵轴线是否在一条直线上。接头必须牢固，焊接时要注意焊缝质量，宜用两人双向对称同时电焊，以免产生不对称的收缩，焊完待冷却后再打桩，以免热的焊缝遇到地下水而开裂。

在建筑物靠近打桩场地或建筑物密集地区打桩时，需观测地面变化情况，注意打桩对周围建筑物的不利影响。

打桩完毕、基坑开挖后，应对桩位、桩顶标高进行检查，合格后方可浇筑承台。

四、水中桩基础的施工

水中修筑桩基础显然比旱地上施工要复杂困难得多，尤其是在深水急流的大河中修筑桩基础。为了适应水中施工的环境，必然要增添浮运沉桩及有关的设备和采用水中施工的特殊方法。与旱地施工相比较，水中钻孔灌注桩的施工有如下特点：

1）地基地质条件复杂，江河床底一般以松散砂、砾、卵石为主，很少有泥质胶结物，在近堤岸处大多有护堤抛石，而港湾或湖浜静水地带又多为流塑状淤泥。

2）护筒埋设难度大，技术要求高。尤其是水深流急时，必须采取专门措施，以保证施工质量。

3）水面作业自然条件恶劣，施工具有明显的季节性。

4）在重要的航运水道上，必须兼顾航运和施工两者安全。

5）考虑上部结构荷重及其安全稳定，桩基设计的竖向承载力较大，所以桩长较长，或桩径较大。

基于上述特点，水中施工必须充分准备施工场地，用以安装钻孔机械、混凝土灌注设备以及其他设备。这是水中钻孔桩施工的最重要一环，也是水中施工的关键技术和主要难点之一。

根据水中桩基础施工方法的不同，其施工场地分为两种类型：一类是用围堰筑岛法修筑的水域岛或长堤，称为围堰筑岛施工场地；另一类是用船或支架拼装建造的施工平台，称为水域工作平台。水域工作平台依据其建造材料和定位的不同可分为船式、支架式和沉浮式等多种类型。水中支架的结构强度、刚度和船只的浮力、稳定都应事前进行验算。

因地制宜的水中桩基础施工方法有多种，现就常见的浅水和深水施工作简要介绍。

1. 浅水中桩基础施工

对位于浅水或临近河岸的桩基，其施工方法类同于浅水浅基础常用的围堰修筑法，即先筑围堰施工场地，然后抽水、挖基坑或吸泥、挖坑、抽水，最后进行基桩施工。围堰所用的材料和形式，以及各种围堰施工的注意事项，与浅基础施工一节所述相同，不再赘述。

在浅水中建桥，常在桥位旁设置临时便桥。在这种情况下，可利用便桥和相应的脚手架搭设水域工作平台，进行围堰和基桩施工。这样在整个桩基础施工中可不必动用浮运打桩设备，同时水域工作平台也可以用于料具、人员的运输。

2. 深水中桩基础施工

在宽大的江河深水中进行桩基础施工时，常采用笼架围堰法和吊箱法等施工方法。

（1）围堰法　在深水中进行低桩承台桩基础施工或墩身有相当长度需在水下施工时，常采用围笼（围图）修筑钢板桩围堰进行桩基础施工（围笼结构可参阅“浅基础”有关部分）。

钢板桩围堰桩基础施工的方法与步骤如下：

1）在导向船上拼制围笼，拖运至墩位，将围笼下沉、接高、下沉至设计标高，用锚船（定位船）抛锚定位。

2）在围笼内插打定位桩（可以是基础的基桩，也可以是临时桩或护筒），并将围笼固定在定位桩上，退出导向船。

3）在围笼上搭设工作平台，安置钻机或打桩设备；沿围笼插打钢板桩，组成防水围堰。

4）完成全部基桩的施工（钻孔灌注桩或打入桩）。

5）吸泥，开挖基坑。

6）基坑经检验后，灌注水下混凝土封底。

7）待封底混凝土达到规定强度后，抽水，修筑承台和墩身直至高出水面。

8）拆除围笼，拔除钢板桩。

在施工中也可先完成全部基桩施工，再进行钢板桩围堰的施工。先筑围堰还是先打基桩，应根据现场水文地质条件、施工条件、航运情况和所选择的基桩类型等情况确定。

（2）吊箱法和套箱法　在深水中修筑高桩承台桩基时，由于承台位置较高，不需坐落到河底，一般采用吊箱方法修筑桩基础，或采用在已完成的基桩上安置套箱的方法修筑高桩承台。

1）吊箱法。吊箱是悬吊在水中的箱形围堰，基桩施工时用作导向定位，基桩完成后，封底、抽水，灌注混凝土承台。

吊箱一般由围笼、底盘、侧面围堰板等部分组成。吊箱围笼平面尺寸与承台相对应，分层拼装，最下一节埋入封底混凝土内，以上部分可拆除周转使用；顶部设有起吊的横梁和工作平台，并留有导向孔。底盘用槽钢作纵、横梁，梁上铺以木板作封底混凝土的底板，并留有导向孔（大于桩径 50mm）以控制桩位。侧面围堰板由钢板形成，整块吊装。

如图 2-21 所示，吊箱法的施工方法与步骤如下：

① 在岸上或岸边驳船上拼制吊箱围堰，浮运至墩位，吊箱下沉至设计标高（图 2-21a）。

② 插打围堰外定位桩，并将吊箱围堰固定于定位桩上（图 2-21c）。

③ 基桩施工（图 2-21b、c）。

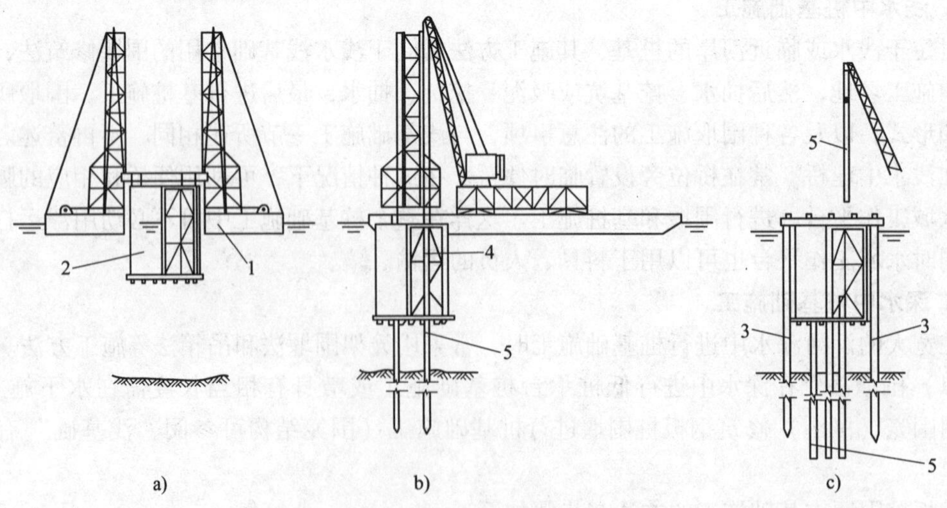

图 2-21　吊箱围堰修建水中桩基

a）吊箱下沉　b）基桩下沉　c）基桩接桩

1—驳船　2—吊箱　3—定位桩　4—送桩　5—基桩

④ 填塞底板缝隙，灌注水下混凝土。

⑤ 抽水，将桩顶钢筋伸入承台，铺设承台钢筋，灌注承台及墩身混凝土。

⑥ 拆除吊箱围堰连接螺栓外框，吊出围笼。

2）套箱法。这种方法是先完成全部基桩施工，再修筑高桩承台基础的水中承台。

套箱可预制成与承台尺寸相对应的钢套箱或钢筋混凝土套箱，箱底板按基桩平面位置留有桩孔。基桩施工完成后，吊放套箱围堰，将基桩顶端套入套箱围堰内（基桩顶端伸入套箱的长度按基桩与承台的构造要求确定），并将套箱固定在定位桩（可直接用基础的基桩）上，然后浇筑水下混凝土封底，待混凝土达到规定强度后即可抽水，继而进行承台和墩身结构施工。

施工中应注意：水中直接打桩及浮运箱形围堰吊装的正确测量定位，一般均采用交汇法控制，在大河中有时还需搭临时观测平台；在吊箱中插打基桩，由于桩的自由长度大，应细心把握吊沉方位；在浇灌水下混凝土前应将箱底、桩侧缝隙堵塞好。

（3）沉井结合法　当河床基岩裸露或在卵石、漂石土层中钢板围堰无法插打时，或在水深流急的河道上为使钻孔灌注桩在静水中施工时，还可以采用浮运钢筋混凝土沉井或薄壁沉井（有关沉井的内容见“沉井基础”）作桩基施工时的挡水挡土结构（相当于围堰），沉井顶作工作平台。沉井既可作为桩基础的施工设施，又可作为桩基础的一部分（即承台）。薄壁沉井多用于钻孔灌注桩的施工，除能保持在静水状态施工外，还可将几个桩孔一起圈在沉井内代替单个安设护筒并可周转，重复使用。

3. 水中钻孔桩施工的注意事项

（1）护筒的埋设　围堰筑岛施工场地的护筒埋设方法与旱地施工时基本相同。

施工场地平坦时可采用钢制或钢筋混凝土护筒。为防止水流将护筒冲歪，应在工作平台的孔口部位，架设护筒导向架；下沉好的护筒，应固定在工作平台上或护筒导向架上，以防发生塌孔时，护筒下移或倾斜。在水流速度较大的深水中，可在护筒或导向架四周抛锚加固定位。

（2）配备安全设施，抓好安全作业　严格保持船体和平台不致有任何位移。船体和平台的位移，将导致孔口护筒偏斜、倾倒等一系列恶性事故，因此每一桩孔从开孔到灌注成桩都要严格控制。

在工作平台四周设坚固的防护栏，配备足够的救生设备和防火器材，还要按规定悬挂信号灯等。

知识五　单桩承载力的确定方法

引导问题

1. 竖向荷载作用下桩基承载力怎样逐步发挥？其极限承载力受哪些因素影响？
2. 如何确定桩基础的竖向承载力？
3. 单桩横向容许承载力如何检测？

一般情况下，桩受到轴向力、横向力及弯矩作用，因此可分别分析、确定单桩的轴向承载力和横轴向承载力。

一、单桩轴向荷载传递机理

1. 荷载传递过程

当竖向荷载逐步施加于单桩桩顶时，桩身上部受到压缩而产生相对于土的向下位移，与此同时桩侧表面就会受到土的向上摩阻力。桩顶荷载通过桩侧摩阻力传递到桩周土层中去，使桩身轴力和桩身压缩变形随深度递减。在桩－土相对位移等于零处，其摩阻力尚未开始发挥作用而等于零。随着荷载增加，桩身压缩量和桩－土相对位移量逐渐增大，桩身下部的摩阻力随之逐步调动起来，桩端土层也因受到压缩而产生桩端阻力。桩端土层的压缩加大了桩－土相对位移，从而使桩身摩阻力进一步发挥，达到极限值，而桩端极限阻力的发挥则需要比发挥桩侧极限摩阻力大得多的位移值，总是桩侧摩阻力先充分发挥出来。当桩身摩阻力全部发挥出来达到极限后，若继续增加荷载，其荷载增量将全部由桩端阻力承担。由于桩端持力层的大量压缩和塑性挤出，位移增长速度显著加大，直至桩端阻力达到极限，位移迅速增大而破坏。此时桩所受的荷载就是桩的极限承载力。

由此可见，桩侧摩阻力和桩端阻力的发挥程度与桩－土间的变形性态有关，在确定桩的承载力时，应考虑这一特点。

对于柱桩，桩端阻力占桩支承力的绝大部分，桩侧摩阻力很小，常忽略不计。对于桩长很大的摩擦桩，因桩身压缩变形大，桩端反力尚未达到极限值，桩顶位移已超过使用要求所容许的范围，且传递到桩端的荷载也很小，确定桩的承载力时桩端极限阻力不宜取值过大。

2. 桩侧摩阻力的影响因素及其分布

桩侧摩阻力除与桩－土间的相对位移有关，还与土的性质、桩的刚度、时间因素和土中应力状态以及桩的施工方法等因素有关。

由于影响桩侧摩阻力的因素即桩－土间的相对位移、土中的侧向应力及土质分布及性状均随深度变化，因此要精确地用物理力学方程描述桩侧摩阻力沿深度的分布规律十分困难，只能用试验方法研究。在桩承受竖向荷载过程中，量测桩身内力或应变，计算各截面轴力，求得侧阻力分布或端阻力值。

为简化起见，常假设打入桩侧摩阻力在地面处为零，沿桩入土深度呈线性分布，而对钻孔灌注桩则近似假设桩侧摩阻力沿桩身均匀分布。

3. 桩端阻力的影响因素及其深度效应

桩端极限阻力取决于持力层土的抗剪强度、上覆荷载及桩径大小。模型和现场试验研究表明，桩端阻力随着桩的入土深度，特别是进入持力层的深度而变化，这种特性称为深度效应。

当以夹于软层中的硬层作桩端持力层时，要根据夹层厚度，综合考虑基桩进入持力层的深度和桩端处硬层的厚度对桩端阻力的影响。

4. 单桩在轴向受压荷载作用下的破坏模式

轴向受压荷载作用下，单桩的破坏是由地基土强度破坏或桩身材料强度破坏所引起的（图 2-22），而以地基土强度破坏居多。以下介绍工程实践中常见的几种典型破坏模式：

1）当桩端支承在很坚硬的地层。桩侧土为软土层（其抗剪强度很低）时，桩在轴向受压荷载作用下，如同一受压杆件呈现纵向挠曲破坏。在荷载－沉降（$Q-s$）曲线上呈现出明确的破坏荷载，如图 2-22a 所示。桩的承载力取决于桩身的材料强度。

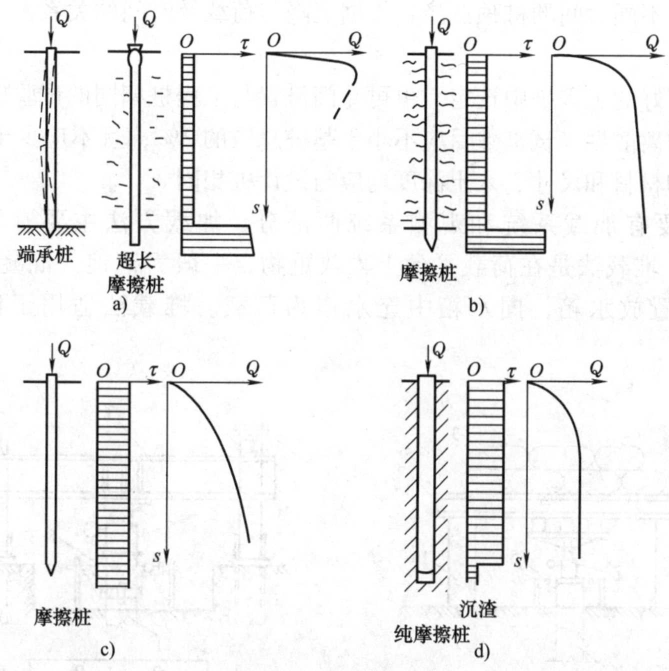

图 2-22　桩破坏模式

（桩－土体系、桩侧摩阻力沿深度分布及桩顶荷载－沉降曲线）

a）桩身材料破坏　b）整体剪切破坏　c）刺入剪切破坏　d）沿桩身侧面纯剪切破坏

2）当具有足够强度的桩穿过抗剪强度较低的软土层而达到强度较高的硬土层时，桩在轴向受压荷载作用下，由于桩端持力层以上的软弱土层不能阻止滑动土楔的形成，桩端土体将形成滑动面而出现整体剪切破坏。在 $Q-s$ 曲线上可见明确的破坏荷载，如图 2-22b 所示。桩的承载力主要取决于桩端土的支承力，桩侧摩阻力也起一部分作用。

3）当具有足够强度的桩入土深度较大或桩周土层抗剪强度较均匀时，桩在轴向受压荷载作用下，将出现刺入式破坏。根据荷载大小和土质不同，其 $Q-s$ 曲线通常无明显的转折点。桩所受荷载由桩侧摩阻力和桩端反力共同承担，一般摩擦桩或纯摩擦桩多为此类破坏，且基桩承载力往往由桩顶所允许的沉降量控制，如图 2-22c、d 所示。

因此，桩的轴向受压承载力，取决于桩周土的强度或桩本身的材料强度。一般情况下桩的轴向承载力都是由土的支承能力控制的，对于柱桩和穿过土层土质较差的长摩擦桩，则两种因素均有可能是决定因素。

二、按土的支承能力确定单桩轴向容许承载力

在工程设计中，单桩轴向容许承载力，指单桩在轴向荷载作用下，地基土和桩本身的强度和稳定性均能得到保证，变形也在容许范围之内所容许承受的最大荷载。

单桩轴向容许承载力的确定方法较多，考虑到地基土具有多变性、复杂性和地域性等特点，往往需选用几种方法作综合考虑和分析，以合理确定单桩轴向容许承载力。

1. 静载试验法

垂直静载试验法即在桩顶逐级施加轴向荷载，直至桩达到破坏状态为止，并在试验过程

中测量每级荷载下不同时间的桩顶沉降，根据沉降与荷载及时间的关系，分析确定单桩轴向容许承载力。

试桩可在已打好的工程桩中选定，也可专门设置与工程桩相同的试验桩。考虑到试验场地的差异及试验的离散性，试桩数目应不小于基桩总数的2%，且不应少于2根；试桩的施工方法以及试桩的材料和尺寸、入土深度均应与设计桩相同。

试验装置主要有加载系统和观测系统两部分。加载方法主要有堆载法与锚桩法(图2-23)两种。堆载法是在荷载平台上堆放重物，一般为钢锭、混凝土块或砂包，也可在荷载平台上置放水箱，向水箱中充水作为荷载。堆载法适用于极限承载力较小的桩。

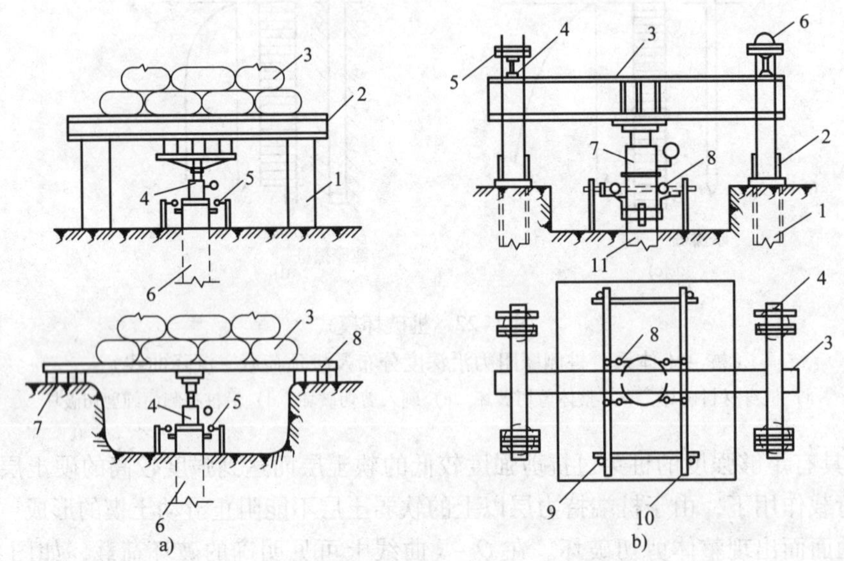

图2-23　桩基静载试验检测竖向抗压承载力

a）堆载法

1—支墩　2—钢横梁　3—钢锭　4—液压千斤顶　5—百分表　6—试验桩　7—垫木　8—钢架或厚钢板

b）锚桩法

1—锚桩（4根）　2—锚筋　3—主梁（钢横梁或倒置钢桁架）　4—次梁　5—厚钢板　6—硬木包钢皮　7—液压千斤顶　8—百分表　9—基准桩　10—基准梁（一端固定，一端可水平移动）　11—试验桩

锚桩法是在试桩周围布置4～6根锚桩，常利用工程桩群。锚桩深度不宜小于试桩深度，且与试桩有一定距离，一般应大于$4d$（d为试桩直径或边长）且不小于2m，以减少锚桩对试桩承载力的影响。观测系统主要进行桩顶位移和加载数值的观测。

当出现下列情况之一时，一般认为基桩已达破坏状态，所施加的荷载即为破坏荷载：

1）桩的沉降量突然增大，总沉降量大于40mm，且本级荷载下的沉降量为前一级荷载下沉降量的5倍。

2）本级荷载下桩的沉降量为前一级荷载下沉降量的2倍，且经24h桩的沉降未趋稳定。

破坏荷载求得以后，可将其前一级荷载作为极限荷载，从而确定单桩轴向容许承载力：

$$[P] = P_u/k \tag{2-2}$$

式中　$[P]$——单桩轴向受压容许承载力（kN）；

P_u——试桩的极限荷载（kN）；

k——安全系数，一般取2。

实际上，在破坏荷载下，处于不同土层中的桩，其沉降量及沉降速率是不同的，人为地统一规定某一沉降值或沉降速率作为破坏标准，难以正确评价基桩的极限承载力，因此，宜根据试验曲线采用多种方法分析，以综合评定基桩的极限承载力。

1）$Q-s$ 曲线明显转折点法。在 $Q-s$ 曲线上，以曲线出现明显下弯转折点所对应的荷载作为极限荷载（图2-24）。若 $Q-s$ 曲线转折点不明显，则极限荷载难以确定，需借助其他方法辅助判定，例如用对数坐标绘制 $\lg Q-\lg s$ 曲线，可使转折点显得明确些。

2）$s-\lg t$ 曲线法（沉降速率法）。大量试桩资料分析表明，桩在破坏荷载以前的每级沉降量（s）与时间（t）的对数呈线性关系（图2-25），可用公式表示为

$$s = m\lg t \tag{2-3}$$

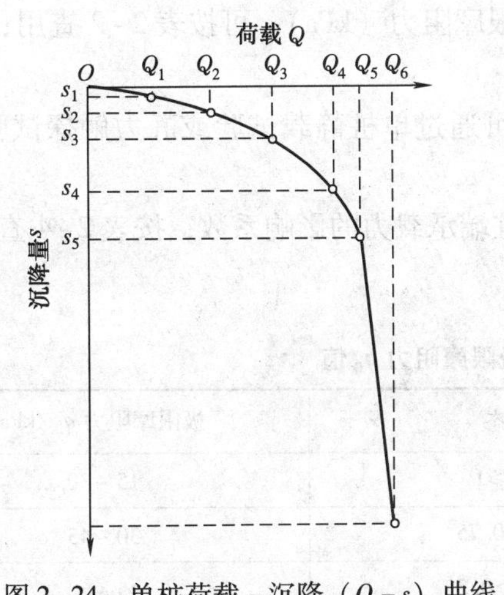

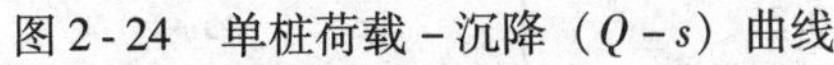

图2-24　单桩荷载-沉降（$Q-s$）曲线

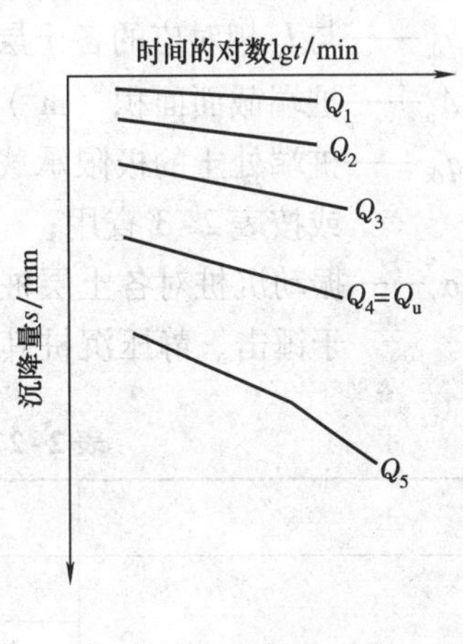

图2-25　单桩 $s-\lg t$ 曲线

当桩顶荷载继续增大时，如发现绘得的 $s-\lg t$ 线不是直线而是折线时，则说明在该级荷载作用下桩沉降量骤增，即地基土塑性变形骤增，桩破坏。因此可将相应于 $s-\lg t$ 线形由直线变为折线的那一级荷载定为该桩的破坏荷载，其前一级荷载即为桩的极限荷载。

采用静载试验法确定单桩容许承载力直观可靠，但费时、费力，通常只在大型、重要工程或地质较复杂的桩基工程中进行试验。配合其他测试设备，它还能较直接反映桩的荷载传递特征，提供有关资料，因此也是桩基础研究分析常用的试验方法。

2. 经验公式法

各行业技术标准、规范根据全国各地大量的静载试验资料，经过理论分析和统计整理，给出不同类型的桩，在土的类别、密实度、稠度、埋置深度等条件下的有关桩侧摩阻力及桩端阻力的经验系数、数据及相应公式。下面以《公路桥涵地基与基础设计规范》（JTG D63—2007）为例作简要介绍（以下各经验公式除特殊说明者外均适用于钢筋混凝土桩、混凝土桩及预应力混凝土桩）。

（1）摩擦桩　单桩竖向容许承载力的基本形式为：

单桩竖向容许承载力

$[P]$ = [桩侧极限摩阻力（P_{SU}）+ 桩端极限阻力（P_{PU}）] /安全系数

打入桩与钻（挖）孔灌注桩，由于施工方法不同，根据试验资料所得的桩侧摩阻力和桩端阻力数据不同，所给出的计算式和有关数据也不同。

1）打入桩。打入桩的容许承载力按式（2-4）计算：

$$[P] = \frac{1}{2}\left(u\sum_{i=1}^{n}\alpha_i l_i q_{ik} + \alpha_r A_p q_{rk}\right) \tag{2-4}$$

式中 $[P]$——单桩轴向受压容许承载力（kN），桩身自重与置换土重（当自重计入浮力时，置换土重也计入浮力）的差值作为荷载考虑；

u——桩身截面周长（m）；

n——土的层数；

l_i——桩在承台底面或最大冲刷线以下的第 i 层土层中的长度（m）；

q_{ik}——与 l_i 相对应的各土层与桩壁的极限摩阻力（kPa），可按表 2-2 查用；

A_p——桩端截面面积（m^2）；

q_{rk}——桩端处土的极限承载力（kPa），可通过单桩静载试验或静力触探试验确定，或按表 2-3 查用；

α_i、α_r——振动沉桩对各土层桩侧摩阻力和桩端承载力的影响系数，按表 2-4 查用，对于锤击、静压沉桩其值均为 1.0。

表 2-2 打入桩桩侧极限摩阻力 q_{ik} 值

土类	状态	极限摩阻力 q_{ik}/kPa
黏性土	$1.5 \geq I_L \geq 1$	15 ~ 30
	$1.0 > I_L \geq 0.75$	30 ~ 45
	$0.75 > I_L \geq 0.5$	45 ~ 60
	$0.5 > I_L \geq 0.25$	60 ~ 75
	$0.25 > I_L \geq 0$	75 ~ 85
	$I_L < 0$	85 ~ 95
粉土	稍密	20 ~ 35
	中密	35 ~ 65
	密实	65 ~ 80
粉、细砂	稍松	20 ~ 35
	中密	35 ~ 65
	密实	65 ~ 80
中砂	中密	55 ~ 75
	密实	75 ~ 90
粗砂	中密	70 ~ 90
	密实	90 ~ 105

表 2-3　打入桩桩端处土的极限承载力 q_{rk}

土类	状态	桩端承载力标准值 q_{rk}/kPa		
黏性土	$I_L \geqslant 1$	1000		
	$1 > I_L \geqslant 0.65$	1600		
	$0.65 > I_L \geqslant 0.35$	2200		
	$0.35 > I_L$	3000		
土　类	状　态	桩尖进入持力层的相对深度		
		$1 > \frac{h_c}{d}$	$4 > \frac{h_c}{d} \geqslant 1$	$\frac{h_c}{d} \geqslant 4$
粉　土	中　密	1700	2000	2300
	密　实	2500	3000	3500
粉　砂	中　密	2500	3000	3500
	密　实	5000	6000	7000
细　砂	中　密	3000	3500	4000
	密　实	5500	6500	7500
中、粗砂	中　密	3500	4000	4500
	密　实	6000	7000	8000
圆砾石	中　密	4000	4500	5000
	密　实	7000	8000	9000

注：表中 h_c 为桩端进入持力层的深度（不包括桩靴）；d 为桩的直径或边长。

表 2-4　系数 α_i、α_r 值

土类 / 系数 α_i、α_r / 桩径或边长 d/m	黏　土	粉质黏土	粉　土	砂　土
$0.8 \geqslant d$	0.6	0.7	0.9	1.1
$2.0 \geqslant d > 0.8$	0.6	0.7	0.9	1.0
$d > 2.0$	0.5	0.6	0.7	0.9

2）钻（挖）孔灌注桩。钻（挖）孔灌注桩的承载力容许值 $[R_a]$ 按式（2-5）计算：

$$[R_a] = \frac{1}{2}u\sum_{i=1}^{n} q_{ik}l_i + m_0\lambda A_p\{[f_{a0}] + k_2\gamma_2(h-3)\} \tag{2-5}$$

式中　u——桩的周长（m），按成孔直径计算，若无实测资料时，成孔直径可按下列规定采用：旋转钻：按钻头直径增大 30～50mm；冲击钻：按钻头直径增大 50～100mm；冲抓钻：按钻头直径增大 100～200mm；

q_{ik}——第 i 层土对桩壁的极限摩阻力（kPa），可按表 2-5 采用；

λ——考虑桩入土长度影响的修正系数，按表 2-6 采用；

m_0——考虑孔底沉淀淤泥影响的清底系数，按表 2-7 采用；

A_p——桩端截面面积（m^2），一般用设计直径（钻头直径）计算；但采用换浆法施工（即成孔后，钻头在孔底继续旋转换浆）时，则按成孔直径计算；

h——桩的埋置深度（m），对有冲刷的基桩，由一般冲刷线起算；对无冲刷的基桩，由天然地面（实际开挖后地面）起算；当 $h>40$m 时，可按 $h=40$m 计算；

$[f_{a0}]$——桩端处土的容许承载力（kPa），可按表 1-5 ~ 表 1-11 查用；

γ_2——桩端以上土的重度，多层土时按换算重度计算；

k_2——地基土容许承载力随深度的修正系数，可按表 1-12 采用。

采用式（2-5）计算时，应以最大冲刷线下桩身重量的一半作为外荷载计算。

表 2-5　钻孔桩桩侧土的极限侧摩阻力 q_{ik}

土类		q_{ik}/kPa
中密炉渣、粉煤灰		40 ~ 60
黏性土	流塑 $I_L>1$	20 ~ 30
	软塑 $0.75<I_L\leqslant 1$	30 ~ 50
	可塑、硬塑 $0<I_L\leqslant 0.75$	50 ~ 80
	坚硬 $I_L\leqslant 0$	80 ~ 120
粉土	中密	30 ~ 55
	密实	55 ~ 80
粉砂、细砂	中密	35 ~ 55
	密实	55 ~ 70
中砂	中密	45 ~ 60
	密实	60 ~ 80
粗砂、砾砂	中密	60 ~ 90
	密实	90 ~ 140
圆砾、角砾	中密	120 ~ 150
	密实	150 ~ 180
碎石、卵石	中密	160 ~ 220
	密实	220 ~ 400
漂石、块石		400 ~ 600

表 2-6　修正系数 λ

桩端土情况 \ l/d	4 ~ 20	20 ~ 25	>25
透水性土	0.70	0.70 ~ 0.85	0.85
不透水性土	0.65	0.65 ~ 0.72	0.72

表 2-7　清底系数 m_0

t/d	0.3 ~ 0.1
m_0	0.7 ~ 1.0

注：1. t、d 为桩端沉渣厚度和桩的直径。

2. $d\leqslant 1.5$m 时，$t\leqslant 300$mm；$d>1.5$m 时，$t\leqslant 500$mm，且 $0.1<t/d<0.3$。

3）管柱受压容许承载力确定　管柱受压容许承载力可按打入桩的公式计算，也可由专门试验确定。

4）单桩轴向受拉容许承载力确定　当荷载组合Ⅱ、组合Ⅲ或组合Ⅳ作用时，单桩轴向受拉容许承载力可按式（2-6）计算：

$$[R_t] = 0.3u\sum_{i=1}^{n}\alpha_i l_i q_{ik} \tag{2-6}$$

式中　$[R_t]$——单桩轴向受拉承载力容许值（kN）；

u——桩身周长（m），对于等直径桩，$u=\pi d$；对于扩底桩，自桩端起算的长度 $\sum l_i \leqslant 5d$ 时，取 $u=\pi D$；其余长度均取 $u=\pi d$（其中 D 为桩的扩底直径，d 为桩身直径）；

α_i——振动沉桩对各土层桩侧摩阻力的影响系数，按表2-4采用；对于锤击、静压沉桩和钻孔桩，$\alpha_i=1$。

其余符号意义可参见式（2-4）及式（2-5）。当荷载组合Ⅰ作用时，桩不宜出现上拔力。

（2）柱桩　支承在基岩上或嵌入岩层中的单桩，其轴向受压容许承载力 $[R_a]$，取决于桩端处岩石的强度和嵌入岩层的深度，可按式（2-7）计算：

$$[R_a] = c_1 A_p f_{rk} + u\sum_{i=1}^{n} c_2 h_i f_{rki} + \frac{1}{2}\zeta_s u\sum_{i=1}^{n} l_i q_{ik} \tag{2-7}$$

式中　A_p——桩端截面面积（m^2）；

f_{rk}——桩端岩石饱和单轴极限抗压强度（kPa）；

h_i——桩嵌入未风化岩层部分的厚度（m）；

ζ_s——覆盖层土的侧阻力发挥系数，根据桩端 f_{rk} 确定；当 $2\text{MPa} \leqslant f_{rk} < 15\text{MPa}$ 时，$\zeta_s=0.8$；当 $15\text{MPa} \leqslant f_{rk} < 30\text{MPa}$ 时，$\zeta_s=0.5$；当 $f_{rk} > 30\text{MPa}$ 时，$\zeta_s=0.2$；

u——桩嵌入基岩部分的横截面周长（m），按设计直径计算；

n——土层的层数，强风化和全风化岩层按土层考虑；

q_{ik}——同式（2-5）；

c_1、c_2——根据岩石破碎程度、清孔情况等因素而定的端阻、侧阻发挥系数，可参考表2-8采用。

表2-8　阻力发挥系数 c_1、c_2

岩石情况	c_1	c_2
完整、较完整	0.6	0.05
较破碎	0.5	0.04
破碎、极破碎	0.4	0.03

由于土的类别和性状以及桩-土共同作用过程都较复杂，有些土的试桩资料也较少，因此对重要工程的桩基础在运用规范法确定单桩容许承载力的同时，应以静载试验或其他方法

验证其承载力；经验公式中对桩侧摩阻力和桩端阻力引用了单一的安全系数，而实际上各自的安全度是不同的，因此单桩轴向容许承载力宜用分项安全系数表示为

$$[P] = \frac{P_{SU}}{K_S} + \frac{P_{PU}}{K_P} \tag{2-8}$$

式中 $[P]$——单桩轴向容许承载力（kN）；

P_{SU}——桩侧极限摩阻力（kN）；

P_{PU}——桩端极限阻力（kN）；

K_S——桩侧阻安全系数；

K_P———桩端阻安全系数。

一般情况下，$K_S < K_P$，但对于短粗的柱桩，$K_S > K_P$。

采用分项安全系数确定单桩容许承载力要比单一安全系数更符合桩的实际工作状态。但要付诸应用，还有待积累更多的资料。

3. 静力触探法

静力触探法是借触探仪的探头贯入土中时的贯入阻力与受压单桩在土中的工作状况相似的特点，将探头压入土中测得探头的贯入阻力，并与试桩结果进行比较，建立经验公式。测试时，可采用单桥或双桥探头。具体可以参考《公路桥涵地基与基础设计规范》（JTG D63—2007）计算。

静力触探方法简捷，且为原位测试，用它预估桩的承载力有一定的实用价值。

4. 动测法

动测法是指给桩顶施加一动荷载（用冲击、振动等方式施加），记录桩-土系统的响应信号，然后分析计算桩的性能和承载力，可分为高应变动测法与低应变动测法两种。低应变动测法可用来检验桩身质量，不宜作桩承载力测定，但可估算和校核基桩的承载力。高应变动测法是以重锤敲击桩顶，使桩贯入土中，桩-土间产生相对位移，从而可以分析土体对桩的抗力和测定桩的承载力，也可检验桩体质量。

高应变动测法主要有锤击贯入法和波动方程法。

（1）锤击贯入法（简称锤贯法） 桩在锤击下入土的难易，在一定程度上反映了土对桩的抵抗力。因此，桩的贯入度（桩在一次锤击下的入土深度）与土对桩的支承能力间存在一定的关系，即贯入度大表现为承载力低，贯入度小表现为承载力高；当桩周土达到极限状态破坏时，贯入度增加较大。锤贯法根据这一原理，通过不同落距的锤击试验，绘制动荷载 P_d 和累计贯入度 $\sum e_d$ 的关系曲线，即 $P_d - \sum e_d$ 曲线或 $\lg P_d - \sum e_d$ 曲线，来分析确定单桩的承载力。

锤贯法适用于中、小型桩，即桩长在 15～20m 之间、桩径在 0.4～0.5m 之间的桩，不宜用于桥梁桩基。

（2）波动方程法 波动方程法是将打桩锤击看成杆件的撞击波传递问题来研究，运用波动方程的方法分析打桩时的整个力学过程，可预测打桩应力及单桩承载力。

5. 静力分析法

静力分析法是根据土的极限平衡理论和土的强度理论，计算桩端极限阻力和桩侧极限摩阻力，然后将其除以安全系数，从而确定单桩容许承载力。

（1）桩端极限阻力的确定 把桩作为深埋基础，在作了某些假定的前提下，运用塑性

力学中的极限平衡理论，导出地基极限荷载（即桩端极限阻力）的理论公式：

$$\sigma_R = \alpha_c N_c c + \alpha_q N_q \gamma h \tag{2-9}$$

式中 σ_R——桩端处地基单位面积的极限荷载（kPa）；

α_c、α_q——与桩端形状有关的系数；

N_c、N_q——承载力系数，均与土的内摩擦角 φ 有关；

c——地基土的黏聚力（kPa）；

γ——桩端平面以上土的平均重度（kN/m^3）；

h——桩的入土深度（m）。

在确定计算参数土的抗剪强度指标 c、φ 时，应区分总应力法及有效应力法两种情况。

（2）桩侧极限摩阻力的确定　桩侧单位面积的极限摩阻力取决于桩－土间的剪切强度。按库仑强度理论得知

$$\tau = \sigma_h \tan\delta + c_a = K\sigma_v \tan\delta + c_a \tag{2-10}$$

式中 τ——桩侧单位面积的极限摩阻力（桩－土间剪切面上的抗剪强度，kPa）；

σ_h、σ_v——土的水平应力及竖向应力（kPa）；

c_a、δ——桩－土间的黏结力（kPa）及摩擦角；

K——土的侧压力系数。

式（2-10）的计算有总应力法和有效应力法两类。在具体确定桩侧极限摩阻力时，根据计算表达式所用系数不同，人们将其归纳为 α 法、β 法和 λ 法。

（3）单桩轴向容许承载力的确定　桩的极限阻力等于桩端极限阻力与桩侧极限摩阻力之和；单桩轴向容许承载力为桩的极限阻力除以安全系数。

三、按桩身材料强度确定单桩承载力

一般说来，桩的竖向承载力往往由土对桩的支承能力控制。但当桩穿过极软弱土层，支承（或嵌固）于岩层或坚硬的土层上时，单桩竖向承载力往往由桩身材料强度控制。此时，基桩像一根受压杆件，在竖向荷载作用下，将发生纵向挠曲破坏而丧失稳定性，而且这种破坏往往发生于截面抗压强度破坏以前，因此验算时尚需考虑纵向挠曲影响，即截面强度应乘以纵向挠曲系数。根据《公路钢筋混凝土及预应力混凝土桥涵设计规范》（JTG D62—2004），对于钢筋混凝土柱，其竖向抗压承载力可按式（2-11）计算：

$$N_d = 0.9\varphi(f_{cd}A + f'_{sd}A'_s)/\gamma_0 \tag{2-11}$$

式中 N_d——计算的竖向承载力；

φ——稳定系数，对低承台桩基可取 $\varphi=1$，高承台桩基可由表2-9查取；

f_{cd}——混凝土抗压设计强度；

A——验算截面处桩的截面面积，当纵向钢筋配筋率大于3%时，A 应改用 $A_n = A - A'_s$；

f'_{sd}——纵向钢筋抗压设计强度；

A'_s——纵向钢筋截面面积；

γ_0——桩的重要性系数，公路桥涵的设计安全等级为一级、二级、三级时分别取1.1、1.0、0.9。

表 2-9　钢筋混凝土桩的稳定系数 φ

l_p/b	≤8	10	12	14	16	18	20	22	24	26	28
l_p/d	≤7	8.5	10.5	12	14	15.5	17	19	21	22.5	24
l_p/r	≤28	35	42	48	55	62	69	76	83	90	97
φ	1.00	0.98	0.95	0.92	0.87	0.81	0.75	0.70	0.65	0.60	0.56
l_p/b	30	32	34	36	38	40	42	44	46	48	50
l_p/d	26	28	29.5	31	33	34.5	36.5	38	40	41.5	43
l_p/r	104	111	118	125	132	139	146	153	160	167	174
φ	0.52	0.48	0.44	0.40	0.36	0.32	0.29	0.26	0.23	0.21	0.19

注：l_p 为考虑纵向挠曲时桩的稳定计算长度，应结合桩在土中支承情况，根据两端支承条件确定，近似计算可参照表 2-10；r 为截面的回转半径，$r=\sqrt{I/A}$，I 为截面的惯性矩，A 为截面面积；d 为桩的直径；b 为矩形截面桩的短边长。

表 2-10　桩受弯时的计算长度 l_p

单桩或单排桩（桩顶铰接）				多排桩（桩顶固定）			
桩端支承于非岩石土中		桩端嵌固于岩石内		桩端支承于非岩石土中		桩端嵌固于岩石内	
$h<\frac{4.0}{\alpha}$	$h\geqslant\frac{4.0}{\alpha}$	$h<\frac{4.0}{\alpha}$	$h\geqslant\frac{4.0}{\alpha}$	$h<\frac{4.0}{\alpha}$	$h\geqslant\frac{4.0}{\alpha}$	$h<\frac{4.0}{\alpha}$	$h\geqslant\frac{4.0}{\alpha}$
$l_p=(l_0+h)$	$l_p=0.7\left(l_0+\frac{4.0}{\alpha}\right)$	$l_p=0.7(l_0+h)$	$l_p=0.7\left(l_0+\frac{4.0}{\alpha}\right)$	$l_p=0.7(l_0+h)$	$l_p=0.5\left(l_0+\frac{4.0}{\alpha}\right)$	$l_p=0.5(l_0+h)$	$l_p=0.5\left(l_0+\frac{4.0}{\alpha}\right)$

注：α 为桩－土变形系数；l_0 为高承台基桩露出地面的长度，对于低承台桩基 $l_0=0$。

四、桩的负摩阻力

1. 负摩阻力产生的原因及其影响

一般情况下，桩受轴向荷载作用后，桩相对于桩侧土体作向下位移，土对桩产生向上作用的摩阻力，称为正摩阻力（图 2-26a）。但当桩周土体因某种原因发生下沉，其沉降变形大于桩身的沉降变形时，在桩侧表面的全部或一部分面积上将出现向下作用的摩阻力，称为负摩阻力（图 2-26b）。

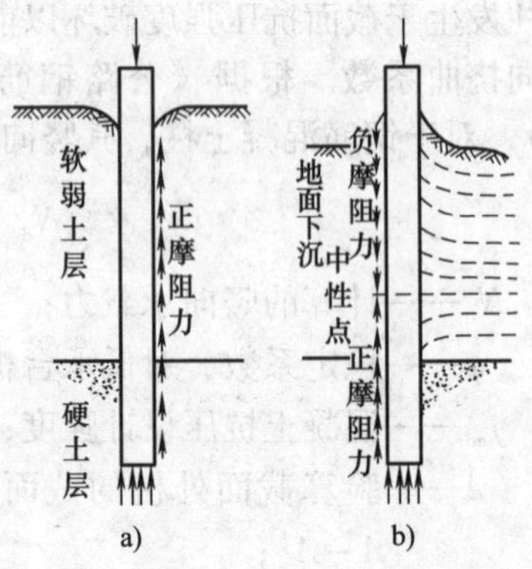

图 2-26　桩的正、负摩阻力

a）仅有正摩阻力　b）存在负摩阻力

负摩阻力的产生将使桩侧土的部分重力传递给桩，因此，负摩阻力不但不能成为桩承载力的一部分，反而变成施加在桩上的外荷载，对入土深度相同的桩来说，若有负摩阻力产生，则桩的外荷载增大，桩的承载力相对降低，桩基沉降加大，在确定桩的承载力和桩基设计中应予以注意。对于桥梁工程特别要注意桥头路堤高填土的桥台桩基础的负摩阻力问题。

桩的负摩阻力能否产生，主要是看桩与桩周土的相对位移发展情况。桩的负摩阻力产生的原因有：在桩附近地面大量堆载，引起地面沉降；土层中抽取地下水或其他原因，地下水位下降，使土层产生自重固结下沉；桩穿过欠压密土层（如填土）进入硬持力层，土层产生自重固结下沉；桩数很多的密集群桩打桩时，使桩周土中产生很大的超孔隙水压力，打桩停止后桩周土的再固结作用引起下沉；在黄土、冻土中的桩，因黄土湿陷、冻土融化产生地面下沉。

由此可知，当桩穿过软弱高压缩性土层而支承在坚硬持力层上时最易产生桩的负摩阻力问题。

要确定桩身负摩阻力的大小，就要先确定土层产生负摩阻力的范围和负摩阻力强度的大小。

2. 负摩阻力范围的确定

桩身产生负摩阻力的范围就是桩侧土层对桩产生相对下沉的范围。它与桩侧土层的压缩、桩身弹性压缩变形和桩底端下沉量有关。桩侧土层的压缩随深度增大而逐渐减小；而桩在荷载作用下，桩身压缩多处于弹性阶段，其压缩变形基本上随深度呈线性减小，桩身变形曲线如图 2-27a 中的线 c 所示。因此，桩侧土下沉量有可能在某一深度与桩身的位移量相等，此处桩侧摩阻力为零，而在此深度以上桩侧土下沉大于桩的位移，桩侧受到的摩阻力为负（向下）；在此深度以下，桩的位移大于桩侧土的下沉，桩侧受到的摩阻力为正（向上）。正、负摩阻力变换处的位置，称为中性点，如图 2-27a 中的 O_1点所示。

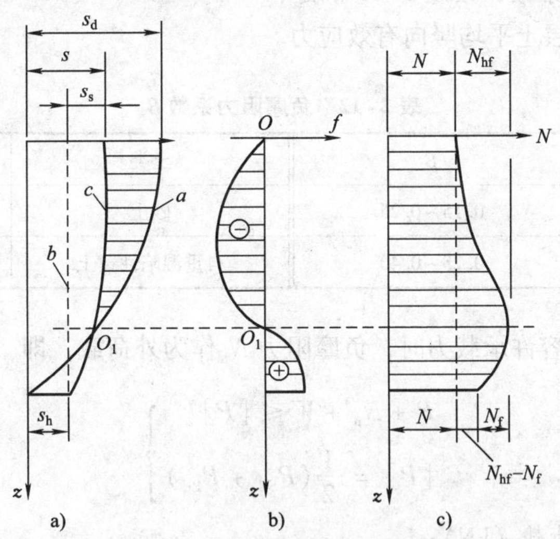

图 2-27 中性点位置及荷载传递

a）位移曲线 b）桩侧摩阻力分布曲线 c）桩身轴力分布曲线

s_d—地面沉降 s—桩的沉降 s_s—桩身压缩 s_h—桩底下沉

N_{hf}—由负摩阻力引起的桩身最大轴力 N_f—总的正摩阻力

中性点的位置取决于桩与桩侧土的相对位移，并与作用荷载和桩周土的性质有关。要精确地计算出中性点位置是比较困难的，目前多采用依据一定的试验结果得出的经验值，或采用试算法。

中性点深度 l_n多按经验估计，可查表 2-11 确定。

表 2-11　中性点深度 l_n 的确定

持力层性质	黏性土、粉土	中密以上砂	砾石、卵石	基岩
中性点深度比 l_n/l_0	0.5～0.6	0.7～0.8	0.9	1.0

注：l_0 为桩周沉降变形土层下限深度。

3. 负摩阻力的计算

一般认为，桩－土间的黏着力和桩的负摩阻力强度取决于土的抗剪强度；桩的负摩阻力虽有时效性，但从安全考虑，可取用其最大值来计算。

《公路桥涵地基与基础设计规范》（JTG D63—2007）建议单桩负摩阻力采用式（2-12）计算：

$$N_n = u\sum_{i=1}^{n} q_{ni} l_i = u\sum_{i=1}^{n} \beta\sigma'_{vi}\, l_i \tag{2-12}$$

式中　N_n——单桩负摩阻力；

u——桩身截面周长；

l_i——中性点以上各土层的厚度；

q_{ni}——与 l_i 对应的各土层桩侧负摩阻力值，当该值大于正摩阻力时取正摩阻力值；

β——负摩阻力系数，按表 2-12 确定；

σ'_{vi}——桩侧第 i 层土平均竖向有效应力。

表 2-12　负摩阻力系数 β

土类	β	土类	β
饱和软土	0.15～0.25	砂土	0.35～0.50
黏性土、粉土	0.25～0.40	自重湿陷性黄土	0.20～0.35

验算单桩轴向受压容许承载力时，负摩阻力 N_n 作为外荷载，即

$$\left.\begin{aligned} &P + N_n + W \leqslant [P] \\ &[P] = \frac{1}{2}(P_{SU} + P_{PU}) \end{aligned}\right\} \tag{2-13}$$

式中　P——桩顶轴向荷载（kN）；

W——桩的自重（kN），当采用式（2-13）验算时，最大冲刷线以下的桩重按一半计算；

P_{SU}——桩侧极限正摩阻力（kN）；

P_{PU}——桩端极限阻力（kN）。

五、单桩横轴向容许承载力的确定

桩的横轴向承载力，是指桩在与桩轴线垂直的方向受力时的承载能力。桩在横向力（包括弯矩）作用下的工作情况较轴向受力时要复杂一些，但仍然是从保证桩身材料和地基强度与稳定性以及桩顶水平位移满足使用要求来分析和确定桩的横轴向容许承载力。

1. 横轴向荷载作用下桩的破坏机理和特点

桩在横轴向荷载作用下，桩身产生横向位移或挠曲，并与桩侧土协调变形。桩身对土产生侧向压应力，同时桩侧土反作用于桩，产生侧向土抗力。桩－土共同作用，互相影响。桩－土相互作用通常有下列两种情况（图2-28）：

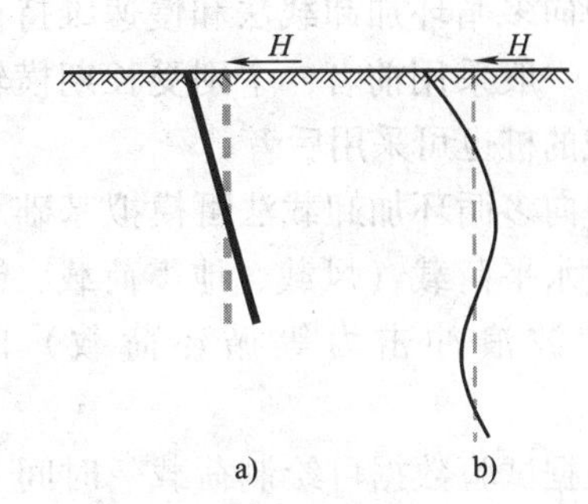

图2-28　桩在横向力作用下变形示意图

a）刚性桩　b）弹性桩

第一种情况，当桩径较大，入土深度较小或周围土层较松软，即桩的刚度远大于土层刚度时，受横向力作用后桩身挠曲变形不明显，如同刚体一样围绕桩轴某一点转动，如图2-28a所示。如果不断增大横轴向荷载，则可能由于桩侧土强度不够而失稳，使桩丧失承载能力或破坏。因此，基桩的横轴向容许承载力可能由桩侧土的强度及稳定性决定。

第二种情况，当桩径较小，入土深度较大或周围土层较坚实，即桩的相对刚度较小时，由于桩侧土有足够大的抗力，桩身发生挠曲变形，其侧向位移随着入土深度增大而逐渐减小，以致达到一定深度后，几乎不受荷载影响，形成一端嵌固的地基梁，桩的变形呈图2-28b所示的波状曲线。如果不断增大横轴向荷载，可使桩身在较大弯矩处发生断裂或使桩发生过大的侧向位移超过了桩或结构物的容许变形值。因此，基桩的横轴向容许承载力将由桩身材料的抗剪强度或侧向变形条件决定。以上是桩顶自由的情况，当桩顶受约束而呈嵌固状态时，桩的内力和位移情况以及桩的横轴向承载力仍可由上述两种条件确定。

2. 单桩横轴向容许承载力的确定方法

确定单桩横轴向容许承载力的方法有水平静载试验法和分析计算法两种。

（1）单桩水平静载试验法　桩的水平静载试验是确定桩的横轴向承载力的较可靠的方法，也是常用的研究分析试验方法。试验在现场进行，所确定的单桩水平承载力和地基土的水平抗力系数最符合实际情况。如果预先在桩身埋有量测元件，则可测出桩身应力变化，并由此求得桩身弯矩分布。

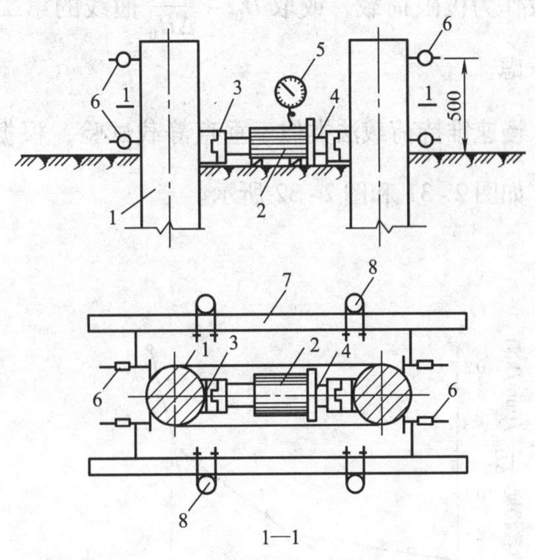

图2-29　单桩水平静载试验装置

1—水平试验桩　2—液压千斤顶　3—球形铰　4—垫块　5—液压表　6—百分表　7—基准梁　8—基准桩

1）试验装置。试验装置如图2-29所示。采用千斤顶施加水平荷载，其施力点位置宜放在工程桩实际受力位置。在千斤顶与试桩接触处宜安置一球形铰，以保证千斤顶作用力能水平通过桩身轴线。桩的水平位移宜采用大量程百分表测量。固定百分表的基准桩宜打设在试桩侧面与位移相反的方向，与试桩的净距不小于1倍试桩直径。

2）加载方法。试验加载方法有两种：单向多循环加卸载法和慢速维持荷载法。一般采用前者，个别受长期横轴向荷载的桩也可采用后者。

单向多循环加卸载法可模拟基础承受反复水平荷载（风载、地震荷载、制动力和波浪冲击力等循环荷载）的情形。

根据试验数据可绘制荷载－时间－位移（H_0-T-U_0）曲线（图2-30）和荷载－位移梯度$\left(H_0-\dfrac{\Delta U_0}{\Delta H_0}\right)$曲线（图2-31）。据此可综合确定单桩横轴向临界荷载H_{cr}与极限荷载H_u。

横轴向临界荷载H_{cr}是指桩身受拉区混凝土开裂退出工作前的荷载，会使桩的横向位移增大。相应地可取H_0-T-U_0曲线出现突变点的前一级荷载为横轴向临界荷载（图2-30），或取$H_0-\dfrac{\Delta U_0}{\Delta H_0}$曲线第一直线段终点相对应的荷载为横轴向临界荷载，综合考虑。

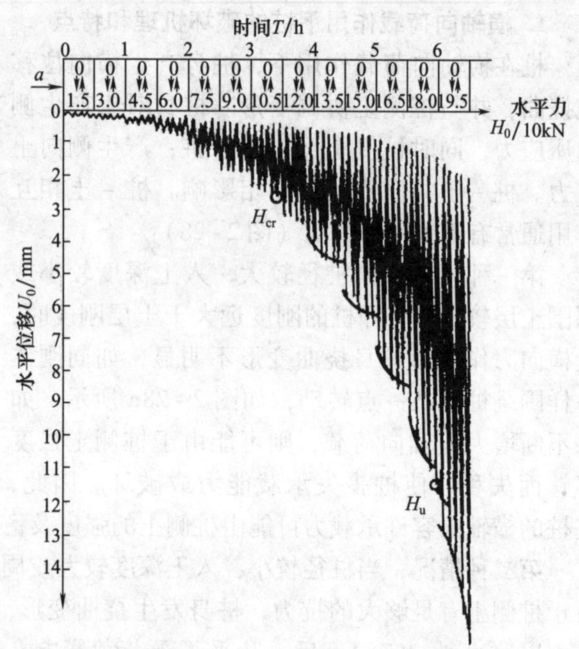

图2-30　荷载－时间－位移（H_0-T-U_0）曲线

a—加卸荷循环（5次）

横轴向极限荷载可取H_0-T-U_0曲线陡降（即图2-30中位移包络线下凹）的前一级荷载作为极限荷载，或取$H_0-\dfrac{\Delta U_0}{\Delta H_0}$曲线的第二直线段终点对应的荷载作为极限荷载，综合考虑。

慢速维持荷载法类似于垂直静载试验，根据试验数据绘制$H_0-\dfrac{\Delta U_0}{\Delta H_0}$曲线及$H_0-U_0$曲线，如图2-31和图2-32所示。

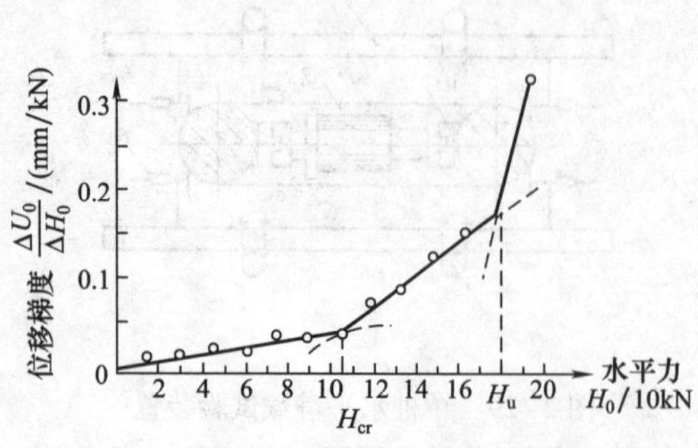

图2-31　荷载－位移梯度$\left(H_0-\dfrac{\Delta U_0}{\Delta H_0}\right)$

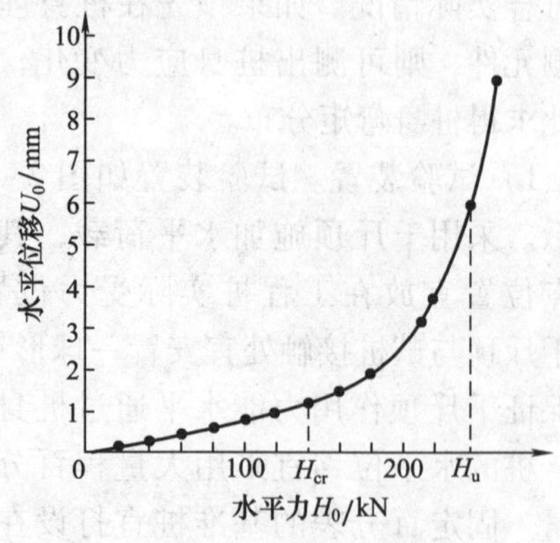

图2-32　荷载－位移（H_0-U_0）曲线

可取 H_0-U_0 曲线及 $H_0-\dfrac{\Delta U_0}{\Delta H_0}$ 曲线上第一拐点的前一级荷载为临界荷载，取 H_0-U_0 曲线陡降点的前一级荷载和 $H_0-\dfrac{\Delta U_0}{\Delta H_0}$ 曲线的第二拐点相对应的荷载为极限荷载。

此外，国内还采用一种称为单向单循环恒速水平加载法的试验方法。此法加载每级维持20min，第0min、5min、10min、15min、20min测读位移。卸载每级维持10min，第0min、5min、10min测读位移。零荷载维持30min，第0min、10min、20min、30min测读位移。

在恒定荷载作用下，桩顶横向位移急剧增加，变位速率逐渐加快；在达到试验要求的最大荷载或最大变位时即可终止加载。

单向单循环恒速水平加载法确定临界荷载及极限荷载的方法同慢速加载法。

用上述方法求得的极限荷载除以安全系数，即得桩的横轴向容许承载力，安全系数一般取2。

用水平静载试验确定单桩横轴向容许承载力时，还应注意到按上述强度条件确定极限荷载时的位移是否超过结构使用要求的水平位移，否则应按变形条件来控制。水平位移容许值可根据桩身材料强度、土产生横向抗力的要求以及墩台顶水平位移和使用要求来确定，目前在水平静载试验中，可取试桩在地面处水平位移不超过6mm，定为确定单桩横轴向承载力判断标准，以满足结构物和桩-土变形安全度要求，这是一种较概略的标准。

（2）分析计算法　此法是根据某些假定而建立的理论（如弹性地基梁理论），计算桩在横轴向荷载作用下，桩身内力与位移及桩对土的作用力，验算桩身材料和桩侧土的强度与稳定以及桩顶或墩台顶位移等，从而可评定桩的横轴向容许承载力。

关于桩身的内力与位移计算以及有关验算的内容将在后面介绍。

任务　桩基础质量检验

 **引导问题**

桩基深埋于地基土体内，属于隐蔽工程，如何检测桩身完整程度（桩身有无裂缝或断开）？

为确保桩基工程质量，应对桩基进行必要的检测，验证桩基能否满足设计要求，保证正常使用。桩基工程为地下隐蔽工程，建成后在某些方面难以检测。为控制和检验桩基质量，施工一开始就应按工序严格监测，推行全面的质量管理（Total Quality Control，简称TQC），每道工序均应检验，及时发现和解决问题，并认真做好施工和检测记录，以便最后对桩基质量作出综合评价。

桩的类型和施工方法不同，所需检验的内容和侧重点也不同，纵观桩基质量检验，通常均涉及三方面的内容。

一、桩身入土情况检验

桩身入土情况检测指标主要是指有关桩位的平面布置、桩身倾斜度、桩顶和桩底标高等，要求这些指标在容许误差范围之内，这些指标将影响桩的几何受力情况。例如，桩的中心位置误差不宜超过50mm，桩身的倾斜度应不大于1/100等。

二、桩身质量检验

桩身质量检验是指对桩的尺寸、构造及其完整性进行检测，验证桩的制作或成桩质量。

沉桩（预制桩）制作时应对桩的钢筋骨架、尺寸量度、混凝土强度等级和浇筑方面进行检测，验证其是否符合选用的桩基标准图或设计图的要求。

检测的项目有混凝土质量、主筋间距、箍筋间距、吊环位置与露出桩表面的高度、桩顶钢筋网片位置、桩尖中心线、桩的横截面尺寸和桩长、桩顶平整度及其与桩轴线的垂直度、钢筋保护层厚度、长桩分节施工时接桩质量等。

对混凝土质量应检查其原材料质量与计量、配合比和坍落度、桩身混凝土试块强度及成桩后表面是否产生蜂窝麻面及收缩裂缝的情况。一般桩顶与桩尖不允许有蜂窝和损伤，表面蜂窝面积不应超过桩表面积的0.5%，收缩裂缝宽度不应大于0.2mm。

钻孔灌注桩的尺寸取决于钻孔的大小，桩身质量与施工工艺有关，因此桩身质量检验应对钻孔、成孔与清孔，钢筋笼制作与安放，水下混凝土配制与灌注三个主要过程进行质量监测与检查。

成孔后的钻孔灌注桩桩身结构完整性的检验方法很多，常用的有以下几种方法（其具体测试方法和原理详见有关参考书）。

1. 低应变动测法

低应变动测法施加于桩顶的荷载远小于桩的使用荷载，桩-土间不会产生相对位移。它根据应力波沿桩身的传播和反射原理对桩身的结构完整性进行检验和分析。

1）反射波法。用锤敲击桩顶，给桩一定能量，在桩身产生应力波，检测和分析应力波在桩体中的传播历程，便可分析基桩的完整性。

2）水电效应法。在桩顶安装一高约1m的圆筒，筒内充水，在水中安放电极和水听器，电极高压放电，瞬时释放大电流产生声学效应，给桩顶一冲击能量，由水听器接收桩-土体系的响应信号，对信号进行频谱分析，根据频谱曲线所含有的桩基质量信息，判断桩的质量和承载力。

3）机械阻抗法。该方法是把桩-土体系看成一线性不变振动系统，在桩头施加一激励力，可在桩头同时观测到系统的振动响应信号，如位移、速度、加速度等，并可获得速度导纳曲线（导纳即响应与激励之比）。分析导纳曲线，即可判定桩身混凝土的完整性，确定缺陷类型。

4）动力参数法。该方法是通过敲击桩头，激起桩-土体系的竖向自由振动，按实测的频率及桩头振动初速度或单独按实测频率，根据质量弹簧振动理论推算出单桩动刚度，再进行适当的动静对比修正，换算成单桩的竖向承载力。

5）声波透射法。该方法的工作原理是：置于被测桩的声测管中的发射换能器发出的电信号，经转换、接收、放大处理后存储，并显示在显示器上，通过观察、判读，作出被测桩混凝土的质量判定。

灌注桩的桩身质量判定，可分为以下四类：

1）优质桩（Ⅰ类）。动测波形规则衰减，无异常杂波，桩身完好，达到设计桩长，波速正常，混凝土强度等级高于设计要求。

2）合格桩（Ⅱ类）。动测波形桩底反射清晰，桩身有小畸变，如轻微缩颈、混凝土局部轻度离析等，对单桩承载力没有影响。桩身混凝土波速正常，达到混凝土设计强度等级。

3）严重缺陷桩（Ⅲ类）。动测波形出现较明显的不规则反射，对应桩身缺陷如裂纹、混凝土离析、桩截面缩颈1/3以上，桩身混凝土波速偏低，达不到设计强度等级，对单桩承载力有一定的影响。该类桩要求设计单位复核单桩承载力后提出是否处理的意见。

4）不合格桩（Ⅳ类）。动测波形严重畸变，对应桩身缺陷如裂缝、混凝土严重离析、夹泥、严重缩颈、断裂等。这类桩一般不能使用，需进行工程处理。

工程上习惯将上述四种判定类别按Ⅰ类桩、Ⅱ类桩、Ⅲ类桩、Ⅳ类桩划分。但不管怎样划分，其划分标准基本上是一致的。

2. 钻芯验桩法

钻芯验桩就是利用专用钻机，从混凝土结构中钻取芯样以检测混凝土强度的方法。它是大直径基桩工程质量检测的一种手段，是一种既简便又直观的必不可少的验桩方法，它具有以下特点：

1）可检查基桩混凝土胶结、密实程度及其实际强度，发现断桩、夹泥及混凝土稀释层等不良状况，检查桩身混凝土灌注质量。

2）可测出桩底沉渣厚度并检验桩长，同时直观认定桩端持力层岩性。

3）用钻芯桩孔对出现断桩、夹泥或稀释层等缺陷的桩进行压浆补强处理。

由于具有以上特点，钻芯验桩法广泛应用于大直径基桩质量检测中，它特别适合大直径大荷载端承桩的质量检测。对于长径比比较大的摩擦桩，则易因钻孔倾斜使钻具中途穿出桩外而受到限制。

三、桩身强度与单桩承载力检验

桩的承载力取决于桩身强度和地基强度。桩身强度检验除了保证上述桩的完整性外，还要检测桩身混凝土的抗压强度。预留试块的抗压强度应不低于设计的抗压强度，对于水下混凝土应高出20%。钻孔桩在凿平桩头后应抽查桩头混凝土质量，检验抗压强度。对于大桥的钻孔桩必要时还应抽查，钻取桩身混凝土芯样，检验其抗压强度。

单桩承载力的检测，在施工过程中，对于打入桩常用最终贯入度和桩底标高进行控制，而钻孔灌注桩还缺少在施工过程中检测承载力的直接手段。成桩可作单桩承载力检验，常采用单桩静载试验或高应变动力试验确定单桩承载力（试验与确定方法见本项目知识五）。

国内外工程实践证明，用静力检验法测试单桩竖向承载力，尽管检验仪器、设备笨重，造价高，劳动强度大，试验时间长，但迄今为止它还是其他任何动力检验法无法替代的基桩承载力检测方法，其试验结果的可靠性也是毋庸置疑的。而对于动力检验法确定单桩竖向承载力，无论是高应变法还是低应变法，均是近几十年来国内外发展起来的新的测试手段，目前仍处于发展和继续完善阶段。大桥与重要工程，地质条件复杂或成桩质量可靠性较低的桩基工程，均需作单桩承载力检验。

习　题

2-1　桩基础的类型有哪些？它们分别具有哪些特点？

2-2　简述钢筋混凝土灌注桩的构造要求。

2-3　钻孔灌注桩施工过程中，泥浆有哪些作用？如何保证泥浆的质量？水下混凝土灌注过程中，有哪些措施可以保证其施工质量？

2-4　竖向荷载作用下桩基础的承载力是怎样发挥出来的？

2-5　如何确定单桩横向容许承载力？

2-6　桩基竖向承载力有哪些方法可以检测？分别简述其检测原理。

2-7　桩身完整性有哪些方法可以检测？请分别简述检测原理。

2-8　某预制桩截面尺寸为450mm×450mm，桩长14.5m，依次穿越厚度$h_1=4\text{m}$、液性指数$I_L=0.75$的黏土层，厚度$h_2=5\text{m}$、孔隙比$e=0.85$的中密粉土层和厚度$h_3=4\text{m}$、中密的粉细砂层，进入密实的中砂层3m，假定承台埋深1.5m。试确定该预制桩的承载力容许值。

项目三　桩基础计算与验算

知识目标

掌握：桩基础桩长、桩径的确定方法；水平荷载（横向荷载）作用下桩基础施加于桩周土体应力的计算方法；群桩基础承载力及沉降的计算方法。

理解：刚性桩、柔性桩的概念；群桩效应。

了解：水平荷载作用下基桩内力和变形计算原理；群桩基础承载力及沉降的计算原理。

能力目标

能够根据地质资料、给定的桩基参数查阅相关规范等资料，计算桩基水平承载力。

横向荷载（水平荷载）作用下桩基础内力、变形的计算方法。

情境导入

桩基础同其他深基础相比，具有竖向承载力高、沉降较小、抗震能力强、水平承载力高等特点，成为道路、桥梁以及建筑工程中广泛采用的一种基础形式。桩型、桩长、桩径的选择需要根据上部结构荷载情况、地质条件、施工技术水平等综合确定。

本项目主要介绍水平荷载。

知识　水平荷载作用下单排桩基的内力与位移计算

引导问题

1. 水平荷载（横向荷载）作用下桩身荷载如何向桩周土体传递？如何分析桩周土体对桩身的作用力？

2. 水平荷载作用下桩身仍然保持直线形吗？桩身可能发生怎样破坏？

关于桩在水平荷载（横向荷载）作用下，桩身的内力和位移计算，国内外学者提出了许多方法。目前较为普遍的是桩侧土采用温克尔（Winkler）假定，通过求解挠曲微分方程，再结合力的平衡条件，求出桩各部位的内力和位移，该方法称为弹性地基梁法。

以温克尔假定为基础的弹性地基梁法从土力学观点看是不够严密的，但其基本概念明确，方法简单，所得结果一般较安全，在国内外工程界得到广泛应用。我国公路、铁路在桩基础的设计中常用的 m 法就属此种方法，本节知识将主要介绍 m 法分析单排桩的内力和位移。多排桩内力和位移的分析计算请参考相关教材和资料。

一、基本概念

1. 水平荷载作用下桩的变形特点

水平荷载作用下，由于桩长、桩径的不同，桩身变形通常有两种形式（图 3-1）。

（1）刚性桩　如图 3-1a 所示，在桩顶水平荷载作用下，桩身不弯曲，如同刚体一样围绕桩轴上某一点而转动，当桩身前方的所有土压力超过土体的屈服强度时，桩身产生大变形，甚至倾倒。这种情况通常发生在地基土软、桩身短、桩身抗弯刚度大大超过地基刚度时。

（2）柔性桩　如图 3-1b 所示，在桩顶水平荷载作用下，桩身发生弹性挠曲，桩身前面的土体没有发生沿全长范围的塑性变形，仅在地表附近区域发生屈服。桩基破坏是由于桩顶过大的水平位移而造成的。这种情况通常发生在地基土体较密实、桩身入土深度较大时。

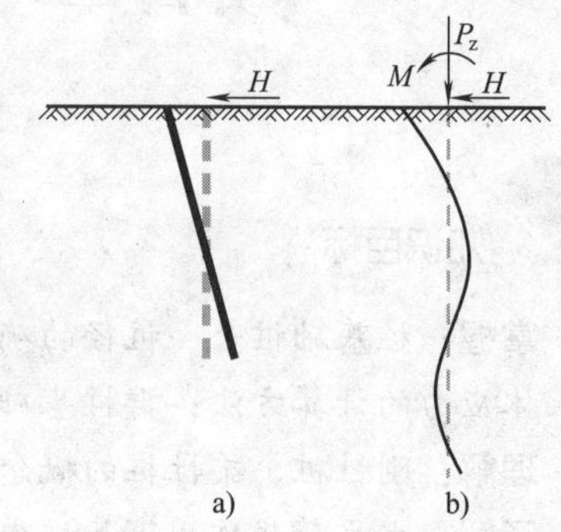

图 3-1　单桩水平承载力与变形情况

a）刚性桩　b）柔性桩

H—桩顶水平荷载　P_z—桩顶竖向荷载

M—桩顶弯矩

本节知识主要介绍柔性桩的水平承载力特点。

2. 土的弹性抗力及其分布规律

（1）土抗力的概念　桩基础在荷载（包括轴向荷载、横轴向荷载和力矩）作用下产生位移及转角，使桩挤压桩侧土体，桩侧土必然对桩产生一横向土抗力 σ_{zx}，它起抵抗外力和稳定桩基础的作用。土的这种作用力称为土的抗力。该侧向抗力 σ_{zx} 沿桩长的分布形式对于桩身内力和侧向位移的分布产生重要影响。通常假设桩身在深度 z 处的抗力 σ_{zx} 与桩在该深度处的水平位移 x_z 成正比：

$$\sigma_{zx} = Cx_z \tag{3-1}$$

式中　σ_{zx}——横向土抗力（kN/m^2）；

C——地基系数（kN/m^3）；

x_z——深度 z 处桩的横向位移（m）。

影响土抗力 σ_{zx} 的因素主要有桩周土体的性质、桩身刚度、桩的截面形状、桩与桩的间距以及外荷载情况等。

（2）地基系数的概念及确定方法　由式（3-1）可见，桩侧土抗力同地基系数 C 成正比。地基系数表示单位面积土在弹性限度内产生单位变形时所需施加的力，单位为 kN/m^3 或 MN/m^3。

地基系数大小与地基土的类别、物理力学性质有关，通常通过对试桩在不同类别土质及不同深度实测 x_z 及 σ_{zx} 后反算得到。大量的试验表明，地基系数 C 值不仅与土的类别及其性质有关，而且也随着深度的变化而变化。由于实测的客观条件和分析方法不尽相同等原因，所采用的 C 值随深度的分布规律也各不相同。常采用的地基系数分布规律有图 3-2 所示的几种形式，因此也就产生了与之相应的基桩内力和位移的不同计算方法。

现将桩的几种有代表性的弹性地基梁计算方法概括在表 3-1 中。

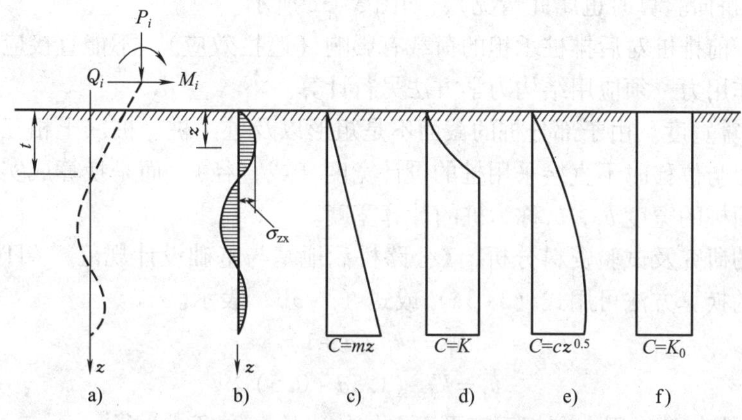

图 3-2　地基系数随深度变化规律的常用分析方法

a）桩身变形　b）桩侧土抗力　c）*m* 法　d）*K* 法　e）*c* 法　f）常数法

表 3-1　桩的几种典型的弹性地基梁法

计算方法	图　号	地基系数随深度分布	地基系数 *C* 表达式	说　明
m 法	3-2c	与深度成正比	$C = mz$	*m* 为地基土比例系数
K 法	3-2d	桩身第一挠曲零点以上抛物线变化，以下不随深度变化	$C = K$（第一挠曲零点下）	*K* 为常数
c 法	3-2e	与深度呈抛物线变化	$C = cz^{0.5}$	*c* 为地基土比例系数
常数法	3-2f	沿深度均匀分布	$C = K_0$	K_0 为常数

上述的四种方法各自假定的地基系数随深度分布规律不同，其计算结果是有差异的。试验资料分析表明，宜根据土质特性来选择恰当的桩侧土抗力形式和计算方法。

3. 单桩、单排桩与多排桩

（1）单桩、单排桩的概念与力的分配　单排桩是指与水平外力 *H* 作用面相垂直的平面上，仅有一根或一排桩的桩基础（图 3-3a、b）。

对于单排桩，如图 3-3b 所示桥墩，作纵向验算时，若作用于承台底面中心的荷载为竖向力 *N*、水平力 *H*、弯矩 *M*，当 *N* 在单排桩方向无偏心时，可以假定它是平均分布在各桩上的，即

$$P_i = \frac{N}{n}, Q_i = \frac{H}{n}, M_i = \frac{M}{n} \tag{3-2}$$

式中　*n*——桩的根数。

由于单桩及单排桩中每根桩桩顶作用力可按上述简单公式计算，所以归成一类。

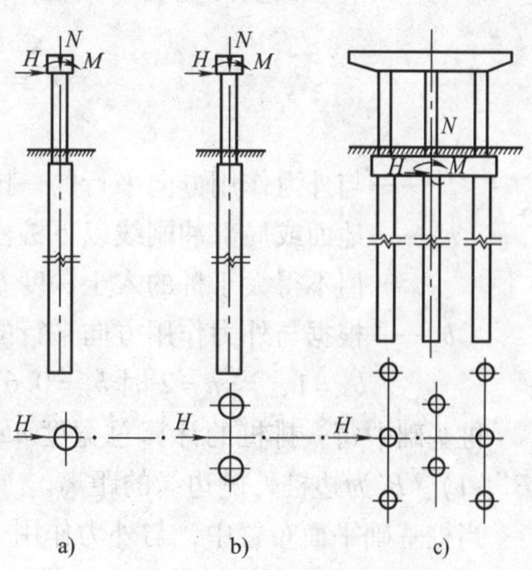

图 3-3　单桩、单排桩与多排桩

a）单桩　b）单排桩　c）多排桩

（2）多排桩的概念及力的分配　多排桩是指在水平外力作用平面内有一根以上桩的桩基础

(对单排桩作横桥向验算时也属此情况)，如图 3-3c 所示。

多排桩由于前排桩对后排桩承担的荷载有影响（遮拦效应），不能直接应用上述公式计算各桩顶上的作用力，须应用结构力学方法另行计算。

1）桩的计算宽度。由于部分桩的截面不是矩形以及桩－桩、桩－土相互作用影响，所以计算桩的内力与位移时不直接采用桩的设计宽度（或直径），而是换算成实际工作条件下相当于矩形截面桩的宽度 b_1，b_1 称为桩的计算宽度。

根据已有的研究及试验资料分析，《公路桥涵地基与基础设计规范》（JTG D63—2007）认为计算宽度的换算方法可用式（3-3a）或式（3-3b）表示。

$d \geqslant 1\text{m}$ 时
$$b_1 = kk_f\ (d+1) \tag{3-3a}$$

$d < 1\text{m}$ 时
$$b_1 = kk_f\ (1.5d+0.5) \tag{3-3b}$$

式中 d——与外力 H 作用方向相垂直平面上桩的边长（宽度或直径）；

k_f——形状换算系数，即在受力方向将各种不同截面形状的桩宽度乘以 k_f，换算为相当于矩形截面的宽度，其值见表 3-2；

k——平行于水平力作用方向的桩间相互影响系数。

表 3-2 计算宽度换算

名称	符号	基础形状			
		（矩形截面，边长 a、b，H 作用）	（圆形截面，直径 d，H 作用）	（圆端形截面，B 平行于 H，宽 d）	（圆端形截面，B 垂直于 H，宽 d）
形状换算系数	k_f	1.0	0.9	$1-0.1\dfrac{d}{B}$	0.9

如图 3-4 所示，当水平力作用平面内有多根桩时，桩柱间会产生相互影响。为了考虑这一影响，可将桩的实际宽度（直径）乘以系数 k，当 $L_1 \geqslant 0.6h_1$ 时 $k=1.0$；当 $L_1 < 0.6h_1$ 时

$$k = b_2 + \frac{1-b_2}{0.6} \cdot \frac{L_1}{h_1} \tag{3-4}$$

式中 L_1——与外力作用方向平行的一排桩的桩间净距（图 3-4）；

h_1——地面或局部冲刷线以下桩柱的计算埋入深度，可按 $h_1=3\ (d+1)$ 计算，但 h_1 值不得大于桩的入土深度 h；

b_2——根据与外力作用方向平行的所验算的一排桩的桩数 n 而定的系数，当 $n=1$ 时 $b_2=1$，当 $n=2$ 时 $b_2=0.6$，当 $n=3$ 时 $b_2=0.5$，当 $n \geqslant 4$ 时 $b_2=0.45$。

桩基础中每一排桩的计算总宽度 nb_1 不得大于（$B'+1$），当 nb_1 大于（$B'+1$）时，取（$B'+1$）。B' 为边桩外侧边缘的距离。

当桩基础平面布置中，与外力作用方向平行的每排桩数不等，并且相邻桩中心距大于或等于（$d+1$）时，可按桩数最多一排桩计算其相互影响系数 k 值，并且各桩可采用同一影响系数。

为了不致使计算宽度发生重叠现象，要求以上综合计算得出的 $b_1 \leqslant 2b$。

以上的计算方法比较复杂，理论和实践的根据也是不够的，因此国内有些规范如《建筑桩基技术规范》（JGJ 94—2008）建议简化计算。圆形桩：当 $d \leqslant 1\text{m}$ 时，$b_1 = 0.9(1.5d + 0.5)$；当 $d > 1\text{m}$ 时，$b_1 = 0.9(d+1)$。方形桩：当边宽 $b \leqslant 1\text{m}$ 时，$b_1 = 1.5b + 0.5$；当边宽 $b > 1\text{m}$ 时，$b_1 = b + 1$。而国外有些规范更为简单：柱桩及桩身直径在 0.8m 以下的灌注桩，$b_1 = d + 1$；其余类型及截面尺寸的桩，$b_1 = 1.5d + 0.5$。

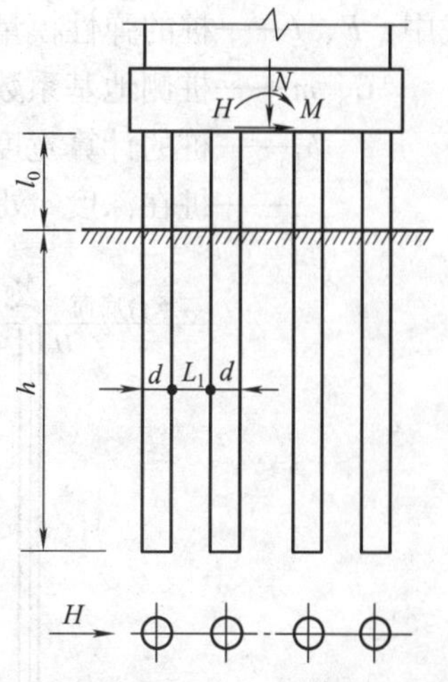

图 3-4　相互影响系数计算

2）刚性桩与弹性桩。由于桩－土相对刚度的不同，水平荷载作用下基桩变形和破坏的特点是不同的，可以根据桩－土相对刚度把基桩分为刚性桩和弹性桩（或称柔性桩）两类。

当桩的入土深度 $h > 2.5/\alpha$ 时，桩的相对刚度小，必须考虑桩的实际刚度，按弹性桩来计算。其中 α 称为桩的变形系数，$\alpha = \sqrt[5]{\dfrac{mb_1}{EI}}$（后面将详细介绍）。

当桩的入土深度 $h \leqslant 2.5/\alpha$ 时，桩的相对刚度较大，计算时认为属刚性桩。下面主要介绍弹性桩的内力和变形计算方法。

二、m 法计算桩的内力和位移

1. 桩的挠曲微分方程的建立及其解

在公式推导和计算中，取图 3-5 所示的坐标系统，对力和位移的符号作如下规定：横向位移顺 x 轴正方向为正值；转角逆时针方向为正值；弯矩当左侧纤维受拉时为正值；横向力（剪力）顺 x 轴方向为正值。

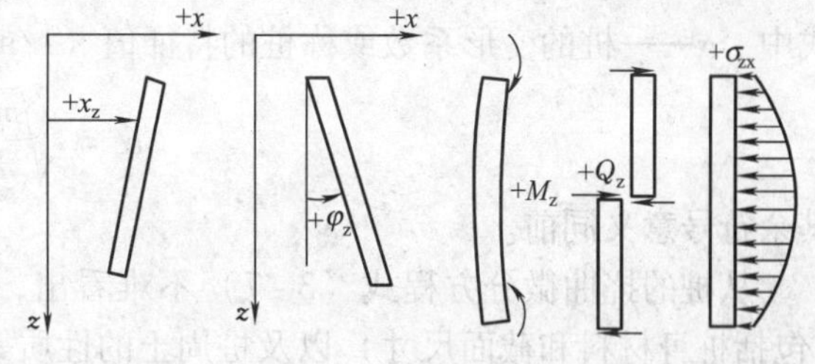

图 3-5　x_z、φ_z、M_z、Q_z 的符号规定

桩顶若与地面平齐（$z=0$），且已知桩顶作用水平荷载 Q_0 及弯矩 M_0，此时桩将发生弹性挠曲，单位面积的桩侧土将产生横向抗力 σ_{zx}，如图 3-6 所示。从材料力学中知道，梁的挠度与梁上分布荷载 q（单位长度上受到的荷载）之间的关系式，即梁的挠曲微分方程为

$$EI\frac{\mathrm{d}^4x}{\mathrm{d}z^4} = -q \tag{3-5}$$

式中　E、I——梁的弹性模量及截面惯性矩；

q——单位梁长上受到的抗力。

因为桩侧土抗力 $\sigma_{zx} = Cx = mzx$，因此可以得到桩的挠曲微分方程为

$$EI\frac{\mathrm{d}^4x}{\mathrm{d}z^4} = -q = -\sigma_{zx}b_1 = -mzxb_1 \tag{3-6}$$

式中 E、I——桩的弹性模量及截面惯性矩；

C、m——桩侧地基系数和地基系数的比例系数；

b_1——桩的计算宽度；

x——桩在深度 z 处的横向位移（即桩的挠度）。

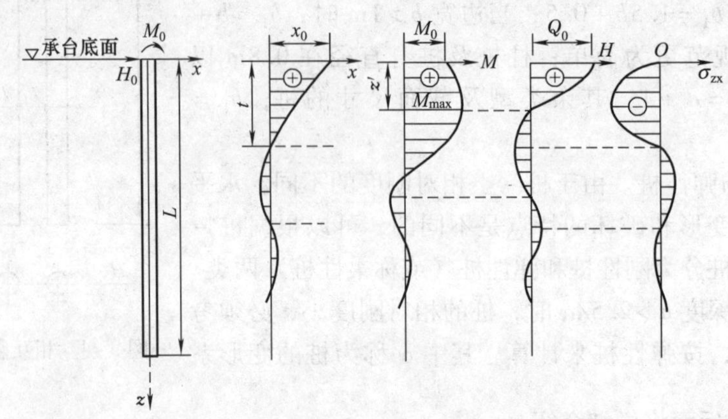

图 3-6 水平荷载作用基桩分析坐标系

将式（3-6）整理可得

$$\frac{\mathrm{d}^4 x}{\mathrm{d}z^4} + \frac{mb_1}{EI} zx = 0$$

或

$$\frac{\mathrm{d}^4 x}{\mathrm{d}z^4} + \alpha^5 zx = 0 \tag{3-7}$$

式中 α——桩的变形系数或称桩的特征值（1/m）。

$$\alpha = \sqrt[5]{\frac{mb_1}{EI}} \tag{3-8}$$

其余符号意义同前。

从桩的挠曲微分方程式（3-7）不难看出，桩的横向位移与截面所在深度、桩的刚度（包括桩身材料和截面尺寸）以及桩周土的性质等有关，α 是与桩-土变形相关的系数。

式（3-7）为四阶线性变系数齐次常微分方程，在求解过程中注意运用材料力学中有关梁的挠度 x 与转角 φ、弯矩 M 和剪力 Q 之间的关系，即

$$\left.\begin{aligned} \varphi &= \frac{\mathrm{d}x}{\mathrm{d}z} \\ M &= EI\frac{\mathrm{d}^2 x}{\mathrm{d}z^2} \\ Q &= EI\frac{\mathrm{d}^3 x}{\mathrm{d}z^3} \end{aligned}\right\} \tag{3-9}$$

可用幂级数展开的方法求出桩挠曲微分方程的解。若地面即 $z=0$ 处，桩的水平位移、转角、弯矩和剪力分别以 x_0、φ_0、M_0 和 Q_0 表示，则桩挠曲微分方程式（3-7）的解，即桩身任一截面的水平位移 x 为

$$x = x_0 A_1 + \frac{\varphi_0}{\alpha} B_1 + \frac{M_0}{\alpha^2 EI} C_1 + \frac{Q_0}{\alpha^3 EI} D_1 \tag{3-10}$$

利用式（3-10），根据式（3-9），对 x 求导计算，并归纳整理，便可求得桩身任一截面的转角 φ、弯矩 M 及剪力 Q 分别为

$$\frac{\varphi}{\alpha}=x_0A_2+\frac{\varphi_0}{\alpha}B_2+\frac{M_0}{\alpha^2EI}C_2+\frac{Q_0}{\alpha^3EI}D_2 \tag{3-11}$$

$$\frac{M}{\alpha^2EI}=x_0A_3+\frac{\varphi_0}{\alpha}B_3+\frac{M_0}{\alpha^2EI}C_3+\frac{Q_0}{\alpha^3EI}D_3 \tag{3-12}$$

$$\frac{Q}{\alpha^3EI}=x_0A_4+\frac{\varphi_0}{\alpha}B_4+\frac{M_0}{\alpha^2EI}C_4+\frac{Q_0}{\alpha^3EI}D_4 \tag{3-13}$$

根据土抗力的基本假定 $\sigma_{zx}=Cx=mzx$，可求得桩侧土抗力的计算公式：

$$\sigma_{zx}=mzx=mz\left(x_0A_1+\frac{\varphi_0}{\alpha}B_1+\frac{M_0}{\alpha^2EI}C_1+\frac{Q_0}{\alpha^3EI}D_1\right) \tag{3-14}$$

式（3-11）~式（3-14）中，A_i、B_i、C_i、D_i（$i=1\sim4$）为16个无量纲系数，根据不同的换算深度 $\bar{z}=\alpha z$，已将其制成表格，可查附表1或《公路桥涵地基与基础设计规范》（JTG D63—2007）表P.0.8。

以上求桩的内力、位移和土抗力的式（3-10）~式（3-14）五个基本公式中均含有 x_0、φ_0、M_0、Q_0这四个参数。其中 M_0、Q_0可由已知的桩顶受力情况确定，而另外两个参数 x_0、φ_0则需根据桩端边界条件确定。由于不同类型桩的桩端边界条件不同，应根据不同的边界条件求解 x_0、φ_0。

摩擦桩、柱桩（端承桩）在外荷载作用下，桩端将产生转角 φ_h，桩端的抗力情况如图3-7所示，与之相应的桩端弯矩值 M_h 由公式推导得到。

$$M_h=-\varphi_hC_0I_0$$

式中　I_0——桩端面积对其重心轴的惯性矩；

C_0——基底土的竖向地基系数，$C_0=m_0h$。

这是一个边界条件。此外，由于忽略桩与桩端土之间的摩阻力，所以认为 $Q_h=0$，即为另一个边界条件。

将 $M_h=-\varphi_hC_0I_0$ 及 $Q_h=0$ 分别代入式（3-12）、式（3-13）中得

$$M_h=\alpha^2EI\left(x_0A_3+\frac{\varphi_0}{\alpha}B_3+\frac{M_0}{\alpha^2EI}C_3+\frac{Q_0}{\alpha^3EI}D_3\right)=-\varphi_hC_0I_0$$

$$\alpha^3EI\left(x_0A_4+\frac{\varphi_0}{\alpha}B_4+\frac{M_0}{\alpha^2EI}C_4+\frac{Q_0}{\alpha^3EI}D_4\right)=0$$

又
$$\varphi_h=\alpha\left(x_0A_2+\frac{\varphi_0}{\alpha}B_2+\frac{M_0}{\alpha^2EI}C_2+\frac{Q_0}{\alpha^3EI}D_2\right)$$

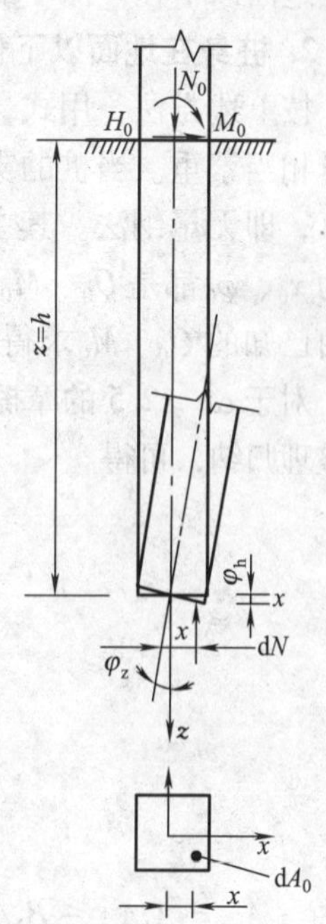

图3-7　桩端抗力分析

对于长细比较大的桩，包括 $\alpha h\geqslant2.5$ 的摩擦桩或 $\alpha h\geqslant3.5$ 的柱桩，桩端弯矩 M_h几乎为零。这时解以上三式联立的方程组，即得

$$\left.\begin{aligned} x_0 &= \frac{Q_0}{\alpha^3 EI} A_{x_0} + \frac{M_0}{\alpha EI} B_{x_0} \\ \varphi_0 &= -\left(\frac{Q_0}{\alpha^2 EI} A_{\varphi_0} + \frac{M_0}{\alpha EI} B_{\varphi_0}\right) \end{aligned}\right\} \tag{3-15}$$

式中

$$A_{x_0} = \frac{B_3 D_4 - B_4 D_3}{A_3 B_4 - A_4 B_3},\ B_{x_0} = \frac{B_3 C_4 - B_4 C_3}{A_3 B_4 - A_4 B_3},\ A_{\varphi_0} = \frac{A_3 D_4 - A_4 D_3}{A_3 B_4 - A_4 B_3},\ B_{\varphi_0} = \frac{A_3 C_4 - A_4 C_3}{A_3 B_4 - A_4 B_3}$$

当桩端嵌固于未风化岩层内有足够的深度时，可根据桩端 x_h、φ_h 等于零这两个边界条件，联立求解得

$$\left.\begin{aligned} x_0 &= \frac{Q_0}{\alpha^3 EI} A_{x_0}^0 + \frac{M_0}{\alpha^2 EI} B_{x_0}^0 \\ \varphi_0 &= -\left(\frac{Q_0}{\alpha^2 EI} A_{\varphi_0}^0 + \frac{M_0}{\alpha EI} B_{\varphi_0}^0\right) \end{aligned}\right\} \tag{3-16}$$

式中

$$A_{x_0}^0 = \frac{B_2 D_1 - B_1 D_2}{A_2 B_1 - A_1 B_2},\ B_{x_0}^0 = \frac{B_2 C_1 - B_1 C_2}{A_2 B_1 - A_1 B_2},\ A_{\varphi_0}^0 = \frac{A_2 D_1 - A_1 D_2}{A_2 B_1 - A_1 B_2},\ B_{\varphi_0}^0 = \frac{A_2 C_1 - A_1 C_2}{A_2 B_1 - A_1 B_2}$$

大量计算表明，$\alpha h \geqslant 4.0$ 时，桩身在地面处的位移 x_0、转角 φ_0 与桩端边界条件无关，因此 $\alpha h \geqslant 4.0$ 时，嵌岩桩与摩擦桩（或柱桩）计算公式可通用。

求得 x_0、φ_0后，便可连同已知的 M_0、Q_0一起代入式（3-10）~式（3-14），从而求得桩在地面以下任一深度的内力、位移及桩侧土抗力。

2. 桩身在地面以下任一深度处的内力和位移的简捷计算方法——无量纲法

按上述方法，用式（3-9）~式（3-13）可以计算任意深度的 x、φ、M、Q，但计算工作量相当繁重。当桩的支承条件及入土深度符合一定要求时，可利用比较简捷的计算方法来计算，即无量纲法。其主要特点一是利用边界条件求 x_0、φ_0时，系数采用简化公式；二是因为 x_0、φ_0都是 Q_0、M_0的函数，代入基本公式整理后，无须再计算桩顶位移 x_0、φ_0，而直接由已知的 Q_0、M_0求得。

对于 $\alpha h > 2.5$ 的摩擦桩、$\alpha h > 3.5$ 的柱桩，将式（3-15）代入式（3-10）~式（3-13），经整理归纳，可得

$$x_z = \frac{Q_0}{\alpha^3 EI} A_x + \frac{M_0}{\alpha^2 EI} B_x \tag{3-17a}$$

$$\varphi_z = \frac{Q_0}{\alpha^2 EI} A_\varphi + \frac{M_0}{\alpha EI} B_\varphi \tag{3-17b}$$

$$M_z = \frac{Q_0}{\alpha} A_m + M_0 B_m \tag{3-17c}$$

$$Q_z = Q_0 A_Q + \alpha M_0 B_Q \tag{3-17d}$$

式中 $A_x = A_1 A_{x_0} - B_1 A_{\varphi_0} + D_1$，$B_x = A_1 B_{x_0} - B_1 B_{\varphi_0} + C_1$

$A_\varphi = A_2 A_{x_0} - B_2 A_{\varphi_0} + D_2$，$B_\varphi = A_2 B_{x_0} - B_2 B_{\varphi_0} + C_2$

$A_m = A_3 A_{x_0} - B_3 A_{\varphi_0} + D_3$，$B_m = A_3 B_{x_0} - B_3 B_{\varphi_0} + C_3$

$A_Q = A_4 A_{x_0} - B_4 A_{\varphi_0} + D_4$，$B_Q = A_4 B_{x_0} - B_4 B_{\varphi_0} + C_4$

对于 $\alpha h>2.5$ 的嵌岩桩，将式（3-16）分别代入式（3-10）~式（3-13），经整理，得

$$x_z = \frac{Q_0}{\alpha^3 EI}A_x^0 + \frac{M_0}{\alpha^2 EI}B_x^0 \tag{3-18a}$$

$$\varphi_z = \frac{Q_0}{\alpha^2 EI}A_\varphi^0 + \frac{M_0}{\alpha EI}B_\varphi^0 \tag{3-18b}$$

$$M_z = \frac{Q_0}{\alpha}A_m^0 + M_0 B_m^0 \tag{3-18c}$$

$$Q_z = Q_0 A_Q^0 + \alpha M_0 B_Q^0 \tag{3-18d}$$

式中 $A_x^0 = A_1 A_{x_0}^0 - B_1 A_{\varphi_0}^0 + D_1$，$B_x^0 = A_1 B_{x_0}^0 - B_1 B_{\varphi_0}^0 + C_1$

$A_\varphi^0 = A_2 A_{x_0}^0 - B_2 A_{\varphi_0}^0 + D_2$，$B_\varphi^0 = A_2 B_{x_0}^0 - B_2 B_{\varphi_0}^0 + C_2$

$A_m^0 = A_3 A_{x_0}^0 - B_3 A_{\varphi_0}^0 + D_3$，$B_m^0 = A_3 B_{x_0}^0 - B_3 B_{\varphi_0}^0 + C_3$

$A_Q^0 = A_4 A_{x_0}^0 - B_4 A_{\varphi_0}^0 + D_4$，$B_Q^0 = A_4 B_{x_0}^0 - B_4 B_{\varphi_0}^0 + C_4$

式（3-17a~d）、式（3-18a~d）即为桩身在地面下各点的位移及内力的无量纲法计算公式，其中 A_x、B_x、A_φ、B_φ、A_m、B_m、A_Q、B_Q 及 A_x^0、B_x^0、A_φ^0、B_φ^0、A_m^0、B_m^0、A_Q^0、B_Q^0 为无量纲系数。当 $\alpha h\geqslant 4$ 时，无论采用哪一个公式及相应的系数来计算，其计算结果都是接近的。

由式（3-17a~d）及式（3-18a~d）可简捷地求得桩身各截面的水平位移、转角、弯矩、剪力以及桩侧土抗力。由此便可验算桩身强度，决定配筋量，验算桩侧土抗力及墩台位移等。

3. 桩身最大弯矩 M_{max} 及其位置 z_{Mmax} 的确定

桩身各截面处弯矩 M_z 的计算，主要是检验桩的截面强度和进行配筋计算（关于配筋的具体计算方法，见结构设计原理教材）。为此，需要确定弯矩最大值 M_{max} 及其截面所在的位置 z_{Mmax}，一般可将各深度 z 处的弯矩 M_z 值求出后绘制 M_z-z 图，即可从图中求得最大弯矩及其所在位置。也可用数学方法（数解法）求得 M_{max} 及 z_{Mmax}。在最大弯矩截面处，其剪力 $Q=0$，该位置即最大弯矩处 z_{Mmax}。这种方法可以参考相关教材或相关设计手册。

4. 桩顶位移的计算

桩身在地面处的位移和转角等可以通过上述方法计算，考虑地面以上桩身没有侧面约束，可以根据结构力学知识计算桩顶位移和转角等。图3-8所示为置于非岩石地基中的桩，已知桩露出地面长 l_0，若桩顶为自由端，其上作用有 Q 及 M，顶端的位移可应用叠加原理计算。设桩顶的水平位移为 x_1，它由下列各项组成：桩在地面处的水平位移 x_0、地面处转角 φ_0 所引起的桩顶的水平位移 $\varphi_0 l_0$、桩露出地面段作为悬臂梁其桩顶在水平力 Q 作用下产生的水平位移 x_Q 以及在 M 作用下产生的水平位移 x_M，即

$$x_1 = x_0 - \varphi_0 l_0 + x_Q + x_M \tag{3-19}$$

因 φ_0 逆时针为正，所以式中用负号。

桩顶转角 φ_1 则由地面处的转角 φ_0、水平力 Q 作用下引起的转角 φ_Q 及弯矩 M 作用引起的转角 φ_M 组成，即

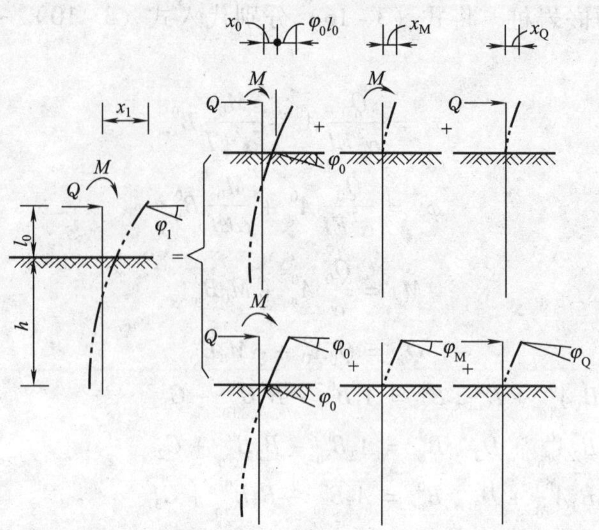

图 3-8　桩顶位移计算

$$\varphi_1 = \varphi_0 + \varphi_Q + \varphi_M \tag{3-20}$$

式（3-19）、式（3-20）中的 x_0 及 φ_0 可按计算所得的 $M_0 = Ql_0 + M$ 及 $Q_0 = Q$ 分别代入式（3-17a）及式（3-17b）（此时式中的无量纲系数均用 $z=0$ 时的数值）求得，即

$$x_0 = \frac{Q}{\alpha^3 EI}A_x + \frac{M + Ql_0}{\alpha^2 EI}B_x \tag{3-21}$$

$$\varphi_0 = -\left(\frac{Q}{\alpha^3 EI}A_\varphi + \frac{M + Ql_0}{\alpha EI}B_\varphi\right) \tag{3-22}$$

式中，系数 A_x、B_x、A_φ、B_φ 同式（3-17a）、式（3-17b）中相应系数的计算方法相同。

式（3-19）、式（3-20）中的 x_Q、x_M、φ_Q、φ_M 是把露出段作为下端嵌固、跨度为 l_0 的悬臂梁计算而得的，即

$$\left.\begin{aligned} x_Q &= \frac{Ql_0^3}{3EI}, x_M = \frac{Ml_0^2}{2EI} \\ \varphi_Q &= \frac{-Ql_0^2}{2EI}, \varphi_M = \frac{-Ml_0}{EI} \end{aligned}\right\} \tag{3-23}$$

由式（3-21）~式（3-23）算得 x_0、φ_0 及 x_M、φ_Q、φ_M 代入式（3-19）、式（3-20）再经整理归纳，便可写成如下表达式：

$$\left.\begin{aligned} x_1 &= \frac{Q}{\alpha^3 EI}A_{x_1} + \frac{M}{\alpha^2 EI}B_{x_1} \\ \varphi_1 &= -\left(\frac{Q}{\alpha^2 EI}A_{\varphi_1} + \frac{M}{\alpha EI}B_{\varphi_1}\right) \end{aligned}\right\} \tag{3-24}$$

式中，A_{x_1}、B_{x_1}、A_{φ_1}、B_{φ_1} 均为 $\bar{h} = \alpha h$ 及 $\bar{l} = \alpha l_0$ 的函数，列于附表 2 ~ 附表 4 中。

对于桩端嵌固于岩基中、桩顶为自由端的桩顶位移计算，只要按相关公式计算出 $z=0$ 时的 x_0、φ_0，即可按上述方法求出桩顶水平位移 x_1 及转角 φ_1，其中 x_Q、x_M、φ_Q、φ_M 仍可

按式（3-23）计算。

露出地面部分为变截面的桩的计算，可参看有关规范。单桩、单排桩基础的设计计算，首先应根据上部结构的类型、荷载性质与大小、地质与水文资料，施工条件等情况，初步拟定出桩的直径和长度、承台位置、桩的根数及排列等，然后进行验算与修正，选出最佳方案。

5. 计算参数

上述分析，假设地基为温克尔（Winkler）地基，地基土水平抗力系数的比例系数 m 值宜通过桩的水平静载试验确定。但由于试验费用、时间等原因，某些建筑物不一定进行桩的水平静载试验，可采用规范提供的经验值，见表 3-3。

表 3-3　非岩石类土的比例系数 m 值

序号	土的分类	m 或 m_0/(MN/m^4)
1	流塑黏性土 $I_L>1$，软塑黏性土 $1\geqslant I_L>0.75$，淤泥	3~5
2	可塑黏性土 $0.75\geqslant I_L>0.25$，粉砂，稍密粉土	5~10
3	硬塑黏性土 $0.25\geqslant I_L\geqslant 0$，细砂，中砂，中密粉土	10~20
4	坚硬、半坚硬黏性土 $I_L\leqslant 0$，粗砂，密实粉土	20~30
5	砾砂，角砾，圆砾，碎石，卵石	30~80
6	密实卵石夹粗砂，密实漂、卵石	80~120

在应用表 3-3 时应注意以下事项：

1）由于桩的水平荷载与位移的关系是非线性的，即 m 值随荷载与位移增大而有所减小，因此，m 值的确定要与桩的实际荷载相适应。一般结构在地面处最大位移不超过 6mm，当位移较大时，应适当降低表列 m 值。

2）当基桩侧面有几种土层时，从地面或局部冲刷线起，应求得主要影响深度 $h_m=2(d+1)$ 范围内的平均 m 值作为整个深度内的 m 值，具体算法可以查阅《公路桥涵地基与基础设计规范》（JTG D63—2007）。对于刚性桩，h_m 采用整个深度 h。

3）承台侧面地基土水平抗力系数 C_n。

$$C_n=mh_n \tag{3-25}$$

式中　m——承台埋深范围内地基土的水平抗力系数（MN/m^4）；

h_n——承台埋深（m）。

4）地基土竖向抗力系数 C_0、C_b 和地基土竖向抗力系数的比例系数 m_0。桩端地基土竖向抗力系数 C_0 按式（3-26）计算：

$$C_0=m_0h \tag{3-26}$$

式中　m_0——桩端地基土竖向抗力系数的比例系数（kN/m^4），近似取 $m_0=m$；岩石地基，可查表 3-4 确定；

h——桩的入土深度（m），当 h 小于 10m 时，按 10m 计算。

承台底地基土竖向抗力系数 C_b 按式（3-27）计算：

$$C_b=m_0h_n \tag{3-27}$$

式中　h_n——承台埋深（m），当 h_n 小于 1m 时，按 1m 计算。

表 3-4 岩石地基竖向抗力系数 C_0

单轴极限抗压强度标准值 R_C/MPa	C_0/(MN/m^3)
1	300
≥25	15000

注：当 R_C 为表列数值的中间值时，C_0 采用插入法确定。

三、单排桩内力计算示例

1. 设计资料

（1）地质与水文资料　地基土为密实细砂夹砾石，地基土比例系数 $m=12\text{MN/m}^4$；地基土的极限摩阻力 $\tau=70\text{kPa}$；地基土内摩擦角 $\varphi=40°$，黏聚力 $c=0$；地基土容许承载力 $[\sigma_0]=400\text{kPa}$；土有效重度 $\gamma'=10.2\text{kN/m}^3$；地面标高为 335.490m，常水位标高为 339.150m，最大冲刷线标高为 330.810m，一般冲刷线标高为 335.340m。如图 3-9 所示。

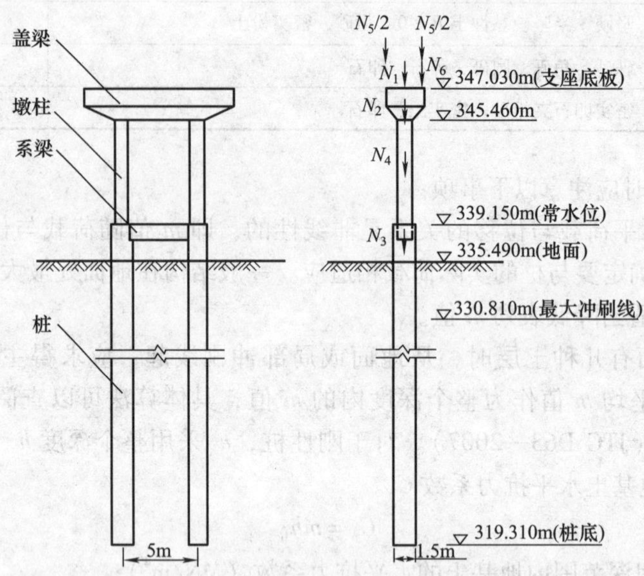

图 3-9　单排双柱式桥墩钻孔灌注桩基础

（2）桩、墩尺寸与材料　墩帽顶标高为 347.030m，桩顶标高为 339.150m，墩顶标高为 345.460m。墩柱直径为 1.4m，桩直径为 1.5m。桩身混凝土强度等级为 C30，其受压弹性模量为 $E_c=3.0\times10^4\text{MPa}$。

（3）荷载情况　桥墩为单排双柱式，桥面宽 7m，设计荷载汽车 -15 级，挂 -80，人群荷载为 3kN/m^2，两侧人行道各宽 1.5m。上部为 30m 预应力钢筋混凝土梁，每一根柱的受力情况为：

两跨恒载反力 $N_1=1376.00\text{kN}$；

盖梁自重反力 $N_2=256.50\text{kN}$；

系梁自重反力 $N_3=76.40\text{kN}$；

一根墩柱（直径 1.4m）自重 $N_4=260.00\text{kN}$；

桩（直径1.5m）自重每延米 $q=\frac{\pi\times1.5^2}{4}\times(25-10)\text{kN}=26.51\text{ kN}$（已扣除浮力）；

两跨活载反力 $N_5=540.00\text{kN}$；

一跨活载反力（汽车、人群荷载等）$N_6=380.00\text{kN}$；

车辆荷载反力已按偏心受压原理考虑横向分布的分配影响。

N_6在顺桥向引起的弯矩 $M=110.00\text{kN}\cdot\text{m}$；

制动力 $H=30.00\text{kN}$。

纵向风力：盖梁部分 $W_1=3.0\text{kN}$，对桩顶产生的力臂为6.50m；墩身部分 $W_2=2.7\text{kN}$，对桩顶的力臂为3.00m。

桩基础采用冲抓锥钻孔灌注桩基础，为摩擦桩。

2. 计算

（1）桩长的计算　由于地基土层单一，根据《公路桥涵地基与基础设计规范》（JTG D63—2007）经验公式确定单桩容许承载力，初步反算桩长，该桩埋入最大冲刷线以下深度为 h，一般冲刷线以下深度为 h_3，则

$$N_\text{h}=[P]=\frac{1}{2}U\sum l_i\tau_i+\lambda m_0A\{[\sigma_0]+k_2\gamma_2(h_3-3)\}$$

式中　N_h——一根桩受到的全部竖向荷载（kN），其余符号同前，最大冲刷线以下（入土深度）的桩重的一半作为外荷载计算。

当两跨活载时：

$$\begin{aligned}N_\text{h}&=N_1+N_2+N_3+N_4+N_5+l_0q+\frac{1}{2}qh\\&=1376.00\text{kN}+256.50\text{kN}+76.40\text{kN}+260.00\text{kN}+540.00\text{kN}+\\&\quad(339.150\text{m}-330.810\text{m})\times26.51\text{kN/m}+\frac{1}{2}\times26.51\text{kN/m}\times h\\&=2729.99\text{kN}+13.26h\end{aligned}$$

计算［P］时取以下数据：桩的设计桩径为1.5m，冲抓锥成孔直径为1.6m，桩周长为 $U=\pi\times1.6\text{m}=5.03\text{m}$，$A=\pi\times1.5^2\text{m}^2/4=1.77\text{m}^2$，$\lambda=0.7$，$m_0=0.8$，$k_2=4.0$，$[\sigma_0]=400.00\text{kPa}$，$\gamma_2=\gamma'=10.2\text{kN/m}^3$，$\tau=70\text{kPa}$。得

$$\begin{aligned}[P]&=\frac{1}{2}U\sum l_i\tau_i+\lambda m_0A\{[\sigma_0]+k_2\gamma_2(h_3-3)\}\\&=\frac{1}{2}(\pi\times1.6\text{m}\times h\times70\text{kPa})+0.7\times0.8\times1.77\text{m}^2\times\\&\quad[400\text{kPa}+4.0\times10.2\text{kN/m}^3\times(h+335.490\text{m}-330.810\text{m}-3\text{m})]\\&=N_\text{h}=464.42\text{kN}+216.37h\end{aligned}$$

所以 $h=11.15\text{m}$。

取 $h=11.5\text{m}$，桩端标高为319.310m。桩的轴向承载力符合要求。

（2）桩的内力及位移计算

1）确定桩的计算宽度 b_1。

$$b_1=k_\text{f}(d+1)=0.9\times(1.5+1)\text{m}=2.25\text{m}$$

2）计算桩－土变形系数 α。

$$\alpha = \sqrt[5]{\frac{mb_1}{EI}} = \sqrt[5]{\frac{12000 \times 2.25}{0.8 \times 3.0 \times 10^7 \times 0.249}}\mathrm{m}^{-1} = 0.340\mathrm{m}^{-1}$$

其中 $I = \pi \times 1.5^4 \mathrm{m}^4/64 = 0.249\mathrm{m}^4$；$EI = 0.8E_c I$。

桩的换算深度 $\bar{h} = \alpha h = 0.340 \times 11.5\mathrm{m} = 3.91\mathrm{m} > 2.5\mathrm{m}$，所以按弹性桩计算。

3）计算墩柱顶外力 P_i、Q_i、M_i及最大冲刷线处桩上外力 P_0、Q_0、M_0。

墩帽顶的外力（按一跨活荷载计算）：

$$P_i = N_1 + N_6 = (1376.00 + 380.00)\mathrm{kN} = 1756.00\mathrm{kN}$$

$$Q_i = (30.00 + 3.00)\mathrm{kN} = 33.00\mathrm{kN}$$

$$\begin{aligned} M_i &= 110.00\mathrm{kN \cdot m} + 30.00 \times (347.030 - 345.460)\mathrm{kN \cdot m} + 3.00 \times \\ &\quad [6.50 - (345.460 - 339.150)]\mathrm{kN \cdot m} \\ &= 157.67\mathrm{kN \cdot m} \end{aligned}$$

换算到最大冲刷线处：

$$\begin{aligned} P_0 &= 1756.00\mathrm{kN} + 256.50\mathrm{kN} + 76.40\mathrm{kN} + 260.00\mathrm{kN} + 26.51\mathrm{kN/m} \times (339.15 - 330.81)\mathrm{m} \\ &= 2569.99\mathrm{kN} \end{aligned}$$

$$Q_0 = (30.00 + 3.00 + 2.70)\mathrm{kN} = 35.70\mathrm{kN}$$

$$\begin{aligned} M_0 &= [110.00 + 30.00 \times (347.030 - 330.810) + 3 \times 15.44 + 2.7 \times 11.50]\mathrm{kN \cdot m} \\ &= 673.97\mathrm{kN \cdot m} \end{aligned}$$

其中，$15.440 = (347.030 - 345.460)/2 + 345.460 - 330.810$，

$11.500 = (345.460 - 339.150)/2 + 339.150 - 330.810$。

4）桩身最大弯矩位置及最大弯矩计算。根据式（3-17c）计算最大冲刷线以下不同深度桩身弯矩：

$$M_z = \frac{Q_0}{\alpha}A_m + M_0 B_m$$

计算结果见表3-5。根据表3-5，可以得到桩身弯矩沿埋深的分布曲线（图3-10）。从表3-5及图3-10可以看出，桩身最大弯矩约为704.78kN·m，在最大冲刷线以下1.47m处。

表3-5　桩身弯矩计算

z/m	$\bar{Z}$	A_m	B_m	M_z/kN·m
0	0	0.00000	1.00000	673.94
0.294118	0.1	0.09960	0.99740	682.6458
0.588235	0.2	0.19695	0.99806	693.3123
0.882353	0.3	0.29005	0.99380	700.2168
1.176471	0.4	0.37728	0.98614	704.2136
1.470588	0.5	0.45731	0.97451	704.7788
1.764706	0.6	0.52902	0.95849	701.5119
2.058824	0.7	0.59172	0.93799	694.2796
2.352941	0.8	0.64479	0.91298	682.9967
2.647059	0.9	0.68812	0.88370	667.8134
2.941176	1	0.72151	0.85040	648.8771

5）配筋计算及桩身材料截面强度验算。最大弯矩发生在最大冲刷线以下 $z=1.47\text{m}$ 处，该处 $M_{max}=704.78\text{kN}\cdot\text{m}$。

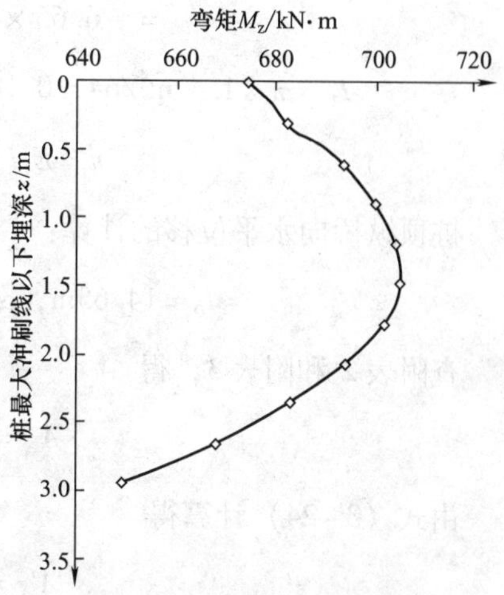

图 3-10　桩身弯矩分布曲线

该处的轴力为：

$$N=2569.99\text{kN}+0.5\times26.51\text{kN/m}\times1.47\text{m}-70\pi\times1.6\times1.47\times0.5\text{kN}=2330.86\text{kN}$$

$$e_0=M_{max}/N=704.78\text{kN}\cdot\text{m}/2330.86\text{kN}=0.302\text{m};\ e_0/d=0.302/1.5=0.201$$

$$l_p=(339.15-330.81)\text{m}+h=(8.34+11.5)\text{m}=19.84\text{m}$$

因为 $l_p/d=19.84/1.6=12.4>7$

所以应考虑偏心距增大系数 η。

$h_0=r+r_s=(0.75+0.68)\text{m}=1.43\text{m};\ h=d=1.5\text{m}$

$$\zeta_1=0.2+2.7\frac{e_0}{h_0}=0.2+2.7\times0.302/1.43=0.770$$

$$\zeta_2=1.15-0.01\frac{l_p}{h}=1.15-0.01\times12.4=1.03>1.0\text{，取}\zeta_2=1.0\text{。}$$

$$\eta=1+\frac{1}{1400e_0/h_0}\left(\frac{l_p}{h}\right)^2\zeta_1\zeta_2=1+\frac{1}{1400\times0.302/1.43}\times12.4^2\times0.770\times1.0=1.40$$

$\eta e_0=1.40\times0.302=0.423\text{m};\ r=1.5\text{m}/2=0.75\text{m}$。

根据《公路钢筋混凝土及预应力混凝土桥涵设计规范》（JTG D62—2004）的附录 C，计入偏心距增大系数，采用迭代算法（可采用软件计算），计算得到配筋率为 -0.18% 时桩身最大弯矩截面的轴力为2339.8kN，这时圆形截面相对受压区高度系数 $\xi=0.43$，同该截面的设计轴力值2330.86kN，相差0.4%。所以按照构造配筋就可以满足设计轴力和弯矩要求。

6）桩顶纵向水平位移验算。桩在最大冲刷线处的水平位移 x_0 和转角 φ_0，根据式（3-21）和式（3-22），计算得到

$$x_0=\frac{Q_0}{\alpha^3EI}A_x+\frac{M_0}{\alpha^2EI}B_x$$
$$=\frac{35.70}{0.8\times3.0\times10^7\times0.340^3\times0.249}\times2.452\text{m}+\frac{673.97}{0.8\times3.0\times10^7\times0.340^2\times0.249}\times1.625\text{m}$$
$$=1.96\times10^{-3}\text{m}=1.96\text{mm}<6\text{mm}$$

符合规范要求。

$$\varphi_0=\frac{Q_0}{\alpha^2EI}A_\varphi+\frac{M_0}{\alpha EI}B_\varphi$$
$$=\frac{35.70}{0.8\times3.0\times10^7\times0.340^2\times0.249}\times(-1.625)\text{rad}+\frac{673.97}{0.8\times3.0\times10^7\times0.340\times0.249}\times(-1.752)\text{rad}$$

$$= -6.65 \times 10^{-4}\,\text{rad}$$

由 $I_1 = \pi \times 1.4^4\,\text{m}^4/64 = 0.189\,\text{m}^4$，$E_1 = E$，$I = \pi \times 1.5^4\,\text{m}^4/64 = 0.249\,\text{m}^4$

得 $$n = E_1 I_1/(EI) = 1.4^4/1.5^4 = 0.759$$

桩顶纵桥向水平位移的计算：

$$l_0 = 14.65\,\text{m},\ \alpha l_0 = 4.98,\ h_2 = 8.34\,\text{m},\ \alpha h_2 = 2.84$$

查附表2和附表3，得

$$A_{x_1} = 103.270,\ A_{\varphi_1} = 22.751$$

由式（3-24）计算得

$$A'_{x_1} = 105.694,\ B'_{x_1} = 24.032$$

故由 $$x_1 = \frac{1}{\alpha^2 EI}\left(\frac{\varphi}{\alpha}A'_{x_1} + MB'_{x_1}\right)$$

得 $$x_1 = 0.0213\,\text{m} = 21.3\,\text{mm}$$

$$[\Delta] = 0.5\sqrt{30}\,\text{cm} = 2.74\,\text{cm} = 27.4\,\text{mm} > x_1 = 21.3\,\text{mm}$$

墩顶位移符合要求。

任务一　群桩基础竖向荷载作用分析与验算

引导问题

由摩擦桩组成的群桩的承载力是否等于各个单桩承载力之和？由端承桩组成的群桩呢？群桩基础的承载力如何计算？

群桩基础是由各个单桩和桩顶承台以及桩周土体组成的。竖向荷载作用下，群桩基础的荷载主要由各个单桩（称为“基桩”）承担，但承台下的土体也承担一部分荷载。所以，群桩基础承担荷载不是各个单桩承担荷载简单相加。下面主要分析群桩基础承担竖向荷载的特点以及沉降问题。

一、群桩基础的工作特点

群桩基础在竖向荷载作用下，承台上的荷载通过承台和单桩向桩侧和桩端土体传递。如果桩端土体强度很高，压缩性很低，则群桩的基桩产生很小的下沉，桩－土之间的相对位移很小，导致桩侧土体的摩阻力不能得到充分发挥。相反，如果桩端土体强度很低，压缩性很高，则群桩的基桩产生较大的沉降，桩－土之间的相对位移较大，桩侧土体的摩阻力得到充分发挥。根据桩端土体强度和压缩性的不同，群桩基础表现出不同的工作特点。桩端土体即持力层的性质对群桩基础的承载力具有较大的影响。

1. 端承型群桩基础

端承型桩又称为柱桩。端承型群桩基础通过承台分配到各基桩桩顶的荷载，绝大部分或全部由桩身直接传递到桩端，由桩端岩层（或坚硬土层）支承。由于桩端持力层刚硬，桩的贯入变形小，低桩承台的承台底面地基反力与桩侧摩阻力和桩端反力相比所占比例很小，可忽略不计。因此承台分担荷载的作用和桩侧摩阻力的扩散作用一般均不予考虑。桩端压力分布面积较小，各桩的压力叠加作用也小（可能发生在持力层深部），群桩基础中的各基桩的工作状态近似于单桩，如图 3 - 11 所示。可以认为，端承型群桩的承载力等于各单桩承载力之和，其沉降量等于单桩沉降量。

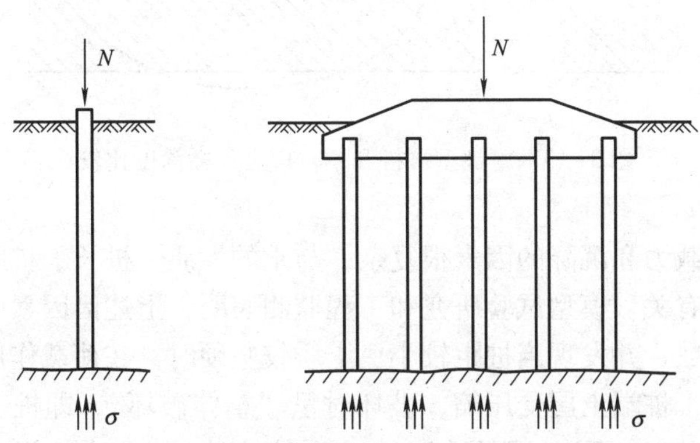

图 3 - 11　端承型群桩桩端应力分布

2. 摩擦型群桩基础

由摩擦桩组成的群桩基础，在竖向荷载作用下，桩顶上的荷载主要通过桩侧土的摩阻力传递到桩侧土体。由于桩侧摩阻力的扩散作用，使桩端处的压力分布范围要比桩身截面面积大得多，如图 3 - 12 所示，使群桩中各桩传布到桩端处的应力发生叠加效应。再者，由于群桩基础的尺寸比单桩大，荷载传递的影响范围也比单桩深得多，如图 3 - 13 所示。因此，桩侧和桩端土层的压缩变形都比单桩大，其承载力也不等于各单桩承载力的简单相加。工程实践表明，摩擦型群桩的承载力常常小于各单桩承载力之和，但有时也会出现大于或等于各单桩承载力之和的现象。总之，摩擦型群桩基础受竖向荷载后，由于承台、基桩、桩周土体之间的相互作用，导致其侧阻力、端阻力、沉降等性状与单桩明显不同，此现象称为群桩效应。

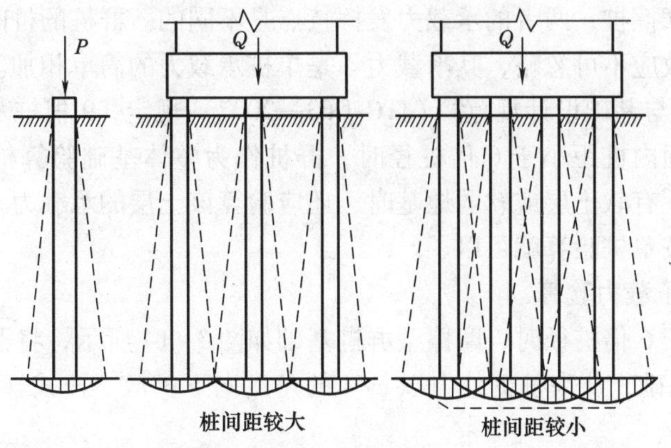

图 3 - 12　摩擦型群桩端平面应力分布——叠加效应

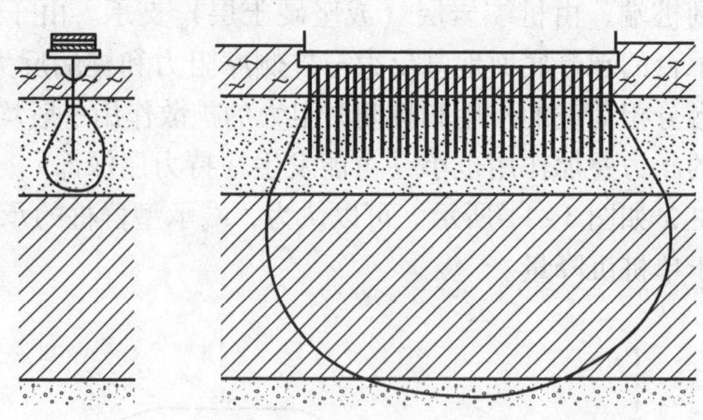

图 3-13　摩擦型群桩和单桩应力传播深度比较

影响群桩基础承载力和沉降的因素很复杂，与土的性质、桩长、桩距、桩数、群桩的平面排列和大小等因素有关。模型试验研究和工程监测表明，上述诸因素中，桩距大小的影响是主要的，其次是桩数；并发现当桩距较小、土质较坚硬时，在荷载作用下，桩间土与桩群作为一个整体而下沉，桩端土层受压缩，破坏时呈“整体破坏”，即桩、土形成整体，破坏形态类似一个实体深基础；而当桩距足够大、土质较软时，桩与土之间产生剪切变形，桩呈“刺入破坏”。在一般情况下群桩基础兼有这两种性状。现通常认为当桩中心距大于或等于6倍桩径时，可不考虑群桩效应。对于低桩承台群桩基础，承台底面土有可能参与共同作用，承台底面土的反力会分担部分外荷载，但此问题比较复杂，目前还处在研究之中，尚未形成公认的结论。

如上所述，当桩距较大、单桩荷载传到桩端处的压力叠加影响较小时，可不考虑群桩效应。《公路桥涵地基与基础设计规范》（JTG D63—2007）规定：当桩距大于或等于6倍桩径时，不需验算群桩基础承载力，只要验算单桩容许承载力即可；当桩距小于6倍桩径时，需验算桩端持力层土的容许承载力，持力层下有软弱土层时，还应验算软弱下卧层的承载力。

二、群桩基础承载力验算

桩分为柱桩和摩擦桩，两者的承载力发挥特点是不同的。群桩的桩间距小于6倍桩径的摩擦群桩，其群桩效应不可忽略，其承载力不是单桩承载力的简单相加。群桩基础承载力验算，《公路桥涵地基与基础设计规范》（JTG D63—2007）规定，9根桩及9根桩以上的多排摩擦群桩在桩端平面内桩距小于6倍桩径时，群桩作为整体基础验算桩端平面处土的承载力。当桩端平面以下有软土层或软弱地基时，还应验算该土层的承载力。其他情况，群桩基础承载力验算仅仅按单桩验算就可以了。

1. 桩端持力层承载力验算

当桩中心距小于6倍桩径时，摩擦型群桩基础如图3-14所示，将群桩基础视为相当于*cdef*范围内的实体基础，认为桩侧外力以$\varphi/4$的角度向下扩散，按式（3-28）验算桩端平面处土层的承载力：

$$\sigma_{\max} = \bar{\gamma} l + \gamma h - \frac{BL\gamma h}{A} + \frac{N}{A}\left(1 + \frac{eA}{W}\right) \leqslant [\sigma_{h+l}] \tag{3-28}$$

式中 σ_{max}——桩端平面处的最大压应力；

$\bar{\gamma}$——桩端平面以上的平均重度（包括桩的重力在内）；

γ——承台底面以上土的重度；

N——作用于承台底面合力的竖向分力；

e——作用于承台底面合力的竖向分力对桩端平面处计算面积重心轴的偏心距；

A——假想的实体基础在桩端平面处的计算面积，即 $A = ab$；

W——假想的实体深基础在桩端平面处的截面模量；

L、B——承台的长度、宽度；

$[\sigma_{h+l}]$——桩端平面处土的容许承载力，应经过埋深（$h+l$）修正；

l——承台底面到桩端的距离；

h——承台底面到地面（或最大冲刷线）的距离；对高桩承台，$h=0$。

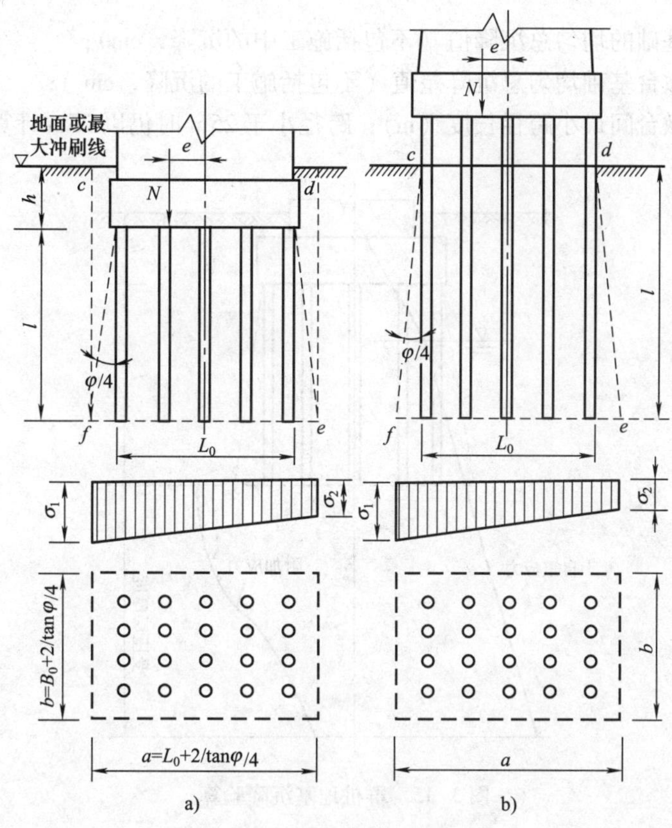

图 3-14 摩擦群桩应力分布

a）低桩承台 b）高桩承台

2. 软弱下卧层强度验算

当群桩基础持力层下存在软土层时，需要验算该软土层的承载力。按土的应力分布规律计算出的软土层顶面处的总应力，不得大于该处地基土的容许承载力。可按项目一有关部分验算。

三、群桩基础沉降验算

超静定结构桥梁或建于软土、湿陷性黄土地基或沉降较大的其他土层的静定结构桥梁墩台的群桩基础应计算沉降量并进行验算。

柱桩或桩的中心距大于6倍桩径的摩擦型群桩基础，可以认为其沉降量等于在同样土层中静载试验的单桩沉降量。

桩的中心距小于6倍桩径的摩擦型群桩基础，则作为实体基础考虑，如图3-15所示，可采用分层总和法计算沉降量。墩台基础的沉降允许值可按式（3-29）验算：

$$\left.\begin{aligned} s &\leqslant 2.0\sqrt{L} \\ \Delta s &\leqslant 1.0\sqrt{L} \end{aligned}\right\} \tag{3-29}$$

式中　s——墩台基础的均匀总沉降值（不包括施工中的沉降，cm）；

Δs——相邻墩台基础均匀总沉降差值（不包括施工的沉降，cm）；

L——相邻墩台间最小跨径长度（m）；跨径小于25m时仍以25m计算。

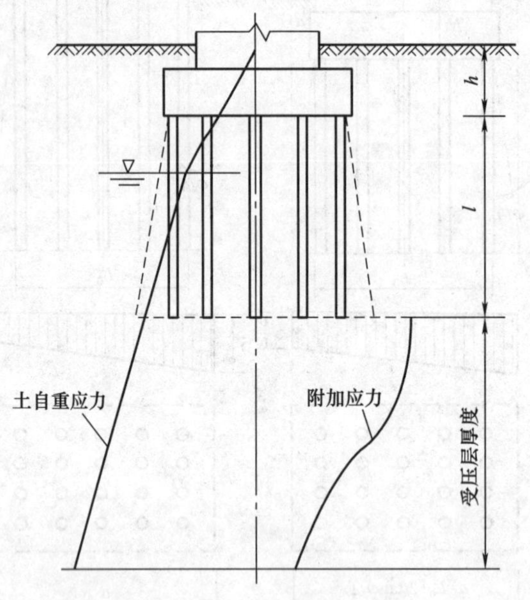

图3-15　群桩地基沉降验算

任务二　桩型、桩长、桩径等的确定方法

引导问题

1. 影响桩基础桩型、桩长、桩径的因素有哪些？
2. 群桩基础各个单桩的平面布置，通常有哪些方式？

设计桩基础时，首先应该搜集必要的资料，包括上部结构形式与使用要求，荷载的性质与大小，地质和水文资料，以及材料供应和施工条件等。据此拟定出设计方案（包括选择桩基类型、桩长、桩径、桩数、桩的布置、承台位置与尺寸等），然后进行基桩和承台以及桩基础整体的强度、稳定、变形验算，经过计算、比较、修改，以保证承台、基桩和地基在强度、变形及稳定性方面满足安全和使用上的要求，并同时考虑技术和经济上的可能性与合理性，最后确定较理想的设计方案。

一、桩基础类型的选择

选择桩基础类型时，应根据设计要求和现场的条件，并考虑各种类型桩基础具有的不同特点，综合分析选择。

1. 承台底面标高的考虑

承台底面的标高应根据桩的受力情况，桩的刚度和地形、地质、水流、施工等条件确定。承台低，稳定性较好，但在水中施工难度较大，因此可用于季节性河流、冲刷小的河流或旱地上其他结构物的基础。当承台埋设于冻胀土层中时，为了避免由于土的冻胀引起桩基础损坏，承台底面应位于冻结线以下不少于0.25m。若常年有流水，冲刷较深，或水位较高，施工排水困难，在受力条件允许时，应尽可能采用高桩承台。承台如在水中或有流冰的河道中，底面也应适当放低，以保证基桩不会直接受到撞击，否则应设置防撞装置。当作用在桩基础上的水平力和弯矩较大，或桩侧土质较差时，为减少桩身的内力，可适当降低承台底面标高。有时为节省墩台圬工数量，可适当提高承台底面标高。

2. 柱桩桩基和摩擦桩桩基的考虑

柱桩和摩擦桩的选择主要根据地质和受力情况确定。柱桩桩基承载力大，沉降量小，较为安全可靠，因此当基岩埋深较浅时，应考虑采用柱桩桩基。若岩层埋置较深或受施工条件的限制不宜采用柱桩，则可采用摩擦桩，但在同一桩基础中不宜同时采用柱桩和摩擦桩，同时也不宜采用不同材料、不同直径和长度相差过大的桩，以避免桩基产生不均匀沉降或丧失稳定性。

当采用柱桩时，除桩端支承在基岩上（即柱桩）外，如覆盖层较薄，或水平荷载较大，还需将桩端嵌入基岩中一定深度成为嵌岩桩，以增加桩基的稳定性和承载能力。为保证嵌岩桩在水平荷载作用下的稳定性，嵌入基岩的深度应根据桩嵌固处的内力及桩周岩石强度确定，应分别考虑弯矩和轴力要求，由要求较高的方面来控制设计深度，如图3-16所示。

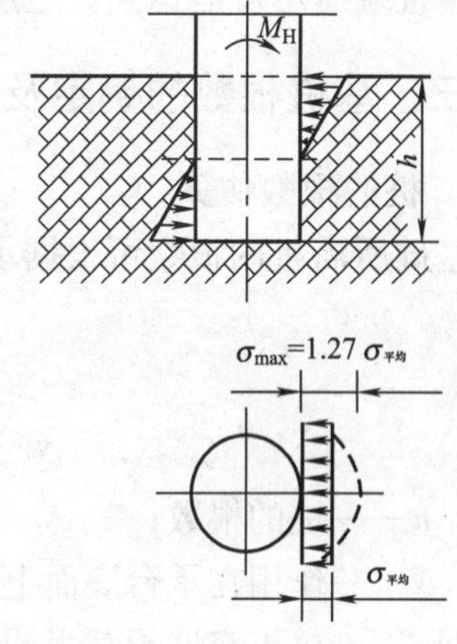

图3-16　嵌入岩层最小深度

3. 桩型与成桩工艺

应根据结构类型、荷载性质、桩的使用功能、桩端持力层土类、地下水位、施工设备、施工环境、施工经验、桩的材料供应条件等，选择经济、合理、安全适用的桩型和成桩工艺。各行业的相关规范中都附有成桩工艺适用性的表格，供选择时参考。

二、桩径、桩长的拟定

桩径与桩长的设计，应综合考虑荷载的大小、土层性质与桩周土阻力状况、桩基类型与结构特点、桩的长径比以及施工设备与技术条件等因素后确定，力争做到既满足使用要求，又使造价经济，最有效地利用和发挥地基土和桩身材料的承载性能。

设计时，首先拟定尺寸，然后通过基桩计算和验算，分析所拟定的尺寸是否经济合理，再行最后确定。

1. 桩径的拟定

桩的类型选定后，桩的横截面（桩径）可根据各类桩的特点与常用尺寸选择确定。

2. 桩长的拟定

确定桩长的关键在于选择桩端持力层，因为桩端持力层对桩的承载力和沉降有着重要影响。设计时，可先根据地质条件选择适宜的桩端持力层，初步确定桩长，并应考虑施工的可行性（如钻孔灌注桩钻机钻进的最大深度等）。

一般都希望把桩端置于岩层或坚硬的土层上，以得到较大的承载力和较小的沉降量。如在施工条件容许的深度内没有坚硬土层存在，应尽可能选择压缩性较低、强度较高的土层作为持力层，要避免使桩端坐落在软土层上或离软弱下卧层的距离太近，以免桩基础发生过大的沉降。

对于摩擦桩，有时桩端持力层可能有多种选择，此时桩长与桩数两者相互牵连，遇此情况，可通过试算比较，选择较合理的桩长。摩擦桩的桩长不应拟定得太短，一般不应小于4m。因为桩长过短达不到设置桩基把荷载传递到深层或减小基础下沉量的目的，且必然使桩数增加很多，扩大了承台尺寸，也影响施工的进度。此外，为保证发挥摩擦桩桩端土层支承力，桩端应尽可能达到该土层的桩端阻力的临界深度。

三、基桩根数的确定及桩的平面布置

1. 桩的根数估算

基础所需桩的根数可根据承台底面上的竖向荷载和单桩容许承载力按式（3-30）估算：

$$n = \mu \frac{N}{[P]} \tag{3-30}$$

式中 n——桩的根数；

N——作用在承台底面上的竖向荷载（kN）；

$[P]$——单桩容许承载力或单桩承载力设计值（kN）；

μ——考虑偏心荷载时各桩受力不均而适当增加桩数的经验系数，可取$\mu = 1.1 \sim 1.2$。

估算的桩数是否合适，在验算各桩的受力状况后即可确定。

桩数的确定还须考虑满足桩基础水平承载力要求的问题。若有水平静载试验资料，可用各单桩水平承载力之和作为桩基础的水平承载力（为偏安全考虑），来校核按式（3-30）估算的桩数。但一般情况下，桩基水平承载力是由基桩的材料强度所控制，可通过对基桩的结构强度设计（如钢筋混凝土桩的配筋设计与截面强度验算）来满足，所以桩数仍按式（3-30）来估算。

此外，桩数的确定与承台尺寸、桩长及桩的间距相关联，确定时应综合考虑。

2. 桩间距的确定

为了避免桩基础施工可能引起土的松弛效应和挤土效应对相邻基桩的不利影响，以及群桩效应对基桩承载力的不利影响，布设桩时，应该根据土类与成桩工艺以及排列确定桩的最小中心距。一般情况下，穿越饱和软土的挤土桩，要求桩中心距最大，部分挤土桩或穿越非饱和土的挤土桩次之，非挤土桩最小。对于大面积的群桩，桩的最小中心距宜适当加大。对于桩的排数为1~2排、桩数小于9根的其他情况摩擦型桩基，桩的最小中心距可适当减小。

摩擦桩的群桩中心距，从受力角度考虑最好是使各桩端平面处压力分布范围不相重叠，以充分发挥其承载能力。根据这一要求，经试验测定，中心距定为$6d$。但桩距如采用$6d$就需要很大面积的承台，因此一般采用的群桩中心距均小于$6d$。为了使桩端平面处相邻桩作用于土的压应力重叠不至太多，不致因土体挤密而使桩挤不下去，根据经验规定打入桩的桩端平面处的中心距不小于$3d$。振动下沉桩，因土的挤压更为显著，规定在桩端平面处中心距不小于$4d$（d为桩的直径或边长）。

3. 桩的平面布置

桩数确定后，可根据桩基受力情况选用单排桩或多排桩桩基。多排桩的排列形式常采用行列式（图3-17a）和梅花式（图3-17b），在相同的承台底面积下，后者可排列较多的基桩，而前者有利于施工。

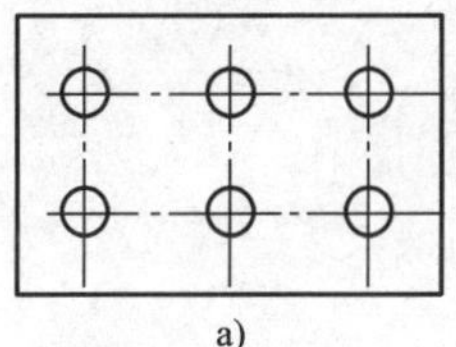

a)

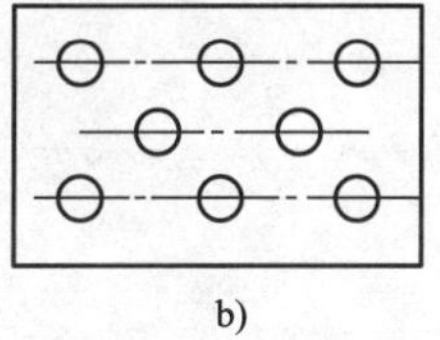

b)

图3-17　群桩的平面布置

a）行列式布置　b）梅花式布置

桩基础中桩的平面布置，除应满足前述的最小桩距等构造要求外，还应考虑基桩布置对桩基受力有利。为使各桩受力均匀，充分发挥每根桩的承载能力，设计布置时，应尽可能使群桩横截面的重心与荷载合力作用点重合或接近，通常桥墩桩基础中的基桩采取对称布置，而桥台多排桩桩基础视受力情况在纵桥向采用非对称布置。

当作用于桩基的弯矩较大时，宜尽量将桩布置在离承台形心较远处，采用外密内疏的布置方式，以增大基桩对承台形心或合力作用点的惯性矩，提高桩基的抗弯能力。

此外，基桩布置还应考虑使承台受力较为有利，例如桩柱式墩台应尽量使墩柱轴线与基桩轴线重合，盖梁式承台的桩柱布置应使承台发生的正负弯矩接近或相等，以减小承台所承受的弯曲应力。

习　题

3-1　水平荷载作用下，桩侧土抗力如何分析计算？

3-2　群桩基础的承载力是否等于各单桩承载力之和？分析其原因。

3-3　某桥台为单排钻孔灌注桩基础，承台及桩基尺寸如图3-18所示。以荷载组合Ⅰ控制桩基设计。纵桥向作用于承台底面中心处的设计荷载为：$N=3200\text{kN}$，$H=660\text{kN}$，$M=310\text{kN}\cdot\text{m}$。桥台无冲刷。地基土为砂土，土的内摩擦角为$\varphi=35°$；土的重度为$\gamma=18\text{kN/m}^3$；极限摩阻力$\tau=45\text{kN/m}^2$，地基系数的比例系数$m=8000\text{kN/m}^4$；桩端土基本容许承载力$[\sigma_0]=240\text{kN/m}^2$；其他计算参数分别为$\lambda=0.7$，$m_0=0.6$，$k_2=4.0$。请确定桩长并进行配筋。

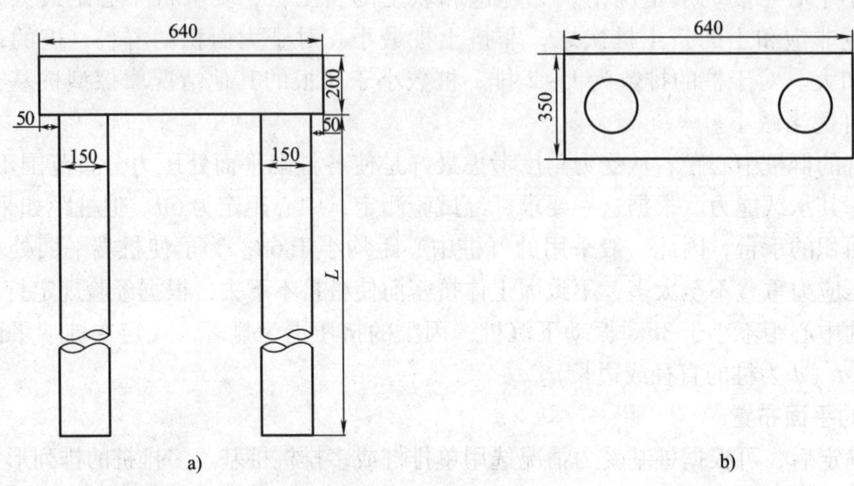

图3-18　习题3-3桥梁桩基（单位：cm）

a）纵桥向立面图　b）承台平面图

项目四　沉井基础与地下连续墙

知识目标

掌握：沉井基础的形式和适用范围；各类型沉井基础的特点；旱地沉井和水中沉井施工步骤，沉井施工中的问题及处理措施；地下连续墙的概念、特点和作用。

理解：沉井基础施工验算的内容。

了解：沉井基础施工计算的原理；地下连续墙的类型和接头构造；地下连续墙的施工方法和过程。

能力目标

具有对沉井施工和地下连续墙施工过程进行质量控制的能力。

具有进行沉井基础设计验算的能力。

具有针对施工中出现的问题及时处理的能力。

情境导入

随着桥梁向大跨、轻型、高强、整体的方向发展，桥梁基础结构形式正出现日新月异的变化。许多大型桥梁都需要修建深基础。深基础的种类很多，除桩基外，墩基、沉井、沉箱和地下连续墙都属于深基础。本项目主要介绍沉井基础和地下连续墙。

掌握沉井基础的构造及施工要点，了解沉井设计相关内容，掌握地下连续墙的类型和接头构造，熟悉地下连续墙施工方法和过程，结合我国实际情况和桥梁具体工程进行认真分析、研究，能利用所学知识来解决工程实际问题，才能保证我国桥梁深基础的技术水平持续发展。

知识一　沉井的概念、类型及适用条件

引导问题

1. 什么是沉井基础？它有哪些类型？
2. 沉井基础主要用在什么样的工程中？
3. 沉井基础的结构形式有哪些？

一、沉井的概念和适用条件

沉井是一种带刃脚的井筒状构造物。它是以井内挖土，依靠自身重力克服井壁摩阻力下沉到设计标高，然后经过混凝土封底并填塞井孔，使其成为桥梁墩台或其他结构物的一种深

基础形式，如图4-1所示。

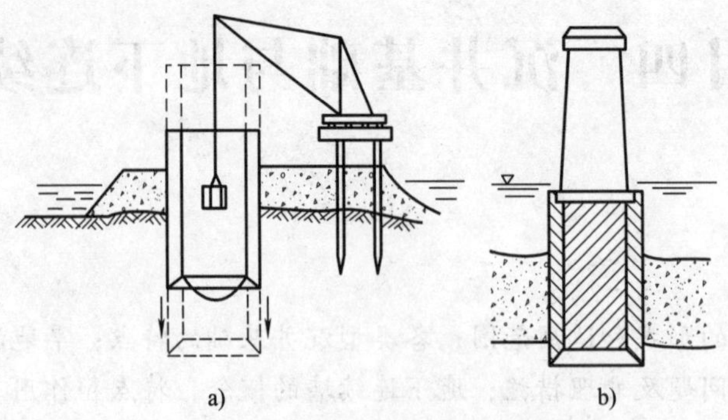

图4-1　沉井基础示意图

a）沉井下沉　b）沉井基础

沉井作为深基础的一种，其特点是埋置深度较大（如日本采用壁外喷射高压空气施工，井深超过200m），整体性强，稳定性好，有较大的承载面积，能承受较大的竖向荷载和水平荷载；沉井既是基础，又是施工时的挡土和挡水围堰结构物，施工工艺并不复杂，因此在深基础或地下结构中应用较为广泛，如桥梁墩台基础、地下泵房、水池、油库、矿用竖井、大型设备基础、高层和超高层建筑物基础等。但沉井施工期较长；对粉、细砂类土在井内抽水易发生流砂现象，造成沉井倾斜；沉井下沉过程中遇到大孤石、树干或井底岩层表面倾斜过大，均会给施工带来一定困难。

根据经济合理、施工上可行的原则，一般在下列情况下，可以采用沉井基础：

1）上部荷载较大，而表层地基土的容许承载力不足，做扩大基础开挖工作量大、支撑困难，但在一定深度下有好的持力层，采用沉井基础与其他深基础相比较，经济上较为合理时。

2）在山区河流中，虽然土质较好，但冲刷大，或河中有较大卵石不便桩基础施工时。

3）岩层表面较平坦且覆盖层薄，但河水较深，采用扩大基础施工围堰有困难时。

二、沉井的类型

1. 按沉井平面形状分类

常用的沉井平面形状有圆形、圆端形和矩形等。根据井孔的布置方式，又有单孔、双孔及多孔沉井，如图4-2所示。

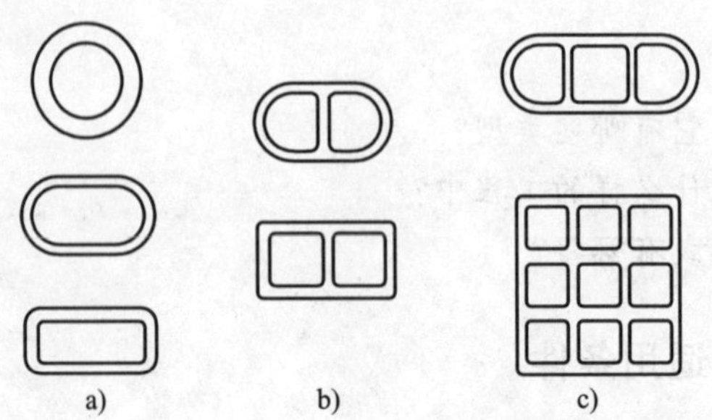

图4-2　沉井的平面形状

a）单孔沉井　b）双孔沉井　c）多孔沉井

圆形沉井在下沉过程中易于控制方向；当采用抓泥斗挖土时，比其他沉井更能保证其刃脚均匀地支承在土层上，在侧压力作用下，井壁仅受轴向应力作用，即使侧压力分布不均匀，弯曲应力也不大，能充分利用混凝土抗压强度大的特点，多用于斜交桥或水流方向不定的桥墩基础。

矩形沉井具有制造简单、基础受力有利的优点，能较好地配合墩台（或其他结构物）底部平面形状。四角一般做成圆角，可有效改善转角处的受力条件，减缓应力集中现象，以降低井壁摩阻力和避免取土清孔的困难。矩形沉井在侧压力作用下，井壁受较大的挠曲力矩；在流水中阻水系数较大，冲刷较严重。

圆端形沉井控制下沉、受力条件、阻水冲刷均较矩形沉井有利，但沉井制造较复杂。对平面尺寸较大的沉井，可在沉井中设置隔墙，使沉井由单孔变成双孔或多孔。

2. 按制造沉井的材料分类

（1）素混凝土沉井　素混凝土沉井的特点是抗压强度高，抗拉能力低，因此这种沉井宜做成圆形，并适用于下沉深度不大（4～7m）的软土层中。

（2）钢筋混凝土沉井　这种沉井的抗拉及抗压能力较好，下沉深度可以很大（达数十米以上），可做成重型或薄壁就地制造下沉的沉井，也可做成薄壁浮运沉井及钢丝网水泥沉井等，在工程中应用最广。此外，钢筋混凝土沉井井壁隔离墙可分段（块）预制，工地拼接，做成装配式。

（3）砖石沉井　这种沉井适用于较浅的小型沉井或临时性沉井。如房屋纠倾工作井，即用砖砌沉井，深度约4～5m。

（4）竹筋混凝土沉井　沉井承受拉力主要在下沉阶段，我国南方盛产竹材，因此可就地取材，采用耐久性差但抗拉能力好的竹筋代替部分钢筋，做成竹筋混凝土沉井，如南昌赣江大桥等曾用这种沉井。但在沉井分节接头处及刃脚内仍采用钢筋。

（5）钢沉井　由钢材制作，其强度高、重量轻、易于拼装，但用钢量大；适于制造空心浮运沉井。

另外，根据工程条件也可选用木沉井和砌石圬工沉井等。

3. 按沉井的立面形状分类

按沉井的立面形状分类，主要有柱形、阶梯形（图4-3）及锥形等。采用形式应视沉井需要通过的土层性质和下沉深度而定。

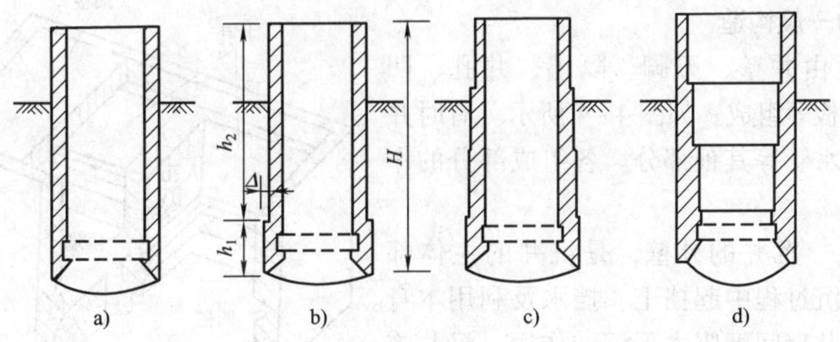

图4-3　沉井剖面示意图

a）直壁柱形　b）外壁单阶形　c）外壁多阶形　d）内壁多阶形

（1）柱形沉井　受土体约束较均衡，它在下沉过程中不易倾斜，井壁接长较简单，模板可重复使用。侧阻力较大，当土体密实、下沉深度较大时，易出现下部悬空。用于入土不深或土质较松软的情况。

（2）阶梯形沉井　台阶宽度约为100～200mm。鉴于沉井所承受的土压力与水压力均随深度而增大，为了合理利用材料，可将沉井的井壁随深度分为几段，做成阶梯形。下部井壁厚度大，上部井壁厚度小，因此，这种沉井外壁所受的摩擦阻力可以减小，有利于下沉。

（3）锥形沉井　井壁可以减少与土的摩阻力，其缺点是施工较复杂，消耗模板多，同时沉井下沉过程中容易发生倾斜。故在土质较密实、沉井下沉深度大、要求在不太增加沉井本身重量的情况下沉至设计标高，可采用这类沉井。锥形沉井井壁坡度一般为1∶20～1∶40，外壁倾斜式沉井同样可以减少下沉时井壁外侧土的阻力，但这类沉井具有下沉不稳定、制造困难等缺点，故较少使用。

4. 按施工方法分类

（1）一般沉井　指就地制造下沉的沉井，这种沉井是在基础设计的位置上制造，然后挖土，靠沉井自重下沉。如基础位置在水中，需先在水中筑岛，再在岛上筑井下沉。

（2）浮运沉井　在深水地区筑岛有困难或不经济，或有碍通航，当河流流速不大时，可采用岸边浇筑浮运就位下沉的方法，这类沉井称为浮运沉井或浮式沉井。

三、沉井基础的构造

1. 沉井的轮廓尺寸

沉井的平面形状常取决于结构物底部的形状。对于矩形沉井，为保证下沉的稳定性，沉井的长短边之比不宜大于3。若结构物的长宽较为接近，可采用方形或圆形沉井。沉井顶面尺寸为结构物底部尺寸加襟边宽度。襟边宽度不宜小于0.2m，且大于沉井全高的1/50，浮运沉井不小于0.4m，如沉井顶面需设置围堰，其襟边宽度根据围堰构造还需加大。结构物边缘应尽可能支承于井壁上或顶板支承面上，对井孔内不以混凝土填实的空心沉井不允许结构物边缘全部置于井孔位置上。沉井顶部需设置围堰时，其襟边宽度应满足安装墩台模板的需要。

沉井的入土深度须根据上部结构、水文地质条件及各土层的承载力等确定。入土深度较大的沉井应分节制造和下沉，每节高度不宜大于5m；当底节沉井在松软土层中下沉时，还不应大于沉井宽度的0.8倍；若底节沉井高度过大，沉井过重，将给制模、筑岛时岛面处理、抽除垫木下沉等带来困难。

2. 沉井的一般构造

沉井一般由井壁、刃脚、隔墙、井孔、凹槽、封底和顶板等组成，如图4-4所示。有时井壁中还预埋射水管等其他部分。各组成部分的作用如下：

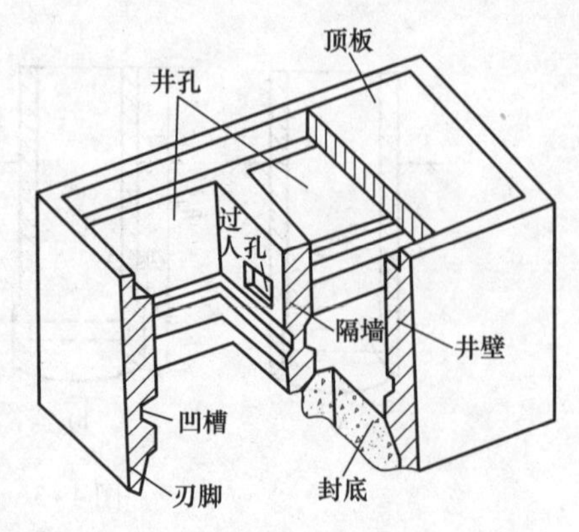

图4-4　沉井的一般构造

（1）井壁　沉井的外壁，是沉井的主体部分，在沉井下沉过程中起挡土、挡水及利用本身自重克服土与井壁间摩阻力下沉的作用。沉井施工完毕后，就成为传递上部荷载的基础或基础的一部分。因此，井壁必须具有足够的强度和一定的厚度，并根据施工过程中的受力情况配置竖向及水平钢筋。一般壁厚为0.8～1.5m。最薄不宜小于0.4m，但钢筋混凝土薄壁浮运沉井及钢模薄壁浮运沉井的壁厚不受此限。混凝土强度等级不低于C25。

对于薄壁沉井，应取用触变泥浆润滑套、壁外喷射高压空气等措施，以降低沉井下沉时的摩阻力，达到减小井壁厚度的目的。但对于这种薄壁沉井的抗浮问题，应谨慎核算，并采取适当、有效的措施。

（2）刃脚　刃脚即井壁下端形如楔状的部分，其作用是利于沉井切土下沉。刃脚底面（踏面）宽度一般为10～20cm，软土可适当放宽。若下沉深度大，土质较硬，刃脚底面应以型钢（角钢或槽钢）加强（图4-5），以防刃脚损坏。刃脚内侧斜面与水平面夹角不宜小于45°，以减小下沉阻力。刃脚高度视井壁厚度、抽除垫木难易程度而定，一般大于1.0m，混凝土强度等级不应低于C25。当沉井需要下沉至稍有倾斜的岩面上时，在掌握岩层高低差变化的情况下，可将刃脚做成与岩面倾斜度相适应的高低刃脚。

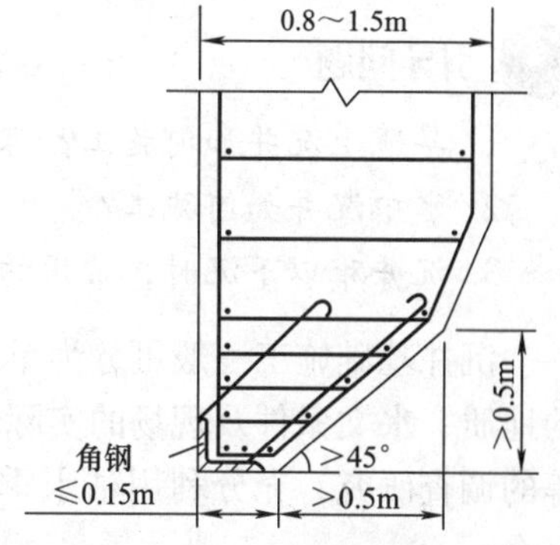

图4-5　刃脚构造

（3）隔墙　隔墙即沉井的内壁，其作用是将沉井空腔分隔成多个井孔，便于控制挖土下沉，防止或纠正倾斜和偏移，并加强沉井刚度，减小井壁挠曲应力。隔墙厚度一般小于井壁，约为0.5～1.0m。隔墙底面应高出刃脚底面0.5m以上，避免被土顶住而妨碍下沉。如为人工挖土，还应在隔墙下端设置过人孔，以便于工作人员井孔间的往来。对于薄壁浮运沉井，隔墙混凝土强度等级不低于C25。

（4）井孔　沉井内设置的内隔墙或纵横隔墙或纵横框架形成的格子空间称作井孔，井孔为挖土排土的工作场所和通道，其尺寸应满足施工要求，最小边长不宜小于2.5m，且不应大于6m。井孔应对称布置，以便对称挖土，保证沉井均匀下沉。

（5）凹槽　位于刃脚内侧上方，用于沉井封底时使井壁与封底混凝土较好地结合，使封底混凝土底面反力更好地传给井壁。凹槽底面一般距刃脚踏面2.5m左右。槽高约1.0m，接近于封底混凝土的厚度，以保证封底工作顺利进行。凹入深度c为150～250mm。

（6）射水管　当沉井下沉深度大、穿过的土质又较好、估计下沉会产生困难时，可在井壁中预埋射水管组。射水管应均匀布置，以利于控制水压和水量来调整下沉方向。水压一般不小于600kPa。当使用触变泥浆润滑套施工时，应有预埋的压射泥浆管路。

（7）封底　当沉井下沉到设计标高时，经过技术检验并对井底清理整平后，即可封底，以防止地下水渗入井内。为了使封底混凝土和底板与井壁间有更好的连接，以传递基底反力，使沉井成为空间结构受力体系，常于刃脚上方井壁内侧预留凹槽，以便在该处浇筑钢筋混凝土底板及井内结构。凹槽的高度应根据底板厚度决定，主要为传递底板反力而采取的构造措施。封底混凝土顶面应高出凹槽0.5m，以保证封底工作顺利进行。封底混凝土厚度由计算确定，但其顶面应高出刃脚根部（即刃脚斜面的顶点处）不小于0.5m。混凝土强度等级非岩石地基不应低于C25，岩石地基不应低于C20。

（8）顶板　沉井封底后，若条件允许，为节省圬工量，减轻基础自重，在井孔内可不填充任何东西，做成空心沉井基础，或仅填以砂石，此时须在井顶设置钢筋混凝土顶板，以承托上部结构的全部荷载。顶板厚度一般为1.5～2.0m，钢筋配置由计算确定。

(9) 沉井填料　沉井填料可采用混凝土、片石混凝土或浆砌片石；在无冰冻地区也可采用粗砂和砂砾填料；空心沉井应分析受力和稳定的要求。粗砂、砂砾填心沉井和空心沉井的顶面均须设置钢筋混凝土盖板，盖板厚度通过计算确定。

知识二　沉井的施工

引导问题

1. 旱地上沉井如何施工？容易出现什么样的问题？
2. 水中沉井如何施工？
3. 沉井难以下沉时，常用的处理方法有哪些？下沉太快时，如何处理？

沉井基础施工一般可分为旱地施工、水中筑岛及浮运沉井三种。施工前应详细了解场地的地质、水文条件及现场的实际情况。水中施工应做好河流汛期、河床冲刷、通航及漂流物等的调查研究，充分利用枯水季节，制订出详细的施工计划并采取必要的措施，确保施工安全。

一、旱地沉井施工

旱地沉井施工可分为就地制造、除土下沉、封底、充填井孔以及浇筑顶板等工序，如图4-6所示。沉井下沉前，应对周边的堤防、建筑物和施工设备采取有效的防护措施。

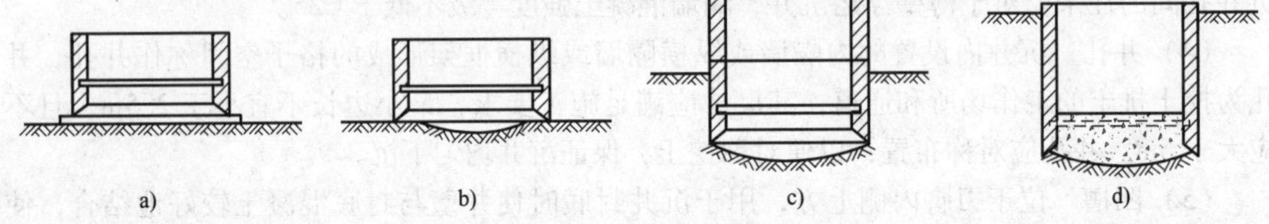

图4-6　沉井施工顺序

a）制作第一节沉井　b）抽垫木挖土下沉　c）沉井接高下沉　d）封底

1. 整平场地

要求施工场地平整干净。若天然地面土质较硬，只需将地表杂物清理干净并整平，就可在其上制造沉井。否则应换土或在基坑处铺填一不小于0.5m厚夯实的砂或砂砾垫层，防止沉井在混凝土浇筑之初因地面沉降不均产生裂缝。为减小下沉深度，也可挖一浅坑，在坑底制作沉井，但坑底应高出地下水位0.5~1.0m。

2. 制作第一节沉井

由于沉井自重较大，刃脚踏面尺寸较小，应力集中，场地土往往承受不了这样大的压力。制造沉井前，应先在刃脚处对称铺满垫木，如图4-7所示，以支承第一节沉井的重量，并按垫木定位立模板以绑扎钢筋。垫木数量可按垫木底面压力不大于100kPa计算，其布置应考虑抽垫方便。垫木一般为枕木或方木（200mm×200mm），其下垫一层厚约0.3m的砂，垫木间隙用砂填实（填到半高即可）。然后在刃脚位置处放上刃脚角钢，竖立内模，如图4-8所示，绑扎钢筋，再立外模浇筑第一节沉井。模板应有较大刚度，以免挠曲变形。当场地土质较好时也可采用土模。

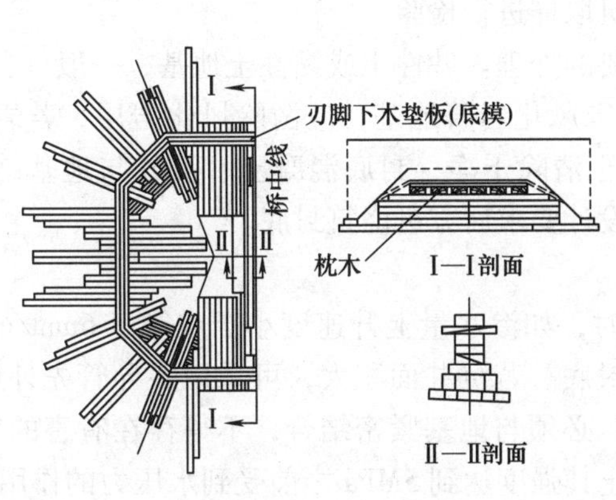

图 4-7　垫木布置实例

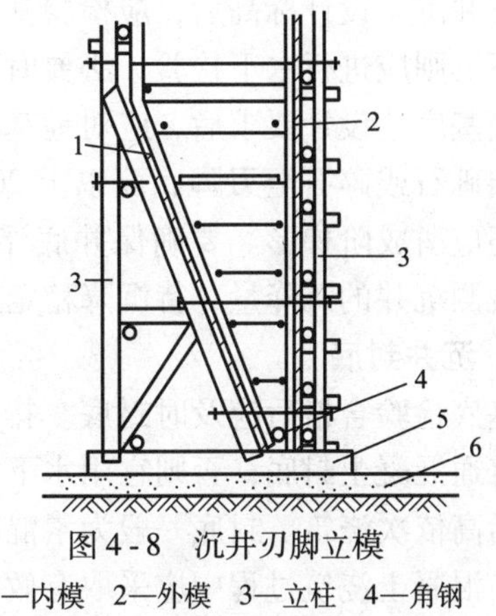

图 4-8　沉井刃脚立模

1—内模　2—外模　3—立柱　4—角钢　5—垫木　6—砂垫层

3. 拆模及抽垫

当沉井混凝土强度达设计强度的70%时可拆除模板，达到设计强度后方可抽撤垫木。垫木应分区、依次、对称、同步地向沉井外抽出。其顺序为：先隔墙下，再短边，最后长边。长边下垫木应隔一根抽一根，以固定垫木为中心，由远而近对称地抽，最后抽除固定垫木，并随抽随用砂土回填捣实，以免沉井开裂、移动或偏斜。

4. 沉井挖土下沉

沉井下沉施工可分为排水下沉和不排水下沉两种方法。当沉井穿过的土层较稳定，不会因排水而产生大量流砂时，可采用排水下沉。土的挖除可采用人工挖土或机械除土，排水下沉常用人工挖土，它适用于土层渗水量不大且排水时不会产生涌土或流砂的情况；人工挖土可使沉井均匀下沉，便于清除井下障碍物，但应采取措施保证施工安全。排水下沉时，有时也用机械除土。

不排水下沉一般都采用机械除土，挖土工具可以是抓土斗或水力吸泥机，如土质较硬，水力吸泥机需配以水枪射水将土冲松。由于吸泥机是将水和土一起吸出井外，故需经常向井内加水维持井内水位高出井外水位1~2m，以免发生涌土或流砂现象。

沉井正常下沉时，应自中间向刃脚处均匀对称除土，排水下沉时应严格控制设计支承点土的排除，并随时注意沉井正位，保持竖直下沉，无特殊情况不宜采用爆破施工。沉井下沉过程中，应监测沉井的垂直度和下沉速度，采用信息化施工技术。

5. 接高沉井

当第一节沉井下沉至一定深度（井顶露出地面不小于0.5m，或露出水面不小于1.5m）时，停止挖土，接筑下节沉井。接筑前刃脚不得掏空，并应尽量纠正上节沉井的倾斜，凿毛顶面，立模，然后对称均匀浇筑混凝土，待强度达到设计要求后再拆模，继续下沉。接高沉井的轴线与第一节沉井的轴线应一致。

6. 设置井顶防水围堰

若沉井顶面低于地面或水面，应在井顶接筑临时性防水围堰。围堰的平面尺寸略小于沉井，其下端与井顶上预埋锚杆相连。井顶防水围堰应因地制宜，合理选用，常见的有土围堰、砖围堰和钢板桩围堰。若水深流急，围堰高度大于5.0m时，宜采用钢板桩围堰。

7. 基底检验和处理

沉井沉至设计标高后，应检验基底地质情况是否与设计相符。排水下沉可直接检验；不排水下沉则应进行水下检验，必要时可用钻机取样进行检验。

当基底达设计要求后，应对地基进行必要的处理。砂性土或黏性土地基，一般可在井底铺一层砾石或碎石至刃脚底面以上200mm。未风化岩石地基，应凿除风化岩层，若岩层倾斜，还应凿成阶梯形。要确保井底浮土、软土清除干净，封底混凝土、沉井与地基结合紧密。观测沉井的沉降量，待沉降稳定且满足设计要求后方可浇筑封底。

8. 沉井封底

基底检验合格后应及时封底。排水下沉时，如渗水量上升速度小于或等于6mm/min可采用普通混凝土封底；否则宜用水下混凝土封底。若沉井面积大，可采用多导管先外后内、先低后高依次浇筑。封底一般为素混凝土，但必须与地基紧密结合，不得存在有害的夹层、夹缝。混凝土浇筑过程中应采取有效措施防止其强度达到5MPa之前受到水压力的作用。

9. 井孔填充和顶板浇筑

封底混凝土达设计强度后，再排干井孔中的水，填充井内圬工。如井孔中不填料或仅填砾石，则井顶应浇筑钢筋混凝土顶板，以支承上部结构，且应保持无水施工。然后砌筑井上构筑物，并随后拆除临时性的井顶围堰。

二、水中沉井施工

当沉井下沉施工处于水中时，可以采用筑岛法和浮运法，一般根据水深、流速、施工设备和施工技术等条件选用。

1. 水中筑岛

当水深小于3m，流速小于或等于1.5m/s时，可采用砂或砾石在水中筑岛，周围用草袋围护，如图4-9a所示；若水深或流速加大，可采用围堤防护筑岛，岛面应比沉井周围宽出1.5m以上，作为护道，并应高出施工最高水位0.5m以上，如图4-9b所示；当水深较大（通常小于15m）或流速较大时，宜采用钢板桩围堰筑岛，如图4-9c所示。岛面应高出最高施工水位0.5m以上，砂岛地基强度应符合要求，围堰筑岛时，考虑沉井重力对围堰产生的侧向压力影响，围堰距井壁外缘距离（即护道宽度）$b \geqslant H\tan(45^{\circ}-\varphi/2)$，且$b \geqslant 2\text{m}$，其中$H$为筑岛高度，$\varphi$为砂土在水中的内摩擦角。其余施工方法与旱地沉井施工相同。

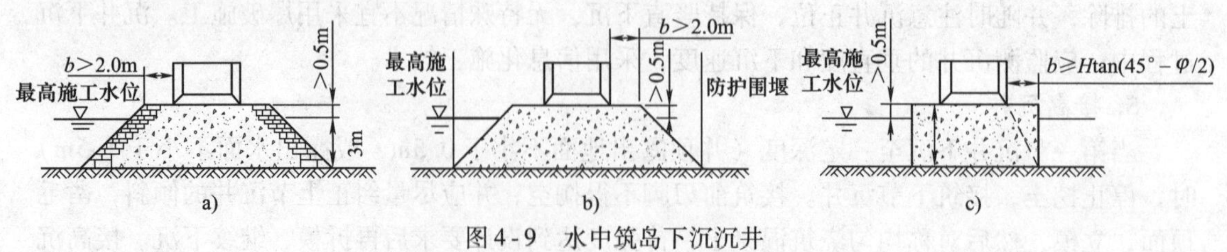

图4-9　水中筑岛下沉沉井

a）无围堰防护土岛　b）有围堰防护土岛　c）围堰筑岛

2. 浮运沉井

水深较大，如超过10m时，筑岛法很不经济，且施工也困难，可改用浮运法施工。

采用浮运法时，沉井在岸边制成，利用在岸边铺成的滑道滑入水中，然后用绳索引到设计墩位，如图4-10所示。沉井井壁可做成空体形式或采用其他措施（如带木底或装上钢气筒）使沉井浮于水上，也可以在船坞内制成，用浮船定位和吊放下沉或利用潮汐、水位上涨浮起，再浮运至设计位置。沉井就位后，用水或混凝土灌入空体，徐徐下沉直至河底。或依靠在悬浮状态下逐节接长沉井及填充混凝土使它逐步下沉，这时每个步骤均需保证沉井本身足够的稳定性。沉井刃脚切入河床一定深度后，即可按一般沉井下沉方法施工。

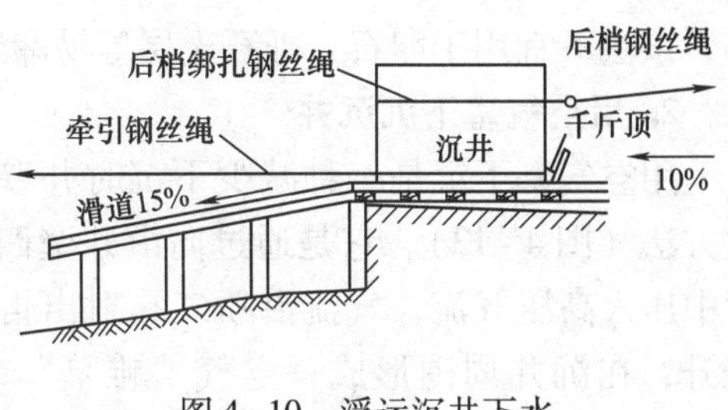

图 4-10　浮运沉井下水

三、泥浆套和空气幕下沉沉井施工

当沉井深度很大、井侧土质较好时，井壁与土层间的摩阻力很大，若采用增加井壁厚度或压重等办法受限时，通常可设置泥浆润滑套和空气幕来减小井壁摩阻力。

1. 用泥浆套下沉沉井

泥浆套下沉法是借助泥浆泵和输送管道将特制的泥浆压入沉井外壁与土层之间，在沉井外围形成有一定厚度的泥浆层，该泥浆层把土与井壁隔开，并起润滑作用，从而大大降低沉井下沉中的摩擦阻力（可降低至 3 ~ 5kPa，一般黏性土约为 25 ~ 50kPa），减少井壁圬工数量，加速沉井下沉，并具有良好的稳定性。

泥浆通常由膨润土、水和碳酸钠分散剂配置而成，具有良好的固壁性、触变性和胶体稳定性。泥浆润滑套的构造主要包括射口挡板、地表围圈及压浆管。

射口挡板可用角钢或钢板弯制，置于每个泥浆射出口处，固定在井壁台阶上，如图 4-11 所示，其作用是防止压浆管射出的泥浆直冲土壁，避免土壁局部坍落堵塞射浆口。

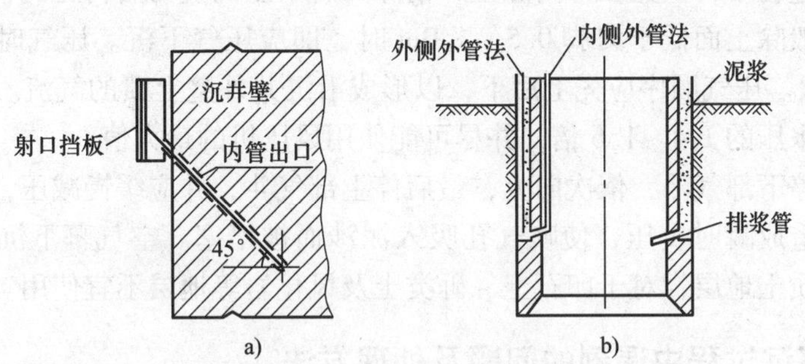

图 4-11　射口挡板与压浆管构造
a）射口挡板　b）外管法压浆管构造

地表围圈用木板或钢板制成，埋设在沉井周围。其作用是防止沉井下沉时土壁坍落，为沉井下沉过程中新造成的空隙补充泥浆，以及调整各压浆管出浆的不均衡。其宽度与沉井台阶相同，高约 1.5 ~ 2.0m，顶面高出地面或岛面 0.5m，圈顶面宜加盖。

压浆管可分为内管法（厚壁沉井）和外管法（薄壁沉井）两种，通常用 $\phi38 \sim \phi50$mm 的钢管制成，沿井周边每 3 ~ 4m 布置一根。

沉井下沉过程中要勤补浆，勤观测，发现倾斜、漏浆等问题要及时纠正。若基底为一般土质，易出现边清基边下沉现象，此时应压入水泥砂浆以置换泥浆，增大井壁摩阻力。此外，该法不宜用于卵石、砾石土层等易漏浆的土层。

2. 用空气幕下沉沉井

用空气幕下沉是一种减少下沉时井壁摩阻力的有效方法（图4-12）。它是通过向沿井壁四周预埋的气管中压入高压气流，气流沿喷气孔射出再沿沉井外壁上升，在沉井周围形成一空气“帷幕”（即“空气幕”），使井壁周围土松动，减小摩阻力，促使沉井下沉。

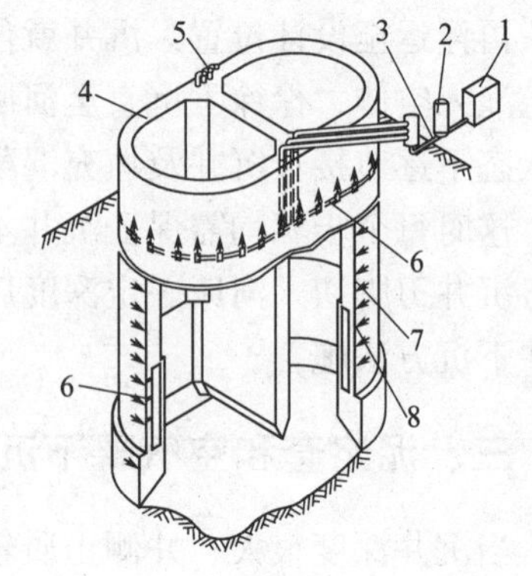

图4-12　空气幕沉井压气系统构造

1—空气压缩机　2—贮气筒　3—输气管路　4—沉井　5—竖管　6—水平喷气管　7—气斗　8—喷气孔

如图4-12所示，空气幕沉井在构造上增加了一套压气系统，该系统由气斗、井壁中的气管、空气压缩机、贮气筒以及输气管路等组成。

气斗是沉井外壁上凹槽及槽中的喷气孔，凹槽的作用是保护喷气孔，使喷出的高压气流有一扩散空间，然后较均匀地沿井壁上升，形成气幕。气斗应布设简单、不易堵塞、便于喷气，目前多用棱锥形（150mm×50mm），其数量根据每个气斗所作用的有效面积确定。喷气孔直径1mm，可按等距离分布，上下交错排列布置。

气管有水平管和竖管两种，可采用内径25mm的硬质聚氯乙烯管。水平管连接各层气斗，每1/4或1/2周设一根，以便纠偏；每根竖管连接两根水平管，并伸出井顶。

由空气压缩机输出的压缩空气应先输入贮气筒，再由地面输气管送至沉井，以防止压气时压力骤然降低而影响压气效果。

在整个下沉过程中，应先在井内除土，消除刃脚下土的抗力后再压气，但也不得过分除土而不压气，一般除土面低于刃脚0.5~1.0m时，即应压气下沉。压气时间不宜过长，一般不超过5min/次。压气顺序应先上后下，以形成沿沉井外壁上喷的气流。气压不应小于喷气孔最深处理论水压的1.4~1.6倍，并尽可能使用风压机的最大值。

停气时应先停下部气斗，依次向上，最后停上部气斗，并应缓慢减压，不得将高压空气突然停止，防止造成瞬时负压，使喷气孔吸入泥沙而被堵塞。空气幕下沉沉井适用于砂类土、粉质土及黏质土地层，对于卵石土、砾类土及风化岩等地层不宜使用。

四、沉井下沉过程中遇到的问题及处理方法

1. 偏斜

沉井偏斜大多发生在下沉不深时。导致偏斜的主要原因有：①土岛表面松软，或制作场地、河底高低不平，软硬不均；②刃脚制作质量差，井壁与刃脚中线不重合；③抽垫木方法欠妥，回填不及时；④除土不均匀对称，下沉时有突沉和停沉现象；⑤刃脚遇障碍物顶住而未及时发现，排土堆放不合理，或单侧受水流冲击淘空等导致沉井受力不对称。

纠正偏斜，通常可用除土、压重、顶部施加水平力或刃脚下支垫等方法处理，空气幕沉井也可采用单侧压气纠偏。若沉井倾斜，可在高侧集中除土，加重物，或用高压射水冲松土层，低侧回填砂石，必要时在井顶施加水平力扶正。若中心偏移则先除土，使井底中心向设计中心倾斜，然后在对侧除土，使沉井恢复竖直，如此反复至沉井逐步移近设计中心。当刃

脚遇障碍物时，须先清除再下沉。如遇树根、大孤石或钢料铁件，排水施工时可人工排除，必要时用少量炸药（少于200g）炸碎。不排水施工时，可由潜水工水下切割或爆破。

2. 难沉

难沉即沉井下沉过慢或停沉。导致难沉的主要原因是：①开挖面深度不够，正面阻力大；②偏斜，或刃脚下遇到障碍物或坚硬岩层和土层；③井壁摩阻力大于沉井自重；④井壁无减阻措施，或泥浆套、空气幕等遭到破坏。解决难沉的措施主要是增加压重和减小井壁摩阻力。

增加压重的方法有：①提前接筑下节沉井，增加沉井自重；②在井顶加压沙袋、钢轨等重物迫使沉井下沉；③不排水下沉时，可井内抽水，减小浮力，迫使下沉，但需保证土体不产生流砂现象。

减小井壁摩阻力的方法有：①将沉井设计成阶梯形、钟形，或使外壁光滑；②井壁内埋设高压射水管组，射水辅助下沉；③利用泥浆套或空气幕辅助下沉；④增大开挖范围和深度，必要时还可采用0.1~0.2kg炸药起爆助沉，但同一沉井每次只能起爆一次，且需适当控制炮振次数。

3. 突沉

在软土地基上进行沉井施工时，常发生沉井突然大幅度下沉的现象。这种突沉容易使沉井发生偏斜或超沉。引起突沉的主要原因是沉井井筒外壁土的摩阻力较小，在井内排水过多或刃脚附近挖土太深甚至挖除，沉井支承削弱。

防止突沉的措施：在设计沉井时增大刃脚踏面宽度，并使刃脚斜面的水平倾角不大于60°，必要时增设底梁以提高刃脚阻力。在软土地基上进行沉井施工时，控制井内排水，均匀挖土，控制刃脚附近挖土深度，刃脚下土不挖除，让刃脚切土下滑。

4. 流砂

在粉、细砂层中下沉沉井，经常出现流砂现象，若不采取适当措施将造成沉井严重倾斜。产生流砂的主要原因是土中动水压力的水力梯度大于临界值。故防止流砂的措施是：①排水下沉时发生流砂可向井内灌水，采取不排水除土，减小水力梯度；②采用井点，或深井和深井泵降水，降低井外水位，减小水力梯度使土层稳定，防止流砂发生。

*任务一　沉井施工过程中的结构强度验算

引导问题

1. 沉井刚刚挖土下沉时，最容易破坏的地方是哪里？
2. 正在挖土下沉的沉井基础，什么地方最容易破坏？

沉井受力随整个施工及运营过程的不同而不同。因此在井体各部分设计时，必须了解和确定它们各自的最不利受力状态，拟定出相应的计算图式，然后计算截面应力，进行必要的配筋，以保证井体结构在施工各阶段的强度和稳定。沉井结构在施工过程中主要需进行下列验算。

一、沉井自重下沉验算

为了使沉井能在自重下顺利下沉，沉井重力（不排水下沉者应扣除浮力）应大于土对

井壁的摩阻力，将两者之比称为下沉系数，要求

$$K = \frac{Q}{T} > 1 \tag{4-1}$$

式中　K——下沉系数，应根据土质类别及施工条件取大于 1 的数值，一般为 1.15 ~1.25；

Q——沉井自重；

T——土对井壁的总摩阻力，$T = \sum q_{ik} h_i u_i$，其中 h_i、u_i 分别为沉井穿过第 i 层土的厚度和该段沉井的周长，q_{ik} 为第 i 层土作用于井壁单位面积的摩阻力标准值。

当不能满足式（4-1）的要求时，可选择下列措施直至满足要求：加大井壁厚度或调整取土井尺寸；如为不排水下沉者，则下沉到一定深度后可采用排水下沉；增加附加荷载或射水助沉；采取泥浆润滑套或壁后压气法等措施。

二、第一节（底节）沉井竖向挠曲验算

底节沉井在抽垫及除土下沉过程中，由于施工方法不同，刃脚下支承亦不同，沉井自重将导致井壁产生较大的竖向挠曲应力，超过钢筋混凝土抗拉强度时将产生竖向裂缝。因此应根据不同的支承情况验算井壁的强度。若挠曲应力大于沉井材料纵向抗拉强度，应增加底节沉井高度或在井壁内设置水平钢筋，防止沉井竖向开裂。其支承情况根据施工方法不同可按如下考虑（图 4-13）。

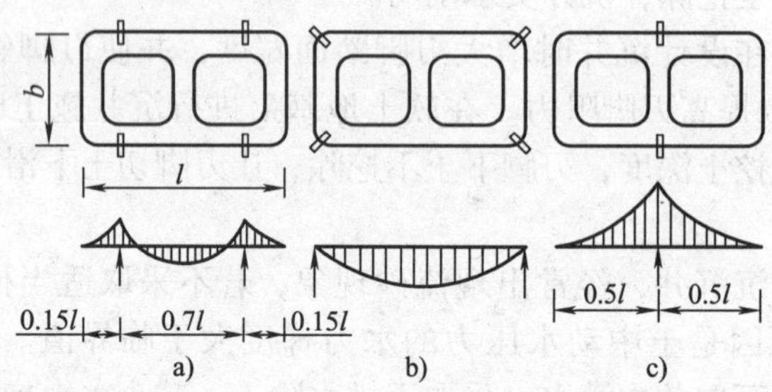

图 4-13　底节沉井支点布置及竖向挠曲应力

a）排水除土下沉　b）、c）不排水除土下沉

1. 排水除土下沉

将沉井视为支承于四个固定支点上的梁，且支点控制在最有利位置处，即支点和跨中所产生的弯矩大致相等。对矩形和圆端形沉井，若沉井长宽比大于 1.5，支点可采用长边为 0.7l 的设置方法，如图 4-13a 所示；圆形沉井的四个支点可布置在两条相互垂直的直径的端点处。

2. 不排水除土下沉

机械挖土时刃脚下支点很难控制，沉井下沉过程中可能出现最不利支承，即对矩形和圆端形沉井，因除土不均将导致沉井支承于四角（图 4-13b）成为一简支梁，跨中弯矩最大，沉井下部容易竖向开裂；也可能因孤石等障碍物使沉井支承于壁中（图 4-13c）形成悬臂梁，支点处沉井顶部容易产生竖向开裂；圆形沉井则可能出现支承于直径上的两个支点。沉井长边的跨中或跨边支承两种情况，均应对跨中附近最小截面上、下缘进行抗弯拉和抗裂验算。

若底节沉井隔墙跨度较大，还需验算隔墙的抗拉强度。其最不利受力情况是下部土已挖空，上节沉井刚浇筑而未凝固，此时隔墙成为两端支承在井壁上的梁，承受两节沉井隔墙和模板等重量。若底节隔墙强度不够，可布置水平钢筋，或在隔墙下夯填粗砂以承受荷载。

三、沉井刃脚受力计算

沉井在下沉过程中，刃脚受力较为复杂，刃脚切入土中时受到井底内侧土体向外产生的弯曲应力，挖空刃脚下的土时，刃脚又受到外部土、水压力作用而向内弯曲。从结构上来分析，可认为刃脚把一部分力通过本身作为悬臂梁传到刃脚根部，另一部分由本身作为一个水平的闭合框架作用所负担，因此，可以把刃脚看成在平面上是一个水平闭合框架，在竖向是一个固定在井壁上的悬臂梁。

外力经上述分配后，即可将刃脚受力情况分别按竖、横两个方向计算。此处重点介绍刃脚竖向受力情况。

刃脚竖向受力分析一般可取单位宽度井壁来分析，将刃脚视为固定在井壁上的悬臂梁，分别按刃脚向内和向外挠曲两种最不利情况分析。

1. 刃脚向外挠曲的内力计算

一般认为，当沉井下沉过程中刃脚内侧切入土中深约1.0m，同时接筑完上节沉井，且沉井上部露出地面或水面约一节沉井高度时处于最不利位置。此时，沉井因自重将导致刃脚斜面土体抵抗刃脚而向外挠曲。如图4-14所示，作用在刃脚高度范围内的外力有：

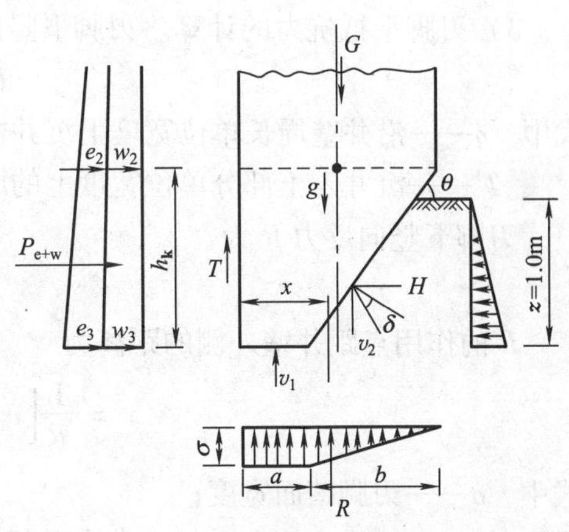

图4-14　刃脚向外挠曲受力分析

1）作用于刃脚外侧的土、水压力合力 P_{e+w}：

$$P_{e+w} = \frac{1}{2}(p_{e_2+w_2} + p_{e_3+w_3})h_k \tag{4-2}$$

式中　$p_{e_2+w_2}$——作用在刃脚根部处的土、水压力强度之和；

$p_{e_3+w_3}$——刃脚底面处土、水压力强度之和；

h_k——刃脚高度。

土、水压力合力的作用点位置（离刃脚根部距离 t）为

$$t = \frac{h_k}{3} \cdot \frac{2p_{e_3+w_3} + p_{e_2+w_2}}{p_{e_3+w_3} + p_{e_2+w_2}} \tag{4-3}$$

地面下深度 h_i 处刃脚承受的土压力 e_i 可按朗肯主动土压力公式计算，即

$$e_i = \overline{\gamma}_i h_i \tan^2\left(45° - \frac{\varphi_i}{2}\right) \tag{4-4}$$

式中　$\overline{\gamma}_i$——深度 h_i 范围内土的平均重度，在水位以下应考虑浮力；

φ_i——计算点所在土层的内摩擦角；

h_i——计算位置至地面的距离。

水压力计算可采用 $w_i = \gamma_w h_{w_i}$，其中 γ_w 为水的重度，h_{w_i} 为计算位置至水面的距离。

水压力应根据施工情况和土质条件计算，为安全起见，《公路桥涵地基与基础设计规范》（JTG D63—2007）规定式（4-4）计算所得刃脚外侧土、水压力合力不得大于静水压力的70%，否则按静水压力的70%计算。

2）作用在刃脚外侧单位宽度上的摩阻力 T 可按式（4-5）计算，并取其较小者：

$$T = q_k h_k \text{ 或 } T = 0.5E \tag{4-5}$$

式中 q_k——土与井壁间单位面积上的摩阻力；

h_k——刃脚高度；

E——刃脚外侧总的主动土压力，即 $E = \frac{1}{2}h_k(e_3 + e_2)$；$e_2$为作用在刃脚根部以上、高度 h_k截面处土压力强度；e_3为作用在刃脚根部截面处土压力强度。

3）刃脚下抵抗力的计算。刃脚下竖向反力 R（取单位宽度）可按式（4-6）计算：

$$R = q - T' \tag{4-6}$$

式中 q——沿井壁周长单位宽度上沉井的自重，在水下部分应考虑水的浮力；

T'——沉井入土部分单位宽度上的摩阻力。

刃脚下竖向反力 R 为

$$R = v_1 + v_2 \tag{4-7}$$

R 的作用点距井壁外侧的距离为

$$x = \frac{1}{R}\left[v_1 \cdot \frac{a}{2} + v_2\left(a + \frac{b}{3}\right)\right] \tag{4-8}$$

式中 a——刃脚踏面宽度；

b——刃脚内侧入土斜面在水平面上的投影长度。

若将 R 分解为作用在踏面下土的竖向反力 v_1和刃脚斜面下土的竖向反力 v_2且假定 v_1为均匀分布，其强度为 σ，v_2（最大强度为 σ）和水平反力 H 呈三角形分布（图4-14），则根据力的平衡条件可推导得各反力值为

$$v_1 = \frac{2a}{2a + b}R \tag{4-9}$$

$$v_2 = \frac{b}{2a + b}R \tag{4-10}$$

$$H = v_2\tan(\theta - \delta_2) \tag{4-11}$$

式中 θ——刃脚斜面与水平面所形成的夹角；

δ_2——土与刃脚斜面间的外摩擦角，一般定为30°，刃脚斜面上水平反力 H 作用点距离刃脚底面1/3m。

4）刃脚（单位宽度）自重计算。

$$g = \frac{\lambda + a}{2}h_k\gamma_k \tag{4-12}$$

式中 g——刃脚单位宽度自重；

λ——井壁厚度；

γ_k——钢筋混凝土刃脚的重度，不排水施工时应扣除浮力。

刃脚自重 g 的作用点至刃脚根部中心轴的距离为

$$x_1 = \frac{\lambda^2 + a\lambda - 2a^2}{6(\lambda + a)} \tag{4-13}$$

求出以上各力的数值、方向及作用点后，再算出各力对刃脚根部中心轴的弯矩总和值 M_0、竖向力 N_0及剪力 Q，其算式为

$$M_0 = M_R + M_H + M_{e+w} + M_T + M_g \tag{4-14}$$

$$N_0 = R + T + g \tag{4-15}$$

$$Q = P_{e+w} + H \tag{4-16}$$

式中　M_R、M_H、M_{e+w}、M_T、M_g分别为反力 R、横向力 H、土压力与水压力合力 P_{e+w}、刃脚底部的外侧摩阻力 T 以及刃脚自重 g 对刃脚根部中心轴的弯矩，其中作用在刃脚部分的各水平力均应按规定考虑分配系数 α 。

上述各式数值的正负号视具体情况而定。

根据 M_0、N_0及 Q 值就可验算刃脚根部应力并计算出刃脚内侧所需的竖向钢筋用量。一般刃脚钢筋截面积不宜小于刃脚根部截面积的 0.1%。刃脚的竖直钢筋应伸入根部以上 0.5L_1（L_1为支承于隔墙间的井壁最大计算跨度）。

2. 刃脚向内挠曲的内力计算

刃脚向内挠曲的最不利位置是沉井已下沉至设计标高，刃脚下土体挖空而尚未浇筑封底混凝土时（图 4-15），此时刃脚可视为根部固定在井壁上的悬臂梁，以此计算最大弯矩。

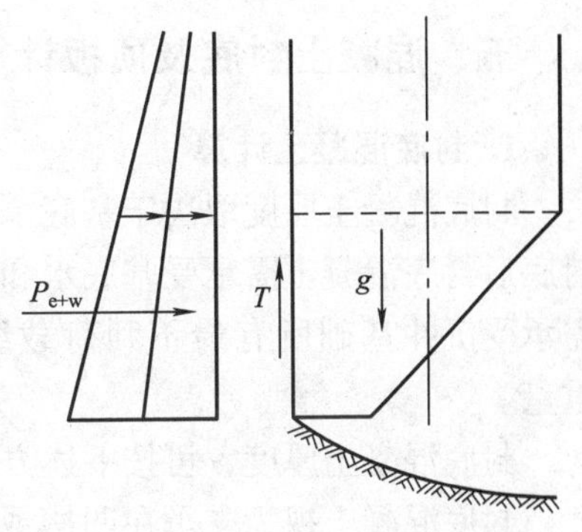

图 4-15　刃脚向内挠曲受力分析

作用在刃脚上的力有刃脚外侧的土压力、水压力、摩阻力以及刃脚本身的重力。各力的计算方法同前。但水压力计算应注意实际施工情况，为偏于安全，《公路桥涵地基与基础设计规范》（JTG D63—2007）规定一般井壁外侧水压力以 100% 计算，井内水压力取 50%；当排水下沉时，不透水土取静水压力的 70%，透水性土按 100% 计算。计算所得各水平外力同样应考虑分配系数 α。再由外力计算出对刃脚根部中心轴的弯矩、竖向力及剪力，以此求得刃脚外壁钢筋用量。其配筋构造要求与向外挠曲相同。

四、井壁受力计算

1. 井壁竖向拉应力验算

沉井下沉过程中，刃脚下的土已经被挖空，当沉井下部土层比上部土层软时，沉井上部被摩擦力较大的土体夹住，这时下部沉井呈悬挂状态。井壁就有在自重作用下被拉断的可能，因而应验算井壁的竖向拉应力。

拉应力的大小与井壁摩阻力分布有关，通常假定作用于井壁的摩阻力呈倒三角形分布，如图 4-16 所示。在地面处摩阻力最大，而刃脚底面处为零。

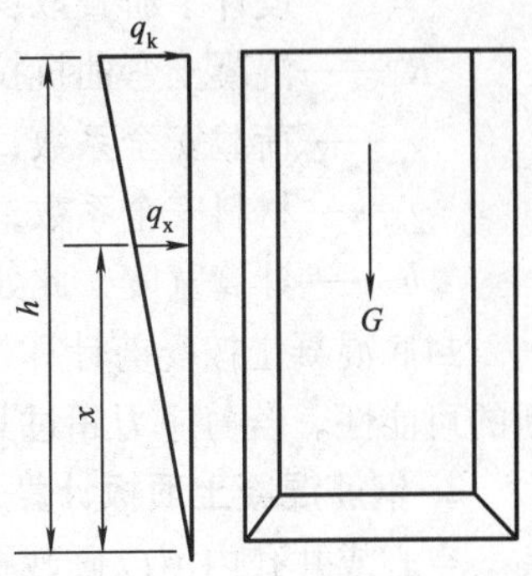

图 4-16　井壁摩阻力分析

设沉井自重为 G，h 为沉井的入土深度，q_k 为地面处井

壁上的摩阻力，q_x为距刃脚底 x 处的摩阻力。分析可得井壁最大拉力（在 $x=h/2$ 处）为

$$S_{\max}=\frac{G}{h}\cdot\frac{h}{2}-\frac{G}{h^2}\left(\frac{h}{2}\right)^2=\frac{1}{4}G \tag{4-17}$$

通常情况下（如沉井没有被障碍物等卡住），可用式（4-17）验算井壁受力是否满足要求，当井壁最大拉力超过井壁圬工材料容许值时，应布置竖向受力钢筋。每节沉井接缝处的竖向拉力验算，可假定该处的拉力全部由竖向钢筋承担，并验算钢筋锚固长度。

2. 井壁横向受力计算

当沉井沉至设计标高、刃脚下土已挖空而尚未封底时，井壁承受的土、水压力为最大，此时应按水平框架分析内力，验算井壁材料强度，其计算方法与刃脚框架计算相同。

刃脚根部以上高度等于井壁厚度的一段井壁，除承受作用于该段的土、水压力外，还承受由刃脚悬臂作用传来的水平剪力（即刃脚内挠时受到的水平外力乘以分配系数 α）。此外，还应验算每节沉井最下端处单位高度井壁作为水平框架的强度，并以此控制该节沉井的设计，但作用于井壁框架上的水平外力，仅为土压力和水压力，且不需乘以分配系数 β。

采用泥浆套下沉的沉井，若台阶以上泥浆压力（即泥浆相对密度乘泥浆高度）大于上述土、水压力之和，则井壁压力应按泥浆压力计算。

五、混凝土封底及顶板计算

1. 封底混凝土计算

封底混凝土厚度取决于基底承受的反力。作用于封底混凝土的竖向反力有两种：一种是封底后封底混凝土需承受基底水和地基土的向上反力；一种是空心沉井使用阶段封底混凝土需承受沉井基础所有最不利荷载组合引起的基底反力，若井孔内填砂或有水时可扣除其重量。

封底混凝土厚度，可按下述方法计算并控制。

封底混凝土视为支承在凹槽或隔墙底面和刃脚上的底板，按周边支承的双向板（矩形或圆端形沉井）或圆板（圆形沉井）计算：

$$h_{\mathrm{t}}=\sqrt{\frac{6\gamma_{\mathrm{si}}\gamma_{\mathrm{m}}M_{\mathrm{m}}}{bR_{\mathrm{w}}^{j}}} \tag{4-18}$$

式中 h_{t}——封底混凝土的厚度；

M_{m}——在最大均布反力作用下的最大计算弯矩，按支承条件考虑的荷载系数可由结构设计手册查取；

R_{w}^{j}——混凝土弯曲抗拉极限强度；

γ_{si}——荷载安全系数，此处 $\gamma_{si}=1.1$；

γ_{m}——材料安全系数，此处 $\gamma_{\mathrm{m}}=2.31$；

b——计算宽度，此处取单位宽度 1m。

封底混凝土按受剪计算，即计算封底混凝土承受基底反力后是否有沿井孔范围内周边剪断的可能性。若剪应力超过其抗剪强度则应加大封底混凝土的抗剪面积。

2. 钢筋混凝土顶板计算

空心或井孔内填以砾砂石的沉井，井顶必须浇筑钢筋混凝土顶板，用以支承墩台及上部结构荷载。顶板厚度一般预先拟定再进行配筋计算，计算时按承受最不利均布荷载的双向板

考虑。

当墩身全部位于井孔内时，还应验算顶板的剪应力和井壁支承压力；若墩身较大，部分支承于井壁上，则不需进行顶板的剪力验算，但需进行井壁的压应力验算。

*任务二　浮运沉井的验算

引导问题

浮运沉井在浮运途中，怎样才能不倾覆？

沉井在浮运过程中要有一定的吃水深度，使重心低而不易倾覆，保证浮运时稳定；同时还必须具有足够的露出水面高度，使沉井不因风浪等而沉没。因此，除前述计算外，还应考虑沉井在浮运过程中的受力情况，进行浮体稳定性和井壁露出水面高度等的验算。将沉井视为一悬浮于水中的浮体，计算其重心、浮心（即浮力作用点）及定倾半径，现以带临时性底板的浮运沉井为例分析稳定性验算方法。

薄壁浮运沉井在浮运过程中，如果沉井的重心高于浮心，如图 4-17a 所示，将容易发生倾覆。如果沉井的重心低于浮心，如图 4-17b 所示，该沉井在浮运过程中是稳定的。

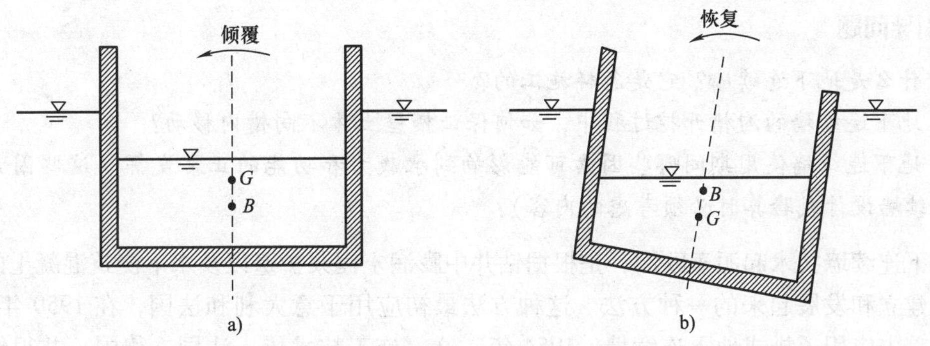

图 4-17　浮运沉井重心与浮心的关系

a）重心 G 点在浮心 B 点之上（不稳定）　b）重心 G 点在浮心 B 点之下（稳定）

受到人们心理安全的影响，当浮运沉井倾斜超过 6°时，施工人员就感觉很不安全。为此，浮运沉井在浮运过程中其倾斜角度不能超过 6°。沉井浮体稳定倾斜角可按式（4-19）计算：

$$\varphi = \arctan\frac{M}{\gamma_w V(\rho - a)} \tag{4-19}$$

式中　φ——沉井在浮运阶段的倾斜角，不应大于 6°，并应满足 $\rho - a > 0$；

M——外力矩；

V——排水体积；

a——沉井重心至浮心的距离，重心在浮心之上为正，反之为负；

ρ——定倾半径，即定倾中心至浮心的距离，$\rho = I/V$；

I——沉井浮体排水截面面积的惯性矩；

γ_w——水的重度。

浮体倾斜后，通过新的浮心的垂直线（即新的浮力作用线）与浮轴（物体原浮心、重心两点连线方向）的交点为定倾中心。定倾半径 ρ 为定倾中心到浮心的距离。

沉井浮运时露出水面的最小高度 h 按式（4-20）计算：

$$h = H - h_0 - h_1 - d\tan\theta \geqslant f \quad (4\text{-}20)$$

式中 H——浮运时沉井的高度；

h_0——沉井吃水深度；

h_1——沉井底板至刃脚踏面的距离；

d——圆端形沉井的直径或沉井的宽度；

θ——沉井倾斜角度；

f——浮运沉井发生最大的倾斜时，顶面露出水面的安全距离，其值为0.5～1.0m。

式（4-20）中，最小高度验算的倾斜修正，采用了 $d\tan\theta$，d 为圆端形沉井的直径，即假定由于弯矩作用使沉井没入水中的深度为计算值 $d\tan\theta/2$ 的两倍，主要考虑浮运沉井倾斜边水面存在波浪，波峰高于无波水面。

知识三　地下连续墙

引导问题

1. 什么是地下连续墙？它是怎样施工的？

2. 地下连续墙的沟槽开挖过程中，如何保证槽壁土体不向槽内移动？

3. 地下连续墙使用期间哪些因素可能影响到承载力和功能的正常发挥（这些因素就是地下连续墙设计或验算时必须考虑的内容）？

地下连续墙技术起源于欧洲，是根据钻井中膨润土泥浆护壁以及水下浇筑混凝土的施工技术而建立和发展起来的一种方法。这种方法最初应用于意大利和法国，在1950年前后，意大利首先应用了排式地下连续墙；1954年，这一施工技术传入法国、德国，并很快得到广泛应用；1959年传入日本。目前，日本为该技术使用最多的国家。

一、地下连续墙的概念、特点及应用

地下连续墙是在地面上用抓斗式或回转式等成槽机械，沿着开挖工程的周边，在泥浆护壁的情况下开挖一条狭长的深槽，形成一个单元槽段后，在槽内放入预先在地面上制作好的钢筋笼，然后用导管法在水下浇筑混凝土，完成一个单元的墙段，各单元墙段之间以特定的接头方式相互连接，形成一条地下连续墙体，如图4-18所示。地下连续墙也常常简称为地连墙，或地下墙，作为基坑开挖时防渗、截水、挡土、抗滑、防爆结构和对邻近建筑物基础的支护结构以及直接成为承受上部结构荷载的基础的一部分。

地下连续墙的优点是无须放坡，土方量小；全部机械化施工，工效高，速度快，施工期短；混凝土浇筑无须支模和养护，成本低；可在沉井作业、板桩支护等方法难以实施的环境中进行无噪声、无振动施工；并穿过各种土层进入基岩，无须采取降低地下水的措施。因此地下连续墙被广泛应用于市政工程的各种地下工程、房屋基础、桥梁基础、竖井、船坞船闸、码头堤坝等。近20年来，地下连续墙技术在我国有了较快的发展和应用。目前，地下

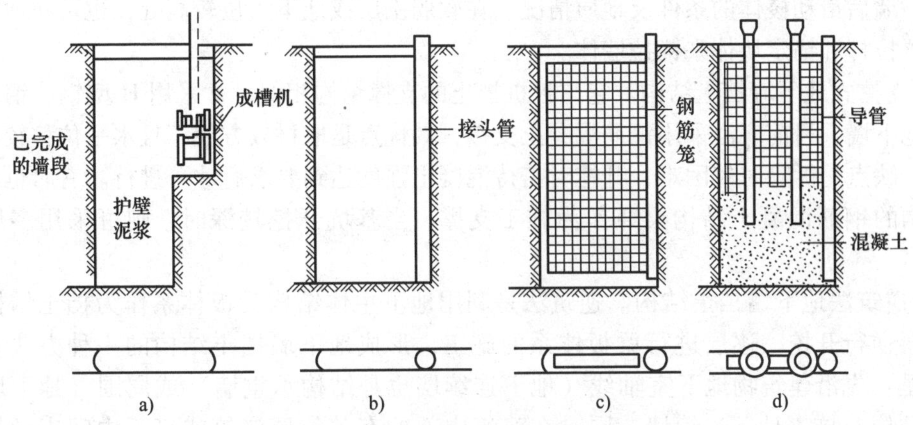

图 4-18　地下连续墙施工过程示意图
a）成槽　b）插入接头管　c）放入钢筋笼　d）浇筑混凝土

连续墙已发展有后张预应力、预制装配和现浇预制等多种形式，其使用日益广泛。

地下连续墙在工程应用中，主要有以下应用类型：

1）作为地下工程基坑的挡土防渗墙，它是施工用的临时结构。

2）在开挖期作为基坑施工的挡土防渗结构，以后与主体结构侧墙以某种形式结合，作为主体结构侧墙的一部分。

3）在开挖期作为挡土防渗结构，以后单独作为主体结构侧墙使用。

4）作为建筑物的承重基础、地下防渗墙、隔振墙等。

近年来，地下连续墙的发展趋势有以下几点：

1）逐渐广泛地应用预制桩式及板式连续墙，这种连续墙墙面光滑、质量好、强度高。

2）地下连续墙技术向大深度、高精度方向发展；国外已有将连续墙用于桥梁深基础施工的报道。

3）聚合物泥浆已实用化，高分子聚合物泥浆已得到越来越多的应用，这种泥浆与传统的膨润土泥浆相比，可减少废浆量，增加泥浆重复使用次数。

4）废泥浆处理技术得到广泛采用，有些国家能做到将废泥浆全部处理后排放。

二、地下连续墙的类型与接头构造

1. 地下连续墙的类型

地下连续墙按其填筑材料可分为：土质墙、混凝土墙、钢筋混凝土墙（有现浇与预制之分）和组合墙（预制钢筋混凝土墙体和现浇混凝土的组合，或预制钢筋混凝土墙板和自凝水泥膨胀土泥浆的组合等）；接成墙方式可分为：桩排式墙、壁板式墙、桩壁组合式墙。

目前我国应用得较多的是现浇的钢筋混凝土壁板式地下连续墙，多用作防渗挡土结构并常作为主体结构的一部分，这时按其支护结构方式不同，又有以下四种类型：

1）自立式地下墙挡土结构。在开挖修建过程中不需设置锚杆或支撑系统，其最大的自立高度与墙体厚度和土质条件有关。一般在开挖深度较小的情况下采用，在开挖深度较大又难以采用支撑或锚杆支护的工程，可采用 T 形或 I 形断面以提高自立高度。

2）锚定式地下墙挡土结构。一般锚定方式采用斜拉锚杆，锚杆层次及位置取决于墙体的支点、墙后滑动棱体的条件及地质情况。在软弱土层或地下水位较高处，也可在地下墙顶附近设置拉杆和锚定块体来锚拉墙体。

3）支撑式地下墙挡土结构。它与板桩挡土的支撑结构相似。常采用H型钢、钢管等构件支撑地下墙，目前广泛采用钢筋混凝土支撑，其优点是取材较方便，且水平位移较小，稳定性好；缺点是拆除时较困难，开挖时需待混凝土强度达到要求后才可进行。有时也可采用主体结构的钢筋混凝土结构梁兼作为施工支撑。当基坑开挖较深时，则可采用多层支撑方式。

4）逆筑法地下墙挡土结构。逆筑法是利用地下主体结构梁板体系作为挡土结构的支撑，逐层逆行开挖，逐层进行梁板体系的施工，形成地下墙挡土结构的一种方法。其工艺原理是：先沿建筑物地下室轴线（地下连续墙也是结构承重墙）或周围（地下墙只作为支护结构）施工地下连续墙，同时在建筑内部的有关位置浇筑或打下中间支承柱，作为施工期间底板封底前承受上部结构自重和施工荷载的支撑，然后施工地面一层的梁板楼面结构，作为地下连续墙刚度很大的支撑，再逐层向下开挖土方和浇筑各层地下结构，直至底板封底。

2. 地下连续墙的接头构造

地下墙通常深度较大，长度较长，一般分段浇筑，墙段间需要设置施工接头，地下墙与内部结构之间需要设置结构接头。

（1）施工接头　施工接头的要求随工程目的而异，作为基坑开挖时的防渗挡土结构，要求接头密合不夹泥；作为主体结构侧墙或结构一部分时，除了要求接头防渗挡土外，还要求有抗剪能力。

常用的墙段施工接头有以下几种类型：

1）接头管接头（图4-19）。初期的单元节段开挖完成并清底后，用吊机将钢制接头管竖直吊放入槽内，紧靠单元节段两侧，接头管底端插入槽底以下100~150mm，管长略大于地下连续墙深度设计值。接头管可分节于管内用销子连接固定，管外平顺无凸出物，管外径宜比墙厚小50mm。此后吊放钢筋骨架、灌注水下混凝土等。灌注水下混凝土时，应经常转动及小量提升接头管，避免接头管与混凝土黏结。待混凝土初凝后将接头管拔出，拔管时不得损坏接头处的混凝土。

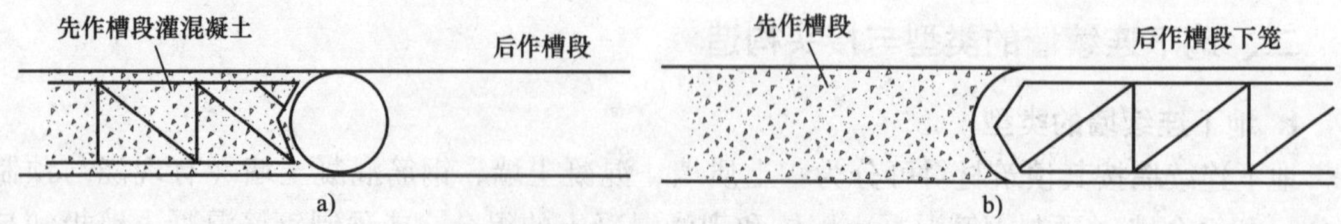

图4-19　接头管接头

a）插入接头钢管　b）拔出接头钢管

对受力和防渗要求较小的施工接头，宜采用接头管式接头，这是目前应用最普遍的墙段接头形式。

2）接头箱接头。接头箱接头其吊放的钢筋骨架一端带有堵头板，堵头板向外伸出的水平钢筋可插入接头箱管中，灌注混凝土时，由堵头板挡住，使混凝土不流入接头箱管内。混凝土初凝后，逐步吊出接头箱管，先灌段骨架的外伸钢筋可伸入邻段混凝土内。

受力、防渗和整体性要求较高的接头装置宜采用接头箱式或隔板式接头。接头箱接头的施工程序与构造如图 4 - 20 所示。

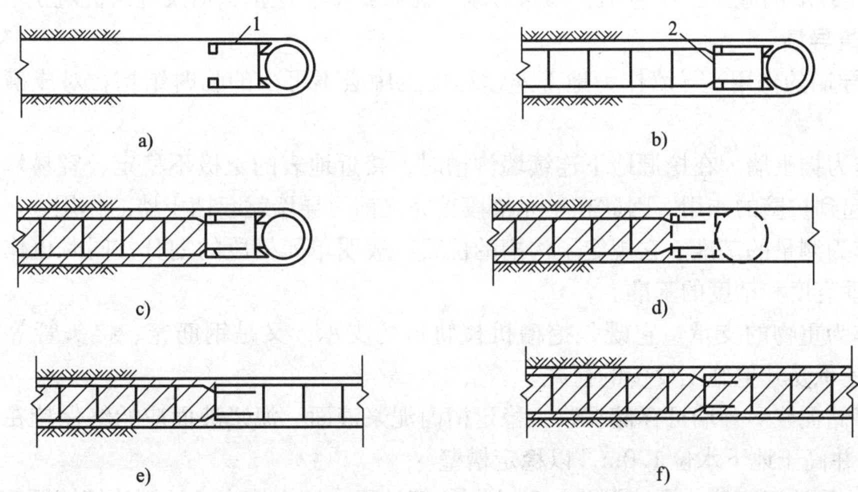

图 4 - 20　接头箱接头的施工程序与构造

a）插入接头箱　b）吊放钢筋笼　c）浇筑混凝土　d）吊出接头管

e）吊放后一槽段的钢筋笼　f）浇筑后一槽段的混凝土，形成整体接头

1—接头箱　2—焊在钢筋笼上的钢板

3）钢筋混凝土预制接头。现在常用的接头形式还有钢筋混凝土预制接头。钢筋混凝土预制接头一般制作成工字形（图 4 - 21），在车间内分段制作完成，厚度与墙厚相同，宽度为 600 ~ 800mm。在槽口分段吊装，采用预埋钢板焊接连接。预制接头混凝土强度、配筋与地下连续墙相同。成槽后该接头构件直接埋在连续墙里，不再回收利用，减少了拔出工序。钢筋混凝土接头为预制件，可提前制作，大大缩短了混凝土浇筑时间。采用钢筋混凝土预制接头的形式，虽然预制接头的成本比钢板接头及锁口管接头高，但由于该接头实际上取代了一部分的连续墙结构，从而使得连续墙本身的工程量减少，费用降低。

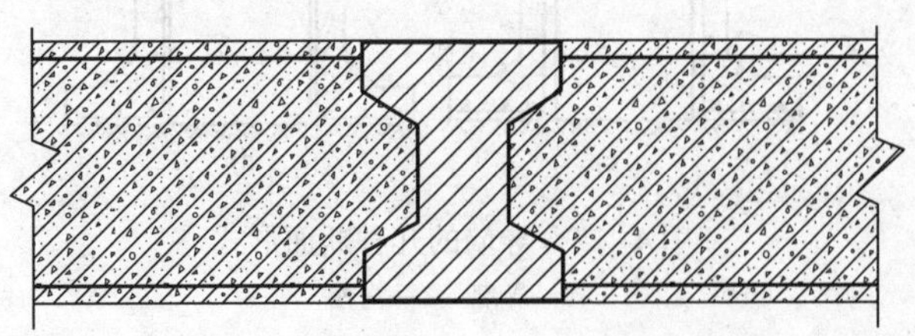

图 4 - 21　预制混凝土接头

（2）结构接头　当地下连续墙设计与梁、承台或墩柱连接时，应于连接处设置结构接头。结构接头的形式应符合设计规定。施工时应在连接处按照设计文件埋设连接钢筋，待墙体混凝土浇筑完成并凝固后，开挖墙体内侧土体，并凿去混凝土保护层，露出预埋钢筋。将其弯成所需形状，与后浇的梁、承台或墩柱的主钢筋连接。

三、地下连续墙的施工

地下连续墙的施工工序包括：修筑导墙、泥浆护壁、挖掘深槽及浇筑混凝土墙体。

1. 修筑导墙

（1）导墙的作用　导墙作为地下连续墙施工中必不可少的临时结构，对成槽起到很重要的作用。

1）作为挡土墙。在挖掘地下连续墙沟槽时，接近地表的土极不稳定，容易塌陷，而泥浆也不能起到护壁的作用，因此在单元槽段挖完之前，导墙就起挡土墙的作用。

2）作为测量的基准。它规定了沟槽的位置，表明单元槽段的划分，同时也作为测量挖槽标高、垂直度和精度的基准。

3）作为重物的支承。它既是挖槽机械轨道的支承，又是钢筋笼、接头管等搁置的支点，有时还承受其他施工设备的荷载。

4）存储泥浆。导墙可存储泥浆，稳定槽内泥浆液面。泥浆液面应始终保持在导墙面以下 20cm，并高于地下水位 1.0m，以稳定槽壁。

此外，导墙还可防止泥浆漏失；防止雨水等地面水流入槽内；地下连续墙距离现有建筑物很近时，施工时还起一定的补强作用；在路面下施工时，可起到支承横撑的水平导梁的作用。

（2）导墙施工　导墙一般为现浇的钢筋混凝土结构。但也有钢制的或预制钢筋混凝土的装配式结构，可多次重复使用。常用的钢筋混凝土导墙断面如图 4-22 所示。

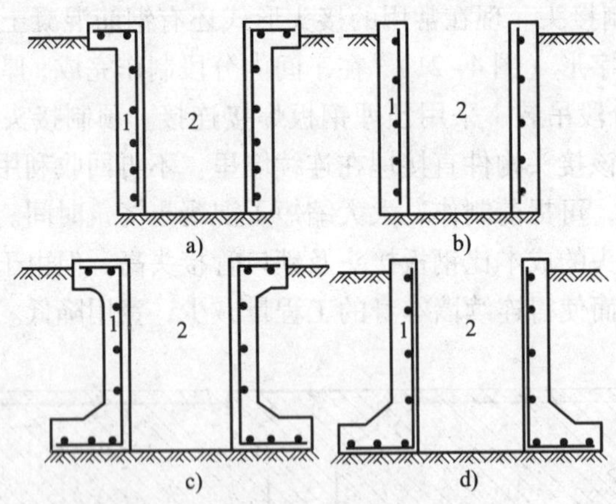

图 4-22　导墙的几种断面形式

1—导墙　2—沟槽

现浇钢筋混凝土导墙的施工顺序为：平整场地→测量定位→挖槽及处理弃土→绑扎钢筋→支模板→浇筑混凝土→拆模并设置横撑→导墙外侧回填土（如无外侧模板，可不进行此项工作）。

导墙的材料、平面位置、形式、埋置深度、墙体厚度、顶面高度应符合设计文件要求。当设计文件未规定时，应符合以下要求：

1）导墙宜采用钢筋混凝土材料构筑。混凝土等级不宜低于 C20。导墙形式根据土质情况可采用板墙形、匚形或倒 L 形（图 4-22）。墙体厚度应满足施工要求。

2）导墙的平面轴线应与地下连续墙轴线平行，两导墙的内侧间距宜比地下连续墙墙体厚度大 40～60mm。

3）导墙应建造在坚实的地基上，如地基土较松散或较软弱时，修筑导墙前应采取加固措施。导墙底端埋入土内深度宜大于 1m。基底土层应夯实，遇有特殊情况须作妥善处理。导墙顶端应高出地面，遇地下水位较高时，导墙顶端应高于地下水位 1.5m 以上，墙后应填土与墙顶齐平，全部导墙顶面应保持水平，内墙面应保持竖直。

4）导墙支撑应每隔 1～1.5m 距离设置一道。

2. 泥浆护壁

地下连续墙施工基本特点是利用泥浆护壁进行成槽。泥浆除护壁外，还有携渣、冷却钻具和润滑的作用。常用护壁泥浆的种类及其主要成分见表 4-1。

表 4-1　常用护壁泥浆的种类及其主要成分

泥浆种类	主要成分	常用的外加剂
膨润土泥浆	膨润土、水	分散剂、增黏剂、加重剂、防漏剂
聚合物泥浆	聚合物、水	—
CMC 泥浆	CMC、水	膨润水
盐水泥浆	膨润土、盐水	分散剂、特殊黏土

泥浆的质量对地下墙施工具有重要意义，控制泥浆性能的指标有相对密度、黏度、失水量、pH 值、稳定性、含砂量等。这些性能指标在泥浆使用前，在室内可用专用仪器测定。在施工过程中泥浆要与地下水、砂、土、混凝土接触，膨润土等掺合成分有所损耗，还会混入土渣等使泥浆质量恶化，要随时根据泥浆质量变化对泥浆加以处理或废弃。处理后的泥浆经检验合格后方可重复使用。

3. 挖掘深槽

挖深槽是地下连续墙施工中的关键工序，约占地下墙施工整个工期的一半。它是用专用的挖槽机来完成的。挖槽机械应按不同地质条件及现场情况来采用。

目前国内外常用的挖槽机械主要有抓斗式、冲击式和回转式。我国当前应用最多的是吊索式蚌式抓斗、导杆式蚌式抓斗及回转式多头钻等。

地下连续墙施工时，预先沿墙体长度方向把地下墙划分为许多一定长度的施工单元，这种施工单元称为“单元槽段”。挖槽就是逐个挖掘单元槽段的过程。单元槽段长度的确定需要考虑设计要求和结构特点，还要考虑地质、地面荷载、起重能力、混凝土供应能力及泥浆池容量等因素。

当挖槽出现坍塌迹象时，如泥浆大量漏失，液位明显下降，泥浆内有大量泡沫上冒或出现异常的扰动，导墙及附近地面出现沉降，排土量超过设计断面的土方量，多头钻或蚌式抓斗升降困难等，应及时将挖槽机械提至地面，避免发生挖槽机械被塌方埋入地下的事故。

对于槽壁大面积严重坍塌，应在提出挖槽机械后，填入较好的黏性土，必要时可掺拌 10%～20% 的水泥，回填至坍塌处以上 1～2m，待沉积密实后再进行挖掘。对局部坍塌，可加大泥浆相对密度和黏度，已坍入的土块宜清理后再继续挖掘。

4. 浇筑混凝土墙体

槽段挖至设计标高进行清底后，应尽快浇筑墙段钢筋混凝土。它包括下列内容：

1）吊放接头管或其他接头构件。

2）吊放钢筋笼。

3）插入浇筑混凝土的导管，并将混凝土连续浇筑到要求的标高。

4）拔出接头管。

混凝土拌合物应采用导管法灌注。单元节段长度小于4m时，可采用1根导管灌注；单元节段长度超过4m时，宜采用2根或3根导管同时灌注。采用多根导管灌注时，导管间净距不宜大于3m，导管距节段端部不宜大于1.5m。各导管灌注的混凝土拌合物表面高差不宜大于0.3m。导管内径不宜小于200mm。

四、地下连续墙计算

1. 地下连续墙的破坏类型

地下连续墙作为基坑开挖施工中的防渗挡土结构，是由墙体、支撑及墙前后土体共同作用的受力体系。它的受力和变形状态与基坑形状、开挖深度、墙体刚度、支撑刚度、墙体入土深度、土体特性、施工程序等多种因素有关。地下连续墙的破坏可分为稳定性破坏和强度破坏两种类型。稳定性破坏有整体失稳（整体滑动、倾覆），基坑底隆起，管涌或流砂等现象；强度破坏是由于支撑强度不足或压屈，墙体强度不足等引起的。

2. 地下连续墙的设计计算

地下连续墙的设计首先应考虑地下墙的应用目的和施工方法，然后决定结构的类型和构造，使它具有足够的强度、刚度和稳定性。

（1）作用在地下连续墙上的荷载　作用在墙体上的荷载主要是土压力和水压力，砂性土应按水土分算的原则计算；黏性土宜按水土合算的原则计算。当地下连续墙用作主体结构的一部分或结构物基础时，还必须考虑作用在墙体上的各种其他荷载。

1）土压力。地下连续墙设计计算中的一个重要问题是确定作用在墙体上的侧向土压力，它与墙体的刚度、支承情况、开挖方法、土质条件及墙高等有关。目前主要有下列三种计算方法：

① 古典土压力理论。我国大多数设计单位均采用朗肯或库伦的主、被动土压力计算理论，即非开挖一侧均按主动土压力计算，而开挖一侧基坑底面以下部分采用被动土压力。

② 静止土压力理论。当刚度较大且设有可靠支撑时，墙体位移很小，所以非开挖侧的土压力接近静止土压力。

③ 经验图式法。按各种土质条件下以土压力实测值为基础而提出的土压力分布图形计算。

2）水压力。作用在地下连续墙上的水压力与土压力不同，它与墙的刚度及位移无关，按静水压力计算。一般情况下，地下水位以下土层土压力包括水压力在内，这时采用饱和重度，也可采用水土压力分算的方法，视具体土质条件而定。

3）地下墙作为结构物基础或主体结构时承担的荷载。地下连续墙作为结构物基础或承重结构时，其荷载根据上部结构的种类不同而有差异，在一般情况下，它与作用在桩基础或沉井基础上的荷载大致相同。

（2）墙体内力计算　地下连续墙的设计必须使墙体具有足够的强度与刚度。地下连续墙作为挡土结构时的内力计算理论是从钢板桩计算理论发展起来的。有的计算方法与板桩计算相似。目前一般的计算方法可归纳为表4-2，其中前两种方法使用最广泛。各方法的具体内容可参考有关专著。

表4-2　地下连续墙内力计算理论和方法及适用条件一览表

类别	计算理论及方法	方法的基本条件	方法名称举例
（一）	古典的钢板桩计算理论	土压力已知 不考虑墙体变形 不考虑支撑变形	假想梁（等值梁）法 二分之一分割法 太沙基法
（二）	横撑轴力、墙体弯矩不变化的方法	土压力已知 考虑墙体变形 不考虑支撑变形	山肩邦男法
（三）	横撑轴力、墙体弯矩随之变化的方法	土压力已知 考虑墙体变形 考虑支撑变形	日本的《建筑基础结构设计规范》的弹性法有限单元法
（四）	共同变形理论（弹性）	土压力随墙体变化而变化 考虑墙体变形 考虑支撑变形	森重龙马法 有限单元法（包括土体介质）《公路桥涵地基与基础设计规范》法
（五）	非线性变形理论	考虑土体为非线性介质 考虑墙体变形 考虑支撑变形 考虑施工分部开挖	考虑分部开挖的非线性有限单元法

（3）地下连续墙挡土结构的稳定性验算　通过对地下连续墙挡土结构的墙体稳定、基坑稳定及抗渗稳定的验算，确定地下连续墙插入土内的深度，来保证挡土墙的稳定性。主要验算下列内容。

1）土压力平衡的验算。

2）基坑底面隆起的验算。

3）管涌的验算。

有时也进行控制隆起位移量的墙体插入深度的计算。

地下连续墙入土深度的确定是非常重要的，若入土太浅将导致挡土结构物的失稳，而过深则不经济，也增加施工困难，应通过上述验算确定。

习　题

4-1　什么是沉井基础？其适用于哪些场合？

4-2　沉井基础的主要结构有哪几部分？各部分具有什么作用？

4-3　沉井在施工中会遇到哪些问题？通常怎样处理这些问题？

4-4　沉井作为整体深基础，其设计计算应考虑哪些内容？

4-5 沉井在施工过程中应进行哪些验算?

4-6 简述沉井刃脚内力分析的主要内容。

4-7 何谓地下连续墙?其主要优缺点有哪些?

4-8 地下连续墙主要施工工序是怎样的?

4-9 地下连续墙计算分析时,周围的土压力是如何计算的?

项目五　软土地基处理

知识目标

掌握：软土地基的特性；各类软土地基处理方法的基本原理与适用范围。

理解：根据工程地质条件、施工条件等因素因地制宜地选择合适的地基处理方案。

了解：地基处理质量的检测方法。

能力目标

具有对软土地基的判别能力。

具有制订实际工程软土地基一般处理方案的能力。

具有地基处理的检测能力。

情境导入

根据《岩土工程勘察规范》（GB 50021—2001）（2009 年版），软土系指天然孔隙比大于或等于1.0，且天然含水率大于液限的细粒土，包括淤泥、淤泥质土、泥炭、泥炭质土等。由软土组成的地基称为软土地基。

软土具有特殊的物理力学性质，从而导致了其特有的工程性质，如沉降量大、承载力低、抗震能力差、抗剪切能力弱等，所以在软土地基上修建建筑物，必须重视地基的变形和稳定问题。由于软土地基的承载力较低，如果不做任何处理，一般不能承受较大的建筑物荷载。因此在软土地基上建造建筑物，要求对软土地基进行处理。

知识一　软土地基特点及地基处理方法

引导问题

1. 什么样的地基属于软土地基？
2. 软土地基有哪些工程特点？

工程建设中，有时不可避免地遇到软土地基，由于这样的地基不能满足工程结构对地基的强度及稳定性等方面的要求，故需先经人工处理或加固，改善其力学性质，再建造建筑物。经人工处理或加固后的地基称为人工地基。

地基处理的目的是针对在软土地基上建造建筑物时有可能产生的问题，采用人工的方法改善地基土的工程性质，以满足建筑物对地基稳定和变形的要求。地基处理的作用主要有：提高地基土的抗剪强度，增加地基土的稳定性；降低地基土的压缩性，减小沉降和不均匀沉降；改善软土的渗透性，加速固结沉降过程；改善土的动力特性，提高其抗震性能；消除或减少特殊土的不良工程特性，如黄土的湿陷性，膨胀土的膨胀性等。

软土一般是指第四纪后期在滨海、湖泊、河滩、三角洲、冰碛等静水或缓流环境中以细颗粒为主的沉积土。软弱地基指主要由淤泥、淤泥质土、冲填土、杂填土或其他高压缩性土构成的地基。

软土是一种特殊性土，它是在静水环境沉积的高含水率、大孔隙比、高压缩性和低强度的细粒土。根据软土判定标准可将其分成两种土：一种是完全符合软土的物理和力学性质的土，称为软土；另一种是物理指标符合软土指标标准，但力学指标尚有部分达不到软土指标标准的土，称为软弱土。

冲填土（吹填土）是指在水利建设或江河整治中，用挖泥船或泥浆泵将江河或港湾底部的泥砂用水力冲填（吹填）形成的沉积土。冲填土的物质成分比较复杂，若以粉土、黏土为主，则属于欠固结的软弱土；若以中砂以上的粗颗粒为主，则不属于软弱土范畴。

杂填土是指因人类活动而堆积形成的无规则堆积物，包括建筑垃圾、工业废料和生活垃圾等。其特性是强度低、压缩性高、均匀性差。

其他高压缩性土如松散饱和的粉（细）砂、松散的亚砂土、湿陷性黄土、膨胀土和震动液化土以及在基坑开挖时，有可能产生流砂、管涌等不良工程地质现象的土，都需要进行地基处理。

软土具有以下特点：

1）高含水率。其含水率一般大于35%，最大可达到300%以上。软土高含水率的基本特点，决定了软土具有高压缩性和低强度等工程性质。

2）低透水性。软土渗透系数一般较低，一般为 $10^{-9} \sim 10^{-7}$cm/s。因为大部分软土液限较高，呈蜂窝结构和絮凝结构，但是对部分低液限土，如淤泥质土、低液限黏土，由于其颗粒较粗，呈单粒结构，所以渗透系数较大，一般在 $10^{-6} \sim 10^{-4}$cm/s 之间。

3）高压缩性与固结速度缓慢。软土在应力增加时，土的体积减小幅度更大，一般正常固结的软土的压缩系数约为 $\alpha_{1-2} = 0.5 \sim 1.5\text{MPa}^{-1}$，最大可达 $\alpha_{1-2} = 4.5\text{MPa}^{-1}$。

4）低强度。软土的强度低，按照《岩土工程勘察规范》（GB 50021—2001），软土的“不排水强度宜小于30kPa”。不排水强度是不排水抗剪强度的简称，用 c_u 表示，是由三轴试验在完全不排水条件下测定的抗剪强度。对于饱和软黏土，其值等于不固结不排水试验得出的黏聚力。

5）触变。当软土的结构未被破坏时，具有一定的结构强度，但是一经扰动或振动，就破坏了原有的结构，它的强度很快明显降低，甚至发生流动；而当静置一段时间后，强度又随时间逐渐得到恢复，这种性质称为软土的触变。

6）有机质含量。软土的有机质含量一般小于10%，但泥炭和泥炭质土的有机质含量很大，《岩土工程勘察规范》（GB 50021—2001）规定有机质含量占10% ~50%的为泥炭质土；有机质含量大于50%的为泥炭。

软弱地基处理的方法很多，各有其适用范围、局限性和优缺点。此外，各工程间地基条件差别很大，具体工程对地基的要求也各不相同，且施工单位、地区施工条件差异也较大。

任务一　换土垫层法处理地基

引导问题

1. 对换土垫层法的换填土有什么要求？

2. 换土垫层法的换填厚度和宽度怎样确定？

软土地基处理的方法有很多种，其中换土垫层法是常用且较为简单的方法。其做法是将基础下一定深度内的软弱或不良土层挖去，回填强度较高的砂、碎石或灰土等，并夯至密实。当建筑物荷载不大、软弱或不良土层较薄时，采用换土垫层法能取得较好的效果。

一、换土垫层法的作用

目前常用的垫层有：砂垫层、砂卵石垫层、碎石垫层、灰土或素土垫层、煤渣垫层以及用其他性能稳定、无侵蚀性的材料做的垫层。对不同的地基和填料，垫层所起的作用是有差别的。其作用主要表现在以下几个方面：

1）提高浅层地基承载力，减小沉降量。浅基础的地基如果发生剪切破坏，一般是从基础底面开始，并逐渐向深处和四周发展，破坏区主要在地基上部浅层范围内；在总沉降量中，浅层地基的沉降量也占较大比例。如以密实砂或其他填筑材料代替上层软土层，就可以减小这部分的沉降量。所以用抗剪强度较高、压缩性较低的垫层置换地基上部的软土，可以防止地基破坏并减小沉降量。

2）加速软弱或不良土层的排水固结。如果渗透性低的软弱地基用砂、碎石等渗透性高的材料作部分换填处理，则垫层作为透水面可以起到加速下卧软弱或不良土层固结的作用。但其固结效果常常限于下卧层的上部，对深处的影响不大。

3）防止冻胀。因为粗颗粒的垫层材料孔隙大，不易形成毛细管，产生毛细现象，因此可以防止寒冷地区土中水的冻结所造成的冻胀。

4）消除膨胀土的胀缩作用。

二、垫层的设计

为使换土垫层达到预期效果，应保证垫层本身的强度和变形满足设计要求，同时垫层下地基所受压力和地基变形应在容许范围内，且应符合经济合理的原则。因此，其设计内容主要是确定垫层的合理厚度和宽度。

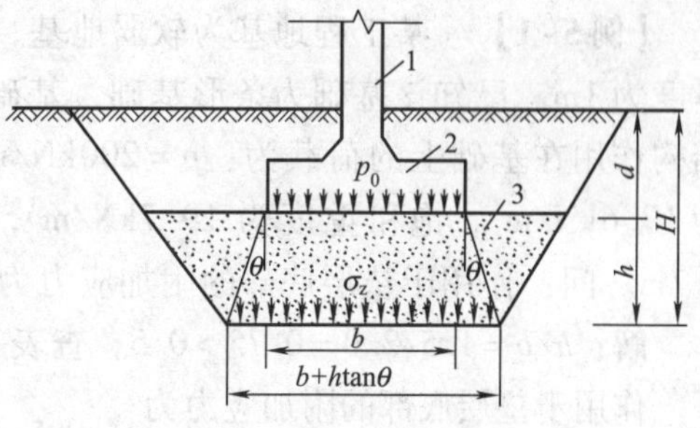

图 5-1　垫层的计算

1—上部结构　2—基础　3—换土垫层

1. 垫层厚度的确定

如图 5-1 所示，垫层厚度一般根据垫层底面处土的自重应力与附加应力之和不大于相应截面软土层的承载力设计值［σ］来确定。即

$$\sigma_c + \sigma_z \leqslant [\sigma] \qquad (5\text{-}1)$$

式中　σ_c——垫层底面处土的自重应力；

σ_z——垫层底面处土的附加应力；

$[\sigma]$——垫层底面处软土层的承载力设计值。

垫层底面处的附加应力，按图5-1应力扩散图示计算，即

条形基础 $$\sigma_z = (p - \sigma_c)b/(b + 2h\tan\theta) \tag{5-2}$$

矩形基础 $$\sigma_z = (p - \sigma_c)lb/[(l + 2h\tan\theta)(b + 2h\tan\theta)] \tag{5-3}$$

式中 p——基础底面平均压力设计值；

σ_c——基础底面处的自重应力；

l、b——基础底面的长度和宽度；

h——垫层的厚度；

θ——垫层的应力扩散角，按表5-1选取。

表5-1 垫层的应力扩散角 θ

换填材料 / h/b	中砂、粗砂、砾砂、圆砾、角砾、卵石、碎石
≤0.25	20°
≥0.50	30°

计算时，一般先初步拟定一个垫层厚度，再用式（5-1）验算。如不符合要求，则改变厚度，重新验算，直至满足要求为止。垫层的厚度一般不宜太薄。当垫层厚度小于0.5m时，则其作用效果不明显；但也不宜太厚，当垫层厚度大于3m时，施工较困难，且在经济、技术上不合理。故一般选择垫层厚度在1~3m较为合适。

2. 垫层宽度的确定

垫层的宽度除要满足应力扩散的要求外，还应防止垫层向两边挤动。若垫层宽度不足，四周侧面土质又较软弱时，垫层就有可能部分挤入侧面软土中，使基础沉降增大。宽度计算通常可按扩散角法确定。如底宽为 b 的条形基础，其下的垫层底面宽度 b' 应为

$$b' \geqslant b + 2h\tan\theta \tag{5-4}$$

【例5-1】 某工程地基为软弱地基，采用换土垫层法处理，换填材料为砾砂，垫层厚度为1m。已知该基础为条形基础，基础宽度为2m，基础埋深位于地表下1.5m，上部结构作用在基础上的荷载为：$p=200\text{kN/m}$；自地面至6.0m均为淤泥质土，其天然重度为17.6kN/m³，饱和重度为19.7kN/m³，承载力特征值为80kPa，地下水位在地表下2.7m。问：作用于垫层底部的附加应力为多少？下卧层承载力是否满足要求？

解： $h/b=1.5/2.0=0.75>0.5$，查表5-1，$\theta=30°$。

作用于垫层底部的附加应力为

$$\sigma_z = \frac{(p-\sigma_c)b}{b+2h\tan\theta} = \frac{2(200/2+20\times1.5-17.65\times1.5)}{2+2\times1.0\times\tan30°}\text{kPa} = 65.68\text{kPa}$$

根据式（1-9），因 $b=2\text{m}$，$h=(1+1.5-2.5)\text{m}<3\text{m}$，垫层底部地基经深度、宽度修正后的容许承载力为

$$[\sigma] = (80+0+0)\text{ kPa} = 80\text{kPa}$$

垫层底部的总应力为自重应力和附加应力之和，即

$$\sigma_z + \sigma_c = 65.68\text{kPa} + 17.6 \times 2.5\text{kPa} = 109.68\text{kPa} > [\sigma] = 80\text{kPa}$$

故不满足承载力要求，需增加垫层厚度。

3. 基础沉降量计算

垫层尺寸确定后，对于比较重要的建筑物，还要按分层总和法计算基础的沉降量，以使建筑物的最终沉降量小于相应的允许值。砂砾垫层上的基础沉降量 s 包括砂砾垫层的压缩量 s_s 和软弱下卧层压缩量 s_1 两部分，即

$$s = s_s + s_1 \tag{5-5}$$

砂砾垫层的压缩量 s_s 一般较小，且在施工阶段已基本完成，可以忽略不计，必要时可按式（5-6）计算：

$$s_s = \frac{\sigma + \sigma_H}{2} \cdot \frac{h}{E_s} \tag{5-6}$$

式中　E_s——砂砾垫层的变形模量，一般取 12 ~ 24MPa；

$\frac{\sigma + \sigma_H}{2}$——砂砾垫层的上下表面位置压应力的平均值（kPa）。

软弱下卧层压缩量 s_1 可按土力学知识或《公路桥涵地基与基础设计规范》（JTG D63—2007）计算。

4. 施工要点

垫层施工，应以级配良好、质地较硬的中、粗砂或砾砂为宜，也可采用砂和砾石的混合料，含泥量不超过 5%，以利于夯实。

垫层必须保证达到设计要求的密实度。常用的密实方法有振动法、碾压法和夯实法等。这些方法都要求控制一定的含水率，分层铺砂厚约 200 ~ 300mm，逐渐振密或压实，并应将下层的密实度检查合格后，方可进行上层施工。

开挖基坑铺设垫层时，不要扰动垫层下的软土层，防止践踏、受冻、浸泡或曝晒过久。

任务二　排水固结法处理地基

引导问题

1. 排水固结法的作用原理是什么？
2. 真空预压法为什么可以提高地基的强度和承载力？

排水固结法是在地基土中，采用各种排水技术措施（设置竖向排水体和水平排水体），以加速饱和软黏土固结的地基处理方法。根据排水体的构造方法不同，有不同的处理方法，如竖向排水体的设置，可分为普通砂井、袋装砂井和塑料排水板等。

排水固结预压法主要适用于处理淤泥、淤泥质土及其他饱和软黏土。对于砂类土和粉土，因透水性良好，无需用此法处理。对于含水平砂夹层的黏性土，因其具有较好的横向排水性能，所以不用竖向排水体处理，也能获得良好的固结效果。

一、天然地基堆载预压法

天然地基堆载预压法是在建筑物建造之前，在地基表面分级堆土或其他荷重，使地基土

压密、沉降、固结，提高地基强度，减小建筑物建成后的沉降量。

天然地基堆载预压法使用的材料、机具和方法简单直接，施工操作方便。但堆载预压需要一定时间，对厚度大的饱和软黏土，排水固结所需的时间较长；同时需要大量堆载材料，因此在使用上受到一定限制。

天然地基堆载预压法适用于各类软弱地基，包括天然沉积土层或人工冲填土层，如沼泽土、淤泥、淤泥质土以及水力冲填土；较广泛用于冷藏库、油罐、机场跑道、集装箱码头、桥台等沉降要求比较高的地基。

堆载材料一般以散料为主，如采用施工场地附近的土、砂、石子、砖、石块等。对于堤坝、路基等工程的预压，常以堤坝、路基填土本身作为堆载；对于大型油罐、水池地基，常以充水对地基进行预压。

二、砂井堆载预压法

砂井堆载预压法是在软弱地基中采用钢管打孔、灌砂、设置砂井作为竖向排水通道，并在砂井顶部设置砂垫层作为水平排水通道，形成排水系统；在砂垫层上部堆载，以增加软土中的附加应力；使土体中孔隙水在较短的时间内通过竖向砂井和水平砂垫层排出，以加速土体固结，提高软弱地基承载力（图5-2）。

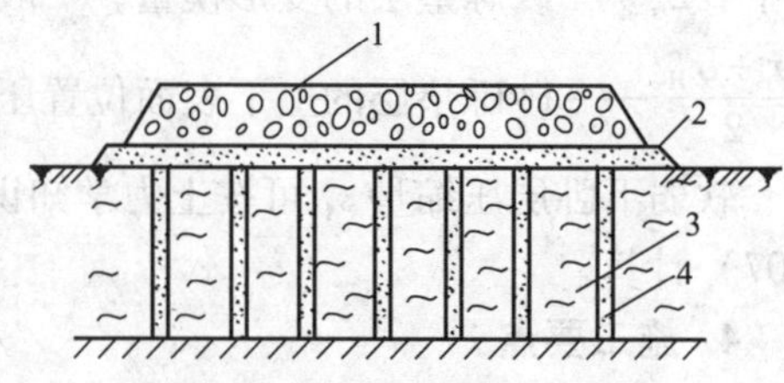

图5-2　砂井堆载预压法示意图

1—堆料　2—砂垫层　3—淤泥　4—砂井

1. 砂井堆载预压法的特点

1）提高软土地基的抗剪强度和地基承载力。

2）加速饱和软黏土的排水固结（沉降速度可加快2~2.5倍）。

3）施工机具和方法简单，施工速度快、造价低。

2. 砂井堆载预压法的适用范围

砂井堆载预压法适用于厚度较大和渗透系数很低的饱和软黏土。主要用于道路、路堤、土坝、机场跑道、工业建筑油罐、码头、岸坡等工程的地基处理，对于泥炭等有机沉积地基则不适用。

3. 砂井的布置和尺寸

（1）砂井的直径和间距　砂井的直径和间距由黏性土层的固结特性和施工期限确定。砂井的直径不宜过大或过小，过大不经济，过小则在施工中易造成灌砂率不足、缩颈或砂井不连续等质量问题，常用直径为300~500mm。砂井的间距常为砂井直径的6~9倍，一般不小于1.5m。

（2）砂井深度　砂井的深度主要取决于软土层的厚度及工程对地基的要求。当软土层不厚，底部有透水层时，砂井应尽可能穿透软土层；当软土层较厚，但夹有砂层或透镜体时，砂井应尽可能打至砂层或透镜体；当软土层很厚，其中又无透水层时，可按地基的稳定性及建筑物变形要求处理的深度来决定。对于以地基沉降为控制条件的工程，砂井应穿过地基压缩层，使这部分土层通过预压得到良好的固结，有效地减小建筑物建成后的地基沉降。对于以地基的稳定性为控制条件的工程，如路堤、土坝、岸坡等，砂井应伸至最危险滑动面以下一定的长度，使这部分土层通过预压得到良好的固结，提高土体的抗剪强度。砂井长度一般为 10 ~ 20m。

（3）砂井的平面布置　在平面上砂井常按梅花形和正方形布置（图 5-3），设每个砂井的有效影响范围为圆形区域，若砂井间距为 L，则等效圆（有效影响范围）的直径 d_e 与 L 的关系为：

梅花形布置时

$$d_e = \sqrt{\frac{2\sqrt{3}}{\pi}}L = 1.05L \tag{5-7}$$

正方形布置时

$$d_e = \sqrt{\frac{4}{\pi}}L = 1.13L \tag{5-8}$$

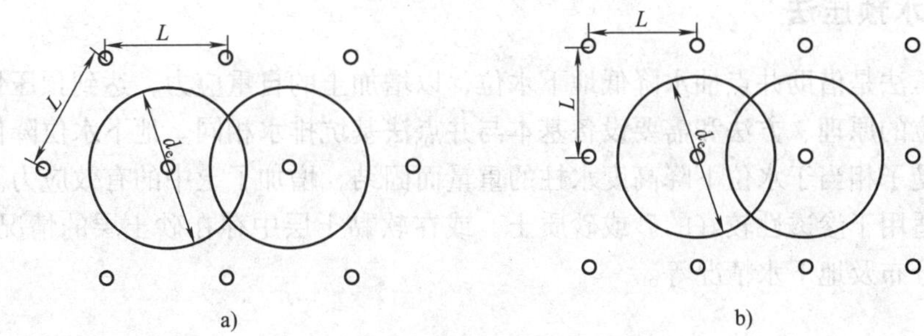

图 5-3　砂井平面布置示意图

a）梅花形布置　b）正方形布置

由于梅花形排列较正方形排列紧凑和有效，故应用较多。砂井的布置范围应稍大于建筑物基础范围，以加固建筑物附加应力影响的周围地基土体，扩大的范围可由基础轮廓线向外增大约 2 ~ 4m。

（4）砂垫层的设置　为保证砂井排水畅通，在砂井顶部还应设置厚度为 0.3 ~ 0.5m 的砂垫层，以便将砂井中引出的渗透水排到场地以外。

三、真空预压法

真空预压法的加压方式不同于堆载预压，是以大气压力作为预压荷载。先在需要加固的软土地基表面铺设一层透水砂垫层或砂砾层，再在其上覆盖一层不透气的塑料薄膜或橡胶布，将其周边埋入土中密封，使之与大气隔绝，并在砂垫层内埋设渗水管道，然后用真空泵通过埋设于砂垫层内的管道将薄膜下的空气抽出，达到一定的真空度，使排水系统中的气压维持在大气压以下一定数值；此时土中的气压仍为大气压，于是在土与排水系统之间的压力差作用下，孔隙水向排水系统渗流，地基土发生固结，直至该压力差消失，如图 5-4 所示。

在真空预压过程中，周围土体内孔隙水的渗流和土体的位移均朝向预压区，故无需像堆载预压那样为防止地基失稳破坏而控制加载速率，可以在短时间内使薄膜下的真空度达到预定数值。这是真空预压的突出特点，有利于缩短预压工期，降低造价。但由于薄膜下能达到的真空度有限，其当量荷载一般不超过 80 ~ 90kPa。如需更大荷载，可以与堆载预压联合使用。

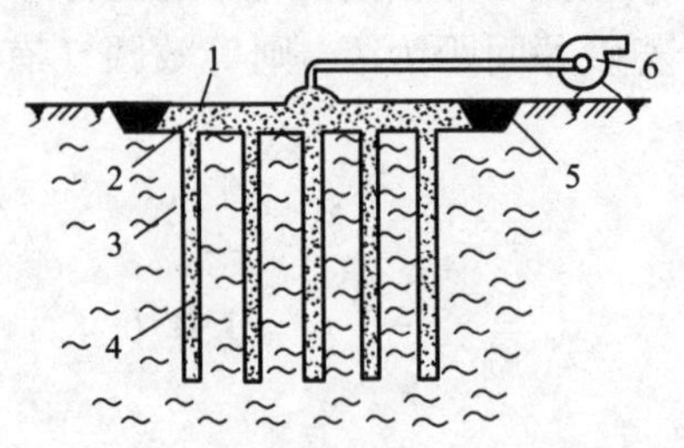

图 5-4　真空预压法示意图

1—薄膜　2—砂垫层　3—淤泥　4—砂井　5—黏土　6—真空装置

四、降水预压法

降水预压法是借助井点抽水降低地下水位，以增加土的自重应力，达到预压目的。此法降低地下水位的原理、方法和需要设备基本与井点法基坑排水相同。地下水位降低使地基中的软土层承受了相当于水位下降高度水柱的重量而固结，增加了土中的有效应力。

降水法适用于渗透性较好的砂或砂质土，或在软黏土层中存在砂土层的情况。施工前，应探明土层分布及地下水情况等。

任务三　挤（振）密法处理地基

引导问题

1. 挤密法适用于什么样的土质条件？
2. 夯实法的有效加固深度可达多少米？

挤密法是指在软土层中挤土成孔，从侧向将土挤密，然后再将碎石、砂、灰土、石灰或炉渣等填料充填密实成柔性的桩体，并与原地基形成一种复合型地基，从而改善地基的工程性能。

一、砂桩挤密法

对于没有发生冲刷或冲刷深度不大的松散土地基（包括松散中、细、粉砂土，松散细粒炉渣，杂填土以及液性指数 $I_L<1$、孔隙比 e 接近或大于 1 的含砂量较多的松软黏土），若其厚度较大，用砂垫层处理将使垫层过厚，施工困难时，可考虑采用砂桩进行深层挤密，以提高地基强度，减小沉降。对于厚度较大的饱和软黏土地基，由于土的渗透性小，可考虑采用其他加固方法如砂井预压、深层喷射、搅拌法等。

1. 作用原理

砂桩挤密法是用振动、冲击或打入套管等方法在地基中成孔（孔径一般为 300 ~ 600mm），然后向孔中填入含泥量小于 5% 的中、粗砂，再夯挤密实形成桩体，从而加固地基。其作用是：

1）对于松散的砂质土层，砂桩的主要作用是挤密地基土，减小孔隙比，增加重度，从而提高地基土抗剪强度，减小沉降。

2）对于松软黏性土，砂桩挤密效果不如在砂土中明显，但由于砂桩与土体组成复合地基，共同承担荷载，从而提高地基的承载力和稳定性。

3）对于砂质土与黏性土互层的地基及冲填土，砂桩也能起到一定的挤密加固作用。

2. 砂桩的设计、计算

砂桩的设计、计算主要应解决以下问题：一是砂桩的加固范围；二是加固范围内需要砂桩的总截面面积；三是砂桩桩数及桩的排列；四是砂桩的长度及灌砂量的估算。

（1）砂桩加固范围的确定　砂桩加固的范围应比基底面积大，一般应自基础向外加大，每边不少于50cm，如图5-5所示，加固范围平面面积为

$$A = BL = (b + 2b')(l + 2l') \tag{5-9}$$

式中，各字母的含义如图5-5所示。

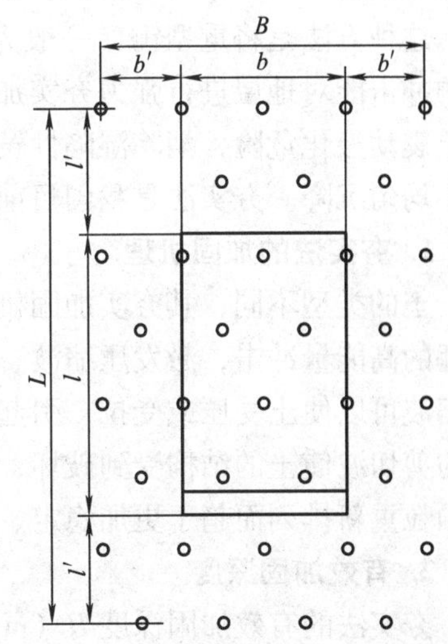

图5-5　砂桩加固的平面布置

（2）加固范围内所需砂桩的总截面面积　在加固范围内砂桩占有的面积称为挤密砂桩的总截面面积A_1。A_1的大小除与需要加固的面积A有关外，主要与土层加固后所需达到的地基容许承载力相对应的孔隙比有关。

设砂桩加固前地基上的孔隙比为e_0，地基土的面积为A，加固后土的孔隙比为e，地基土面积为A_2（不含砂桩截面积），则$A = A_1 + A_2$。加固后砂土孔隙减小的体积等于加固所使用的砂桩的体积，由此可得挤密砂桩的总截面面积为

$$A_1 = \frac{e_0 - e}{1 + e_0}A \tag{5-10}$$

待处理地基的孔隙比e值可根据加固后地基的承载力要求，参照相关规范确定。

（3）砂桩的桩数及其排列　砂桩桩径不宜过小，桩径过小，则桩数增多，施工时机具移动频繁；但桩径也不宜过大，过大则需大型施工机具，故一般采用的砂桩直径为300～600mm。

设砂桩直径为d，则一根砂桩截面面积为

$$A_0 = \frac{\pi d^2}{4} \tag{5-11}$$

所需砂桩数为

$$n = \frac{A_1}{A_0} = \frac{4A_1}{\pi d^2} \tag{5-12}$$

由此可确定桩的间距和平面布置。

3. 砂桩施工要点

砂桩加固地基，所填的砂应为渗水率较高的中、粗砂或砂与砾石的混合料，含泥量不超过5%。成孔机具宜采用振动打桩机或柴油打桩机等机具。

根据成桩方法确定砂的最佳含水率，所填入孔内的砂料应分层填筑，分层夯实，并保证桩体在施工中的连续密实性。实际灌砂量未达到设计用量时，应在原处复打，或在旁边补桩。为增加挤密效果，砂桩可以从外圈向内圈施打。

二、夯实法

夯实法，又称动力固结法，是1969年由法国梅纳（Menard）技术公司首先创立并应用的。这种方法是将重型锤（一般为100~600kN）提升到6~40m高度后，自由下落，以强大的冲击能对地层进行强力夯实加固。此法可提高地基承载力，降低压缩性，减轻甚至消除砂土震动液化危险，消除湿陷性黄土的湿陷性等。同时还能提高土层的均匀程度，减小地基的不均匀沉降。夯实法是我国目前最为常用的、最经济的深层地基处理方法之一。

1. 夯实法的加固机理

土的类型不同，其夯实加固机理也不相同。一般认为，夯实时地基在极短的时间内受到夯锤的高能量冲击，激发压缩波、剪切波和瑞利波等应力波传向夯点周围和地基深处。其中压缩波可以使土受压或受拉，引起瞬间的孔隙水汇集，导致土的抗剪强度大为降低，紧随其后的剪切波使土的结构受到破坏，瑞利波的传播则在夯点附近引发土的隆起。在此过程中，土颗粒重新排列而趋于更加稳定、密实。

2. 有效加固深度

夯实法的有效加固深度H（m）主要取决于单击夯击能量Wh，也与地基的性质及其在夯实过程中的变化有关。可用经验公式估算，即

$$H = \alpha\sqrt{\frac{Wh}{10}} \tag{5-13}$$

式中 W——夯锤重量（kN）；

h——落距（m）；

α——折减系数，黏性土取0.5，砂性土取0.7，黄土取0.35~0.5。

按式（5-13）计算落距H，能否得到符合实际情况的计算结果，决定于采用的α值。故最好通过现场试夯或根据当地经验确定该系数。我国有的行业规定，当缺少试验资料或经验时，可按表5-2预估有效加固深度。

表5-2 夯实的有效加固深度 （单位：m）

单击夯击能/kN·m	碎石土、砂土等	粉土、黏性土、湿陷性黄土等
1000	5.0~6.0	4.0~5.0
2000	6.0~7.0	5.0~6.0
3000	7.0~8.0	6.0~7.0
4000	8.0~9.0	7.0~8.0
5000	9.0~9.5	8.0~8.5
6000	9.5~10.0	8.5~9.0

3. 夯实法的特点及适用范围

夯实法的特点：施工工艺和设备简单；适用土质范围广；加固效果显著，可取得较高的

承载力，一般地基土强度可提高2~5倍，压缩性可降低2~10倍，加固深度可达6~10m；土粒结合紧密，有较高的结合强度；工效高，施工速度快（一套设备每月可加固5000~10000m^2 地基）；节省加固材料；施工费用低，节省投资，同时耗用劳力少等。

适用范围：夯实法适用于处理碎石土、砂土、低饱和度的黏性土、湿陷性黄土、杂填土及素填土等地基。对于饱和软黏土，若采取一定技术措施也可采用，还可用于水下夯实。但是对于周围建筑物和设备有振动影响限制要求的地基加固，不得使用夯实法，必要时，应采取防振、隔振措施。

三、振动压实法

振动压实法是通过在地基表面施加振动把浅层松散土振实的方法。可用于处理砂土和由炉灰、炉渣、碎砖等组成的杂填土地基。

竖向振动力（50~100kN）由机内设置的两个偏心块产生。振动压实的效果与振动力的大小、填土的成分和振动时间有关。当杂填土的颗粒或碎块较大时，应采用振动力较大的机械。一般来说，振动时间越长，效果越好。但振动超过一定时间后振实效果将趋于稳定。因此，在施工前应进行试振，找出振实稳定所需要的时间。振实范围应从基础边缘放出0.6m左右，先振基槽两边，后振中间。经过振实的杂填土地基，其承载力基本值可达100~120kPa。

任务四　化学加固法处理地基

引导问题

1. 化学加固法通常采用哪些化学材料？
2. 化学加固法适用于什么样的土质条件？

化学加固法是指利用化学溶液或胶结剂，采用压力灌注或搅拌混合等措施，使土粒胶结起来，以加固软土地基。此法又称胶结法，其加固的效果主要取决于土的性质、采用的化学剂，也与其施工工艺有关。

一、深层搅拌法

深层搅拌法是利用水泥（石灰）等材料作为固化剂，通过深层搅拌机在地基深部就地将软土和浆体或粉体等固化剂强制拌和，固化剂和软土发生物理化学反应，使其凝结成具有整体性、水稳性好和强度较高的水泥加固体，与天然地基形成复合地基。

1. 加固机理

水泥加固土由于水泥用量很少，水泥水化反应完全是在土的围绕下产生的，凝结速度比混凝土缓慢。水泥与软土拌和后，水泥中的矿物和土中的水分发生水解和水化反应，生成水化物，有的自身继续硬结形成水泥石骨架，有的则因有活性的土进行离子交换、硬凝反应和碳酸化作用等，使土颗粒固结、结团，颗粒间形成坚固的连接，并具有一定的强度。

2. 特点

深层搅拌法的特点是：在地基加固的过程中无振动、无噪声，对环境无污染；对土壤无侧向挤压，对邻近建筑物影响很小；可按照建筑物要求做成柱状、壁状、块状和格栅状等加固形状；可有效提高地基强度；同时施工的工期较短，造价低，效益显著。

3. 适用范围

深层搅拌法适用于加固较深较厚的淤泥、淤泥质土、粉土和含水率较高且地基承载力不大于120kPa的黏性土地基，对超软土地基加固效果更为显著。多用于大面积堆料厂房地基、墙下条形基础、深基坑开挖时防止坑壁及边坡塌坑、塌滑、坑底隆起等以及作地下防渗墙等工程的地基处理。

4. 深层搅拌桩复合地基承载力

深层搅拌桩地基的承载力由搅拌桩和桩周土共同承担，可按式（5-14）计算：

$$f_{spk} = m(R_a/A_p) + \beta(1-m)f_{sk} \tag{5-14}$$

式中 f_{spk}——复合地基承载力标准值；

m——面积置换率，为桩体横截面面积与所处理地基面积的比值；

A_p——桩的截面面积；

f_{sk}——桩间土承载力标准值；

β——桩间土承载力发挥系数，根据当地经验取值；

R_a——单桩竖向承载力标准值，应通过现场单桩载荷试验测定；当没有试验资料时，也可按式（5-15），式（5-16）计算，取其中较小的值：

$$R_a = \eta f_{cu} A_p \tag{5-15}$$

$$R_a = \bar{q}_s U_p l + \alpha A_p q_p \tag{5-16}$$

式中 f_{cu}——与搅拌桩桩身加固土配比相同的室内加固土试块（边长为70.7mm的立方体，也可以采用边长为50mm的立方体）的无侧限抗压强度平均值；

η——强度折减系数，一般为0.35～0.5；

$\bar{q}_s$——桩周土的平均侧阻力，对于淤泥可取5～8kPa，对于淤泥质土可取8～12kPa，对于黏性土可取12～15kPa；

U_p、l——桩截面周长和桩长；

q_p——桩端天然地基土的承载力标准值；

α——桩端天然地基的承载力折减系数，可取0.4～0.6。

在设计时，一般根据要求达到的地基承载力，按式（5-14）求得面积置换率。

深层搅拌桩平面布置可根据上部结构特点及对地基承载力和变形的要求，采用柱状、壁状、格栅状、块状等处理形式。可只在基础范围内布桩，独立基础下的桩数不宜少于3根。柱状加固可采用正方形或等边三角形等布桩形式。

二、高压喷射注浆法

高压喷射注浆法又称旋喷法，是20世纪70年代发展起来的一种先进的土体深层加固方法。它是利用钻机把带有特殊喷嘴的注浆管钻进至土层的预定深度后，用高压脉冲泵（工作压力在20MPa以上），将水泥浆液通过钻杆下端的喷射装置，向四周高速喷入土体，借助液体的冲击力切削土层，使喷流射程内的土体遭受破坏，与此同时钻杆以一定的速度（20r/min）旋转，并低速（15～30r/min）徐徐提升，使土体与水泥浆充分搅拌混合，胶结硬化后即在地基中形成直径比较均匀、具有一定强度（0.5～8.0MPa）的圆柱体，使得地基得到加固（图5-6）。

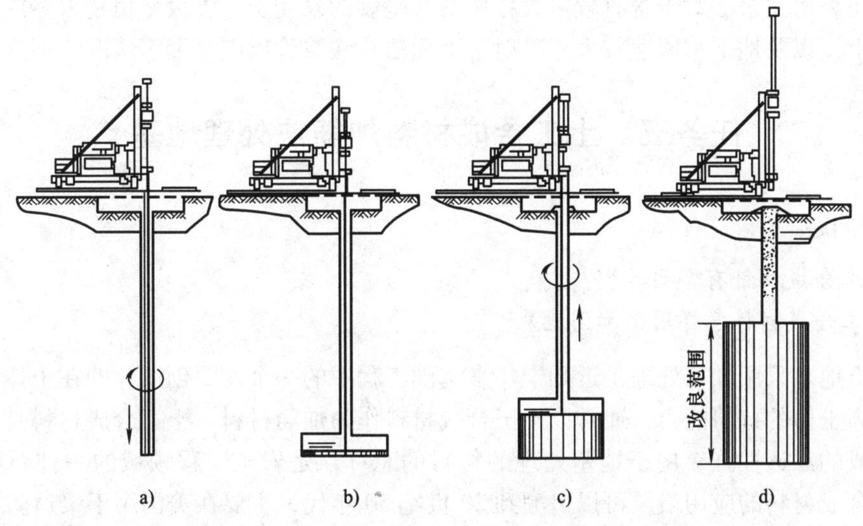

图5-6 高压喷射注浆法示意图

a）就位并钻孔至设计深度 b）高压喷射开始 c）边喷射边搅拌 d）喷射结束准备移位

1. 分类及形式

高压喷射注浆法根据使用机具设备的不同可分为：

1）单管法。用一根单管喷射高压水泥浆液作为喷射流，由于高压浆液射流在土中衰减大，破碎土的射程较短，成桩直径较小，一般是0.3～0.8m。

2）二重管法。用同轴双通道二重注浆管，进行复合喷射流，一般成桩直径是1.0m左右。

3）三重管法。用同轴三重注浆管复合喷射高压水流和压缩空气，并注入水泥浆液。由于高压水射流的作用，使地基中一部分土粒随着水、气排出地面，高压浆流随之填充空隙。成桩直径较大，一般是1.0～2.0m，但成桩的强度较低。

高压喷射注浆法按成桩形式可分为旋转注浆、定喷注浆和摆喷注浆等三种类别。按加固形状可分为柱状、块状和壁状等。

2. 特点

高压喷射注浆法主要具有以下特点：①提高地基的抗剪强度，改善土的变形特性，使被加固地基在上部结构荷载作用下，不会产生破坏和较大的沉降。②用于已有建筑物地基加固而不扰动附近土体，施工噪声低，振动小。③利用小直径钻孔旋喷形成比钻孔大8～10倍的大直径固结体；可通过调节喷嘴的旋转速度、提升速度、喷射压力和喷射量形成各种形状桩体；可制成垂直桩、斜桩或连续墙，并获得需要的强度。④设备比较简单、轻便，机械化程度高，全套设备紧凑，体积小，机动性强，占地少，能在狭窄场地施工。⑤可用于任何软土层，便于控制加固范围。⑥施工简便，操作容易，管理方便，速度快，效率高，用途广泛，成本低。

3. 适用范围

高压喷射注浆法适用于淤泥、淤泥质土、砂土、黏性土、粉土、湿陷性黄土、人工填土及碎石土等的地基加固，可以用于既有建筑和新建筑的地基处理、深基坑侧壁挡土或挡水、基坑底部加固防止管涌与隆起、堤坝的加固与防水帷幕等工程中。

但高压喷射注浆法对于含有较多大粒块石、坚硬的黏性土、含大量植物根茎或含过多的有机质的土，以及地下水流速较大、喷射浆液无法在注浆管周围凝聚等情况，不宜采用。

任务五　土工合成材料加筋法处理地基

引导问题

1. 土工合成材料有哪些类型？
2. 土工合成材料怎样用于加固地基？

对软土地基采用加筋处理是近几十年来基础工程中的一个发明创造，即在土体中加入筋材，以提高土体的抗剪能力，通常以土工合成材料作为加筋材料。土工合成材料是以聚合物为原料制成的渗透性强、用于地基处理的材料的总称，是岩土工程领域的一种新型建筑材料。土工合成材料的应用最早可以追溯到 20 世纪 30 年代，主要在美国用于渠道防渗，但当时只是一些零星的应用，并没有把它当作一种工程材料有意识地单独应用。我国于 20 世纪 60 年代开始在水利工程中使用土工膜。随后土工合成材料在我国应用逐渐广泛，主要用于交通、岩土及环境工程领域。图 5-7 所示为部分土工合成材料。

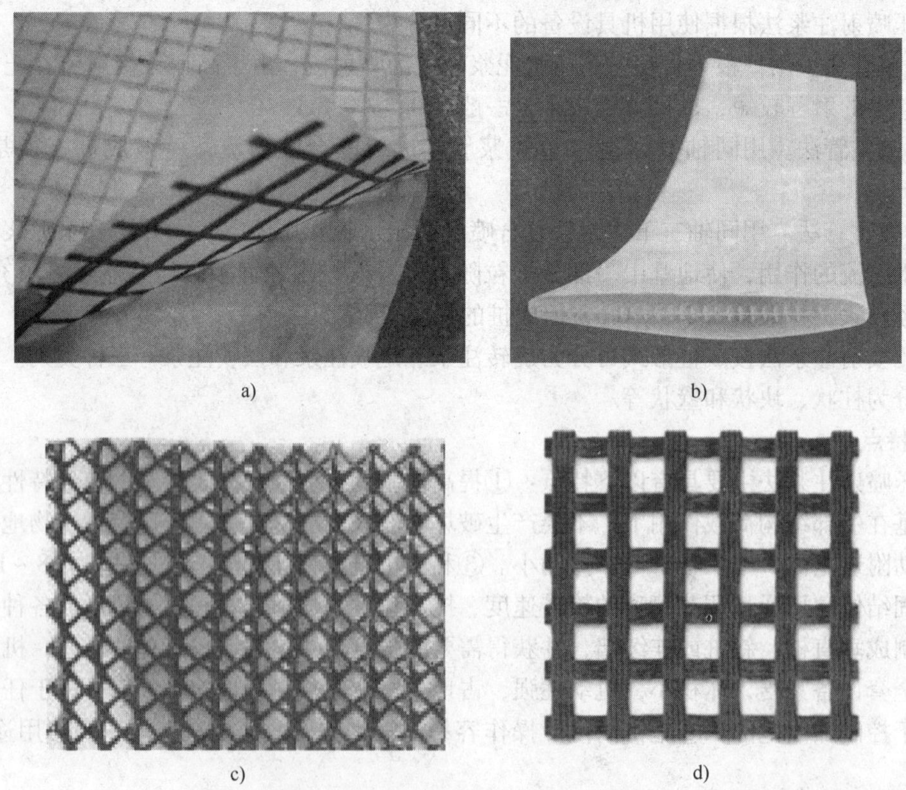

a)　b)　c)　d)

图 5-7　土工合成材料

a）土工织物　b）土工塑料排水带　c）土工网　d）土工格栅

土工合成材料加筋法是由填土和土工织物、土工格栅等按照设计要求筑成的复合地基，能够有效地改善土体的抗拉能力和抗剪切能力，可以承担较大的竖向荷载和水平荷载。

土工合成材料加筋结构的设计必须能够抵抗各种斜坡的推力，能够抗倾覆、抗剪切，不产生土坡滑动，同时应保证坡体不会发生较大的变形。

一、土工合成材料的类型和作用

1. 土工合成材料的类型

根据加工制造工艺的不同，土工合成材料可分为：

1）土工织物。用合成纤维经纺织或经胶结、热压、针刺等无纺工艺制成的土木工程用卷材，也称土工布，如图 5 - 7a 所示。合成纤维的主要原料有聚丙烯、聚酯、聚酰胺等。土工织物又分为有纺型土工织物、编织型土工织物、无纺型土工织物。

2）土工膜。土工膜是以聚氯乙烯、聚乙烯、聚化乙烯或异丁橡胶等为原料制成的透水性极低的膜或薄片；可以工厂预制，或现场制作；分加筋和不加筋两类。

3）土工塑料排水带。由不同截面形状的连续塑料芯板外面包裹非织造土工织物（滤膜）而形成的土工材料，也称为塑料排水板。芯板的原材料为聚丙烯、聚乙烯或聚氯乙烯等。芯板截面有多种形式，常见的有城垛式和乳头式等。芯板作为骨架，其内的沟槽用于通水，滤膜可滤土、透水，如图 5 - 7b 所示。土工塑料排水带通常打入地基土体中，用于地基土中水的排出。

4）土工网。土工网由两组平行的压制条带或细丝按一定角度交叉（一般为 60°~90°），并在交点处靠热黏结而成的平面制品，如图 5 - 7c 所示。

5）土工格栅。土工格栅是由聚乙烯或聚丙烯通过打孔、单向或双向拉伸扩孔制成，孔格尺寸为 10 ~ 100mm 的圆形、椭圆形、方形或长方形格栅，如图 5 - 7d 所示。

6）组合材料。由两种或两种以上的材料黏合而成的产品。可以满足特定的要求。

2. 土工合成材料的作用

1）用于加固土坡和堤坝。土工合成材料在路堤中可使边坡变陡，节省占地面积；防止滑动面通过路堤和地基土；防止路堤下面发生承载力不足而破坏；跨越可能的沉陷区等。

2）用于加固地基。土工合成材料铺设在软基表面，利用其承受拉力和土的摩擦作用而增大侧向限制，阻止土体侧向挤出，从而减小变形、增强地基的稳定性。

3）用于加筋垫层。在砂石垫层中增加一层或多层土工合成材料，可弥补砂石垫层不能承受拉力、抵抗不均匀沉降和限制水平位移有限等不足。

4）用于加筋土挡墙。挡土结构土体中，布置一定数量的土工合成材料，可充分利用材料性能及土与拉筋的共同作用，使挡墙轻型化，节省占地面积；提高整体稳定性；降低工程造价。

5）塑料排水带。排水带置于土体中加速土体固结，提高土体强度，节约施工时间。

6）土工模袋。土工合成材料制品用于岸坡和堤坡的护坡，代替混凝土浇筑模板，称模袋，加快施工进度，降低工程造价。

二、土工合成材料加筋机理

土体一般具有一定的抗压能力，但抗剪强度较低，几乎没有抗拉能力。在土体中铺设一层或几层土工合成材料，将土压实，土与土工合成材料密切结合形成复合土体。土与土工合成材料间有摩阻力，限制了土体的侧向位移。

20 世纪 60 年代 Herri Vidal 进行了三轴试验和现场试验，证明在砂土中加入少量纤维后，土体的抗剪强度可提高四倍多。国内外关于土工合成材料加筋作用的研究很多，到目前为止，国内外筋 - 土相互作用的基本理论可归为两类：一是摩擦加筋原理，二是准黏聚力原理。下面主要介绍摩擦加筋原理。

土工织物加筋处理软土地基上的堤坝，一般是将土工织物铺设在一层碎石或砂垫层中，然后填土，图 5-8 为加筋堤坝滑动示意图。

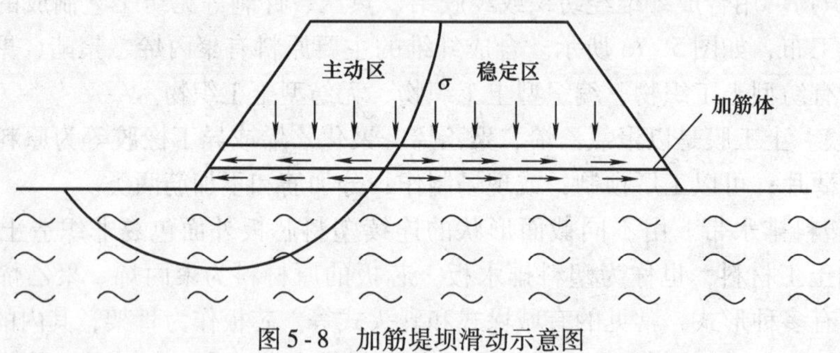

图 5-8　加筋堤坝滑动示意图

当加筋堤坝发生局部滑动时，主动区的土体受到加筋的拉力，破坏面上受到阻碍滑动的切向抗滑力，主动区的滑动企图把土工织物拔出，而稳定区的土与筋带间的摩阻力阻止筋带被拔出。如果稳定区的摩阻力足够大，并且加筋体具有一定的强度，那么堤坝就能保持稳定。

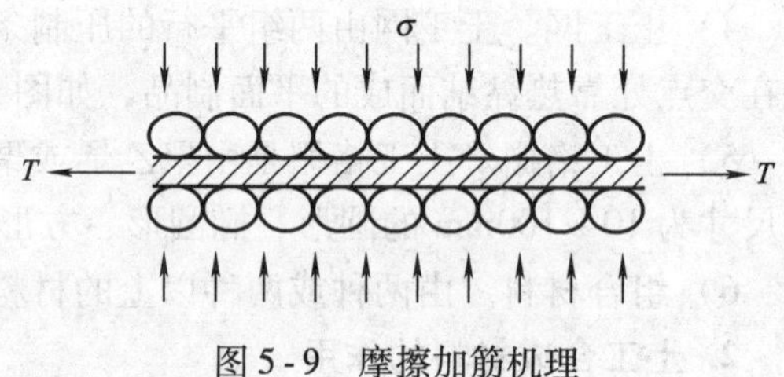

图 5-9　摩擦加筋机理

如图 5-9 所示，筋材与土的接触面由于受到压应力 σ 的作用产生摩擦力 T，该摩擦力阻碍筋材被拉出，从而保持被加固土体的稳定，这就是摩擦加筋机理。

知识二　软土地基处理的检测

引导问题

1. 软土地基处理质量检测的目的是什么？
2. 检测软土地基处理质量的方法有哪些？

在工程建设中，有时不可避免地遇到软土地基，由于这样的地基不能满足工程结构对地基的强度及稳定性等方面的要求，故需先经人工处理，加固改善其力学性质，再建造结构物。

地基处理主要采用人工的方法改善地基土的工程性质，以满足结构物对地基稳定和变形的要求。选择不同的地基处理方法，进行软土地基处理质量的检测方法也不一样。地基处理应该满足工程设计要求，做到安全适用、技术先进、经济合理、确保质量，还要做到因地制宜、就地取材、保护环境和节约资源等。

一、砂桩挤密法的检测

砂桩挤密法的检测包括现场常规检测、压实度检测和载荷试验检测。砂桩挤密施工过程中应随时进行现场常规检查，检查项目包括桩径、桩距、桩长、垂直度及投砂量的检查。

检查方法采用现场开挖量测及检查施工记录，对于不合格的桩应根据桩位和数量等具体情况，分别采取补桩或加强邻桩等措施，检查数量是总桩数的2%。检查项目及标准见表5-3。

表5-3 砂桩挤密现场检测项目及标准

项目	允许偏差	检查方法	项目	允许偏差	检查方法
桩距	10cm	钢直尺量测	垂直度	小于1.5%	现场量测
桩径	不小于设计值	钢直尺量测	投砂量	不小于设计值	检查施工记录
桩长	不小于设计值	检查桩管长度			

载荷试验参见项目二中知识五“静载试验法”。

密实度的检验一般采用标准贯入试验的方法。由于标准贯入试验要在砂桩中钻孔，工艺难度较大，而且对检验孔回填时质量不易保证，同时标准贯入试验成本较高，所以在实践过程中大部分采用重型动力触探（Ⅱ型）试验（简称重Ⅱ型试验）。重Ⅱ型试验设施主要由触探头、触探杆、穿心锤三部分组成。重Ⅱ型探头直径为74mm，锥角为60°，探头截面面积为43cm^2，落距为76cm，锤重为63.5kg，钻杆直径为42cm，记录打入10cm所需锤击数。

当触探杆长度大于2m时，需按照式（5-17）进行校正：

$$N_{63.5}=\alpha N \tag{5-17}$$

式中 $N_{63.5}$——重Ⅱ型锤击数；

α——触探杆长度校正系数，按表5-4确定；

N——贯入10cm的实测锤击数。

对地下水位以下的土层，锤击数按式（5-18）进行地下水影响校正：

$$N_{63.5}=1.1N'_{63.5}+1.0 \tag{5-18}$$

式中 $N_{63.5}$——进行地下水影响校正后的锤击数；

$N'_{63.5}$——未经地下水影响校正而经触探杆长度影响校正的锤击数。

表5-4 重Ⅱ型检验触探杆长度校正系数α值

实测锤击数 \ 触探杆长度/m	≤2	4	6	8	10	12	14	16
1	1.00	0.98	0.96	0.93	0.90	0.87	0.84	0.81
5	1.00	0.96	0.93	0.90	0.86	0.83	0.80	0.77
10	1.00	0.95	0.91	0.87	0.83	0.79	0.76	0.73
15	1.00	0.94	0.89	0.84	0.80	0.76	0.72	0.69
20	1.00	0.90	0.85	0.81	0.77	0.73	0.69	0.66

二、挤密碎石桩的质量检测

首先检查施工记录，如碎石填量、沉管振动时间、振升速度和高度、挤密时间、桩位偏差等，然后按照下述方法进行随机抽查。

1）检测方法。采用标准贯入试验、静力触探和动力触探等方法检测。

2）检测目的。检验碎石桩施工质量，比较挤密碎石桩治理前后桩间土实测标准贯入锤击数和静力触探曲线变化情况，判断各土层强度增长情况和可液化土层是否消除液化势。

3）检测频率。标准贯入试验、静力触探测试为 3 点/5000m^2。当工点施工面积小于 5000m^2 时，应不少于 3 点，特殊地段适当加密，孔位随机布置，孔深为穿透液化土层及软土层 1m。桩身密实度检测以桩数的 1% 控制，特殊地段适当加密。

4）检测标准。对标准贯入试验，液化土层中实测标准贯入锤击数 $N_{63.5}$ 不小于该路段的临界标准贯入锤击数 N_c，软土层中实测标准贯入锤击数 $N_{63.5} \geqslant 6$ 击，即认为处理效果达到设计要求。

静力触探测试，粉细砂层中实测桩尖阻力 q_c 不小于 10MPa，砂土、亚砂土层中实测桩尖阻力 q_c 不小于 7MPa，亚黏土、黏土层中实测桩尖阻力 q_c 不小于 1.4MPa，淤泥质黏土层中实测桩尖阻力 q_c 不小于 0.9MPa，淤泥质土中实测桩尖阻力 q_c 不小于 0.7MPa。

重Ⅱ型动力触探检测桩身密实度时，其连续 5 击时的下沉量应小于 7cm。

5）检测时间。成桩后 15d 进行检测。

三、水泥搅拌桩的质量检测

水泥搅拌桩的质量控制必须贯穿施工全过程，并坚持全过程的施工监理。施工过程中必须随时检查施工记录和计量记录，对照规定的施工工艺评定每根桩的质量。检查重点是：水泥的用量、桩长、搅拌头转数和提升速度、复搅次数和复搅深度、停浆处理方法等。

水泥土搅拌桩的施工质量检测常用的方法有：

成桩 7d 后，浅部开挖桩头（深度宜超过停浆灰面以下 0.5m），目测检查搅拌的均匀性，量测成桩直径，检查量占总桩数的 5%。

成桩后 3d 内，可用轻型动力触探试验检查每米桩身的均匀性。检查数量为施工总桩数的 1%，且不少于 3 根。

1. 水泥搅拌桩施工现场质量检测

水泥搅拌桩在施工过程中应随时检测施工质量，现场的常规检查项目包括桩径、桩距、桩长、垂直度及喷灰量等的检查。检查方式采用现场开挖量测及检验施工记录，对于不合格的桩应根据其位置和数量等具体情况，分别采取补桩或者加强邻桩等措施，检查数量为水泥搅拌桩总数的 2%。

检查项目及标准见表 5-5。

表 5-5　水泥搅拌桩施工现场检查项目及标准

项目	允许偏差	检查方法	项目	允许偏差	检查方法
桩距	10cm	钢直尺量测	垂直度	小于 1.5%	现场量测
桩径	不小于设计值	钢直尺量测	喷粉量	不小于设计值	检查施工记录
桩长	不小于设计值	喷粉前检查桩管长度			

2. 取芯检验水泥搅拌桩施工质量

（1）水泥搅拌桩钻探取芯的目的　检测桩体强度，检测桩长和桩的完整性。

（2）钻探取芯法的主要技术要求

1）取芯时间。施工28d以后。

2）取芯位置。当钻芯孔为一个时，宜在距桩中心10～15cm的位置开孔；当钻芯孔为两个或两个以上时，钻芯孔宜在距桩中心（0.15～0.25）D内均匀对称布置（D为桩身直径）。

3）钻头类型。采用金刚石合金钻头，钻头直径89～108mm。

4）钻进方法。采用冲水循环回转钻进，每回次进尺控制在1～1.5m。

钻探取芯法要求提供检测报告并保存全部岩芯。

（3）钻探取芯法报告内容

1）桩号、成桩日期、检测日期、检测位置、设计喷粉量。

2）岩芯的性质、颜色、喷粉均匀程度，岩芯目测坚硬程度，有无断桩、缩颈，岩芯状态等。其中岩芯的性质可分为：土、水泥土、水泥；颜色可分为灰色、灰黑色、黄色；水泥土芯样描述标准见表5-6。

表5-6　水泥土芯样描述标准

搅拌均匀性	现场取芯情况
搅拌均匀	水泥土搅拌纹理清晰，无水泥粒块
搅拌不够均匀	水泥土搅拌纹理不连续，含水泥粒块且颗粒直径小于2cm
搅拌不均匀	水泥土无搅拌纹理，夹水泥块或水泥富集块，且水泥土结块颗粒直径大于2cm

3）岩芯采取率及标准贯入锤击数$N_{63.5}$。岩芯采取率是指钻孔中采取出的岩芯长度与相应实际钻探进尺的百分比。该指标反映出水泥搅拌桩中水泥土的胶结情况。标准贯入试验锤击数（简称标贯击数）是采用63.5kg的重锤，自76cm高度自由锤击地基，每打入土层30cm时所需要的锤击数，常用$N_{63.5}$表示。根据该锤击数在现场得到近似的砂或黏性土的地基或人工地基承载力值，评价该处地基土的性质及承载力。

3. 水泥搅拌桩施工质量的综合评定方法

由于水泥土搅拌桩施工质量不容易控制，为了加强管理、保证工程质量，要求采用综合评分制，作为水泥土搅拌桩的验收考核标准。

（1）评定方法　采取百分制，其中累计85分以上者为优秀；累计70～85分者为合格；累计70分以下者为不合格。

（2）评定项目及标准

1）施工记录及现场量测。满分15分（表5-7）。

表5-7　施工记录及现场量测记分标准

等级	标准内容	分数
优秀	施工记录详细、整齐、清晰 施工参数符合设计要求（掺灰量、复搅深度、钻进深度、喷粉速度、复搅速度等），以旁站检查记录为准 现场量测数据在允许误差范围之内	15

（续）

等级	标准内容	分数
合格	施工记录不够详细、整齐、清晰 施工参数基本符合设计要求（掺灰量、复搅深度、钻进深度、喷粉速度、复搅速度等） 现场量测数据大部分在允许误差范围之内	10
不合格	施工记录凌乱、残缺不全 施工参数不符合设计要求（掺灰量、复搅深度、钻进深度、喷粉速度、复搅速度），以旁站检查记录为准 现场量测数据大部分超出允许误差范围	0

2）轻型动探或现场抗压强度（压桩头）试验。满分15分（表5-8）。

表5-8 轻型动探或现场抗压强度（压桩头）试验记分标准

等级	标准内容	分数
优秀	测试数据全部达到设计值	15
合格	大部分（80%以上）测试数据达到设计值	10
不合格	大部分测试数据没有达到设计值	0

3）钻探取芯。满分50分（表5-9）。

表5-9 钻探取芯记分标准

等级	标准内容	分数
优秀	胶结良好，岩芯呈柱状，无断桩现象 标贯击数 $N_{63.5}\geqslant15$ 击 无侧限抗压强度 $q_{28d}\geqslant0.4$MPa	50
合格	胶结较好，岩芯呈短柱状，少量呈松散碎块 标贯击数 $N_{63.5}\geqslant7$ 击 无侧限抗压强度 $q_{28d}\geqslant0.2$MPa	30
不合格	胶结很差，岩芯呈松散块体，大量断桩，取芯与施工桩长差别大 标贯击数 $N_{63.5}<7$ 击 无侧限抗压强度 $q_{28d}<0.2$MPa	20

4）载荷试验。满分20分（表5-10）。

表5-10 载荷试验记分标准

等级	标准内容	分数
优秀	完全达到设计要求	20
合格	部分检测结果没有达到设计值	15
不合格	完全没有达到设计值	10

习　题

5-1　什么是软土？软土通常包括哪几种类型？

5-2　什么是人工地基？地基处理的目的是什么？

5-3　常用的软土地基的处理方法有哪几种？

5-4　换土垫层法中垫层的主要作用表现在哪些方面？

5-5　砂桩挤密法的作用原理是什么？

5-6　砂桩的设计、计算主要解决哪些问题？

5-7　挤密碎石桩的质量检测标准包括哪些？

5-8　什么是砂井堆载预压法？其有何特点？适用于哪些地质条件？

5-9　如何综合评定水泥搅拌桩的施工质量？

5-10　某小桥的桥台采用刚性扩大基础，基底宽×长×高为2m×8m×1m，基础埋深1.2m。地基土为流塑黏性土，液性指数$I_L=1.1$，孔隙比$e=0.8$，重度$\gamma=18kN/m^3$，基底平均附加压应力为170kPa，拟采用砂垫层处理。请确定砂垫层厚度及平面尺寸，并简要说明施工质量控制方法。

5-11　某路堤建在较深的细砂土地基上，细砂的天然干重度$\gamma_d=14kN/m^3$，土粒重度为$\gamma_s=26kN/m^3$，最大干重度为$\gamma_{max}=17kN/m^3$，最小干重度为$\gamma_{min}=13kN/m^3$。拟采用砂桩加固地基，选用砂桩直径为$d_0=600mm$，正三角形布置。按地区抗震要求，加固后细砂土的相对密实度为$D_r\geqslant0.75$。请计算砂桩的中心距，并简要说明施工质量控制要点。

项目六　特殊土地基的特点及其处理

知识目标

掌握：湿陷性黄土、冻土、膨胀土的性质特点。

理解：黄土、冻土、膨胀土的治理方法。

了解：黄土、冻土、膨胀土地基的维护措施。

能力目标

具有识别湿陷性黄土、冻土、膨胀土的能力。

具有制订实际工程中湿陷性黄土、冻土、膨胀土地基处理方案的能力。

情境导入

特殊土是指其物理参数和力学性质都不同于通常所能够见到的大部分土的一些类型的土，主要包括湿陷性黄土、冻土、膨胀土、软黏土等。其中软黏土在项目五中已经做了比较详细的介绍，本项目主要介绍湿陷性黄土、冻土和膨胀土的物理力学性质、工程特点，特别是工程中容易发生的一些问题，并介绍如何避免这些问题对建筑物造成的不利影响。

知识一　湿陷性黄土地基

引导问题

1. 黄土有什么特点？
2. 我国黄土主要分布在哪些省份？湿陷性黄土作为建筑物地基有什么不利影响？

一、黄土的特征和分布

黄土是一种产生于第四纪地质历史时期干旱条件下的沉积物，它的内部物质成分和外部形态特征都不同于同时期的其他沉积物。一般认为不具层理的风成黄土为原生黄土，原生黄土经过流水冲刷、搬运和重新沉积而形成的黄土称为次生黄土，它常具有层理和砾石夹层。

黄土外观颜色较杂乱，主要呈黄色或褐黄色。颗粒组成以粉粒为主，同时含有砂粒和黏粒。黄土还含有大量可溶盐类。往往具有肉眼可见的大孔隙，孔隙比变化大多介于 1.0 ~ 1.1 之间。

在一定压力下受水浸湿，土结构迅速破坏，并发生显著附加下沉的黄土称为湿陷性黄土，它主要属于晚更新世（Q3）的马兰黄土以及属于全新世（Q4）的黄土状土。这类土为形成年代较晚的新黄土，土质均匀或较为均匀，结构疏松，孔隙发育，有较强烈的湿陷性。在一定压力下受水浸湿，土结构不破坏，并无显著附加下沉的黄土称为非湿陷性黄土，一般属于中更新世（Q2）的离石黄土和属于早更新世（Q1）的午城黄土。这类形成年代久远的老黄土土质密实，颗粒均匀，无大孔或略具大孔结构，一般不具有湿陷性或仅具轻微湿陷性。

非湿陷性黄土地基的设计和施工与一般黏性土地基无较大差异。后面讨论的均指与工程建设关系密切的湿陷性黄土。

我国黄土分布非常广泛，面积约64万km^2，其中湿陷性黄土约占3/4。以黄河中游地区最为发育，多分布于甘肃、陕西、山西地区，青海、宁夏、河南也有部分分布，其他如河北、山东、辽宁、黑龙江、内蒙古和新疆等省（区）也有零星分布。中国西北的黄土高原是世界上规模最大的黄土高原，华北的黄土平原也是世界上规模最大的黄土平原。

我国黄土主要分布区域及其特点：①陇西地区——湿陷性强烈；②陇东陕北地区——湿陷性大；③关中地区——湿陷性中等；④山西——湿陷性中等；⑤河南——湿陷性较弱；⑥冀鲁——湿陷性较弱或无；⑦北部边远地区——湿陷性中等或弱。

《湿陷性黄土地区建筑规范》（GB 50025—2004）附录A给出了我国湿陷性黄土工程地质分区略图。

二、黄土湿陷发生的原因及影响因素

1. 黄土湿陷发生的原因

黄土湿陷的发生是由于各种原因的渗漏或回水使地下水位上升而引起的。受水浸湿是湿陷发生所必需的外界条件。黄土的结构特征及其物质成分是产生湿陷的内在原因。

2. 影响黄土湿陷性的因素

构成黄土的结构体系是骨架颗粒，它的形态和连接形式影响到结构体系的胶结程度，它的排列方式决定着结构体系的稳定性。湿陷性黄土一般都形成粒状架空点接触或半胶结形式，湿陷程度与骨架颗粒的强度、排列紧密情况、接触面积和胶结物的性质、分布情况有关。

黄土在形成时是极松散的，靠颗粒的摩擦和少量水分的作用略有连接，但水分逐渐蒸发后，体积有所收缩，胶体、盐分、结合水集中在较细颗粒周围，形成一定的胶结连接。经过多次的反复湿润干燥过程，盐分积累增多，逐渐加强胶结而形成较松散的结构形式。季节性的短期降雨把松散的粉粒黏结起来，而长期的干旱气候又使土中水分不断蒸发，于是少量的水分连同溶于其中的盐分便集中在粗粉粒的接触点处，可溶盐类逐渐浓缩沉淀而形成胶结物。随着含水量的减少，土粒彼此靠近，颗粒间的分子引力以及结合水和毛细水的连接力也逐渐增大，这些因素都增强了土粒之间抵抗滑移的能力，阻止了土体的自重压密，形成了以粗粉粒为主体骨架的多孔隙结构（图6-1）。

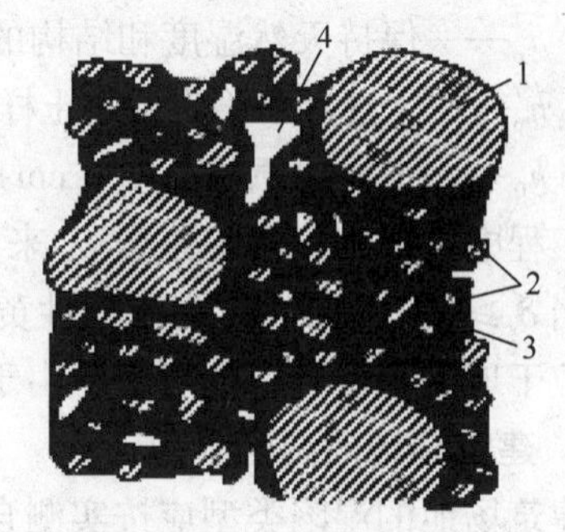

图6-1　黄土微观结构示意图

1—砂粒　2—粗粉粒　3—胶结物　4—大孔隙

当黄土受水浸湿时，结合水膜增厚楔入颗粒之间，于是结合水连接消失，盐类溶于水中，骨架强度随之降低，土体在上覆土层的自重压力或在自重压力与附加压力共同作用下，其结构迅速破坏，土粒向大孔隙滑移，粒间孔隙减小，从而导致大量的附加沉陷。这就是黄土湿陷现象的内在过程。

黄土中胶结物的成分和多寡，以及颗粒的组成和分布，对于黄土的结构特点和湿陷性的强弱有着重要的影响。胶结物含量大，可以把骨架颗粒包围起来，则结构致密。黏粒含量多，并且均匀分布在骨架之间也起了胶结物的作用。这些情况都会使湿陷性降低并使力学性质得到改善。反之，粒径大于0.05mm的颗粒增多，胶结物多呈现薄膜状分布，骨架颗粒多数彼此直接接触，则结构疏松，强度降低而湿陷性增强。此外，黄土中的盐类，如以比较难溶解的碳酸钙为主而具有胶结作用时，湿陷性减弱，但石膏及易溶盐的含量增大，湿陷性增强。

黄土的湿陷性还与孔隙比、含水率以及所受压力的大小有关。天然孔隙比越大，或天然含水率越小，湿陷性越强。天然含水率和孔隙比不变时，随着压力增大，黄土的湿陷性增强，但当压力超过一定限值后，再增加压力，湿陷量反而降低。

三、黄土地基的湿陷性评价

正确评价黄土地基的湿陷性强弱具有很重要的工程意义，它主要包括三方面的内容：首先，查明黄土在一定压力下浸水后是否具有湿陷性，以及湿陷性大小；第二，判别场地的湿陷类型，属于自重湿陷性黄土还是非自重湿陷性黄土；最后，判定湿陷性黄土地基的湿陷等级，即强弱程度。

关于黄土地基湿陷性的评价标准，各国不尽相同。这里介绍《湿陷性黄土地区建筑规范》（GB 50025—2004）规定的标准。

1. 湿陷系数、湿陷起始压力及黄土湿陷性的判别

黄土的湿陷量与所受的压力大小有关，黄土的湿陷性应利用现场采集的不扰动土试样，按室内压缩试验在一定压力下测定的湿陷系数 δ_s 来判定，其计算式为

$$\delta_s = \frac{h_p - h'_p}{h_0} \tag{6-1}$$

式中 h_p——保持天然湿度和结构的土样，加压至一定压力时，下沉稳定后的高度（cm）；

h'_p——上述加压稳定后的土样，在浸水（饱和）作用下，下沉稳定后的高度（cm）；

h_0——土样的原始高度（cm）。

工程中主要利用湿陷系数 δ_s 来判别黄土的湿陷性，当 $\delta_s < 0.015$ 时，定为非湿陷性黄土；当 $\delta_s \geqslant 0.015$ 时，定为湿陷性黄土。

位于地下水位以下的黄土，由于长期浸在水下，湿陷性已消除，不必进行试验来判别。

2. 建筑场地的湿陷类型

建筑场地的湿陷类型应按实测自重湿陷量 Δ'_{zs} 或按室内压缩试验累计的计算自重湿陷量 Δ_{zs} 来判定。

（1）实测自重湿陷量 Δ'_{zs}　实测自重湿陷量，应根据现场试坑浸水试验确定，该试验方法比较可靠，但费水费时，有时受各种条件限制，往往不易做到。在新建地区，对甲、乙类建筑，宜采用试坑浸水试验。

（2）计算自重湿陷量Δ_{zs}

1）自重湿陷系数δ_{zs}。根据室内浸水压缩试验测定不同深度的土样在饱和自重压力下的自重湿陷系数δ_{zs}：

$$\delta_{zs}=\frac{h_z-h'_z}{h_0} \tag{6-2}$$

式中 δ_{zs}——黄土的自重湿陷系数；

h_z——保持天然湿度和结构土样，加压至该土样上覆土层饱和自重压力时，下沉稳定后的高度（cm）；

h'_z——上述加压稳定后的土样，在浸水（饱和）作用下，下沉稳定后的高度（cm）；

h_0——土样的原始高度（cm）。

2）计算自重湿陷量。自重湿陷量按式（6-3）计算：

$$\Delta_{zs}=\beta_0\sum_{i=1}^{n}\delta_{zsi}h_i \tag{6-3}$$

式中 δ_{zsi}——第i层土在上覆土的饱和自重应力作用下的湿陷系数；

h_i——第i层土的厚度（cm）；

n——计算土层内湿陷土层的层数，总计算厚度应从天然地面算起（当挖、填方厚度及面积较大时，自设计地面算起），至其下非湿陷性黄土层的顶面为止（$\delta_{zs}<0.015$的土层不计）；

β_0——因地区土质而异的修正系数；对陇西地区取1.5，对陇东、陕北、晋西地区取1.2，对关中地区取0.9，对其他地区取0.5。

3）建筑场地湿陷类别判别

当Δ'_{zs}（或Δ_{zs}）≤7cm时，定为非自重湿陷性黄土场地。

当Δ'_{zs}（或Δ_{zs}）>7cm时，定为自重湿陷性黄土场地。

（3）计算总湿陷量Δ_s 场地内湿陷性黄土的总湿陷量可按式（6-4）计算：

$$\Delta_s=\sum_{i=1}^{n}\beta\delta_{si}h_i \tag{6-4}$$

式中 δ_{si}——第i层湿陷性黄土的湿陷系数；

h_i——第i层湿陷性黄土的厚度（cm）；

β——考虑地基土的侧向挤出和浸水的可能性大小等因素的修正系数；基底下5m深度范围内可取1.5；5~10m深度范围内，可取1；基底下10m深度以下至非湿陷性黄土顶面，在自重湿陷性黄土场地，可取工程所在地区的β_0值；

Δ_s——湿陷性黄土地基在规定压力作用下充分浸水后可能发生的湿陷变形值；计算深度自基础底面算起，如基底标高不确定时自地面下1.5m算起；在非自重湿陷性黄土场地，累计至基底下10m（或地基压缩层）深度止；在自重湿陷性黄土场地，累计至非湿陷性黄土层的顶面止；湿陷系数δ_s小于0.015的土层不累计。

设计时应根据黄土地基的湿陷等级考虑相应的设计措施，在同样情况下，湿陷程度越高，设计措施要求也越高。

湿陷性黄土地基的湿陷等级，应根据基底下各土层累计的总湿陷量和计算自重湿陷量的大小因素按表 6-1 判定。

表 6-1　湿陷性黄土地基的湿陷等级

计算自重湿陷量/cm 总湿陷量/cm	非自重湿陷性场地	自重湿陷性场地	
	$\Delta_{zs} \leqslant 7$	$7 < \Delta_{zs} \leqslant 35$	$\Delta_{zs} > 35$
$\Delta_s \leqslant 30$	Ⅰ（轻微）	Ⅱ（中等）	—
$30 < \Delta_s \leqslant 70$	Ⅱ（中等）	*Ⅱ（中等）或Ⅲ（严重）	Ⅲ（严重）
$\Delta_s > 70$	Ⅱ（中等）	Ⅲ（严重）	Ⅳ（很严重）

注：*当湿陷量的计算值 $\Delta_s > 60$cm、自重湿陷量的计算值 $\Delta_{zs} > 30$cm 时，可判为Ⅲ级，其他情况可判为Ⅱ级。

四、黄土地基的承载力与变形计算

影响黄土地基承载力的因素主要为黄土的堆积年代，土的含水率、密度和塑性等方面，不同时代堆积的黄土承载力相差很大。含水率对湿陷性黄土的承载力有强烈的影响，含水率增大，土的抗剪强度迅速降低，承载力也会大幅度降低。

对于湿陷性黄土地基，通常用以下几种方法确定其承载力：

1）地基承载力特征值，应保证地基在稳定的条件下，使建筑物的沉降量不超过允许值。

2）甲、乙类建筑的地基承载力特征值，可根据静载荷试验或其他原位测试、公式计算，并结合工程实践经验等方法综合确定。

3）当有充分依据时，对丙、丁类建筑，可根据当地经验确定。

4）对天然含水率小于塑限的土，可按塑限确定土的承载力。

基础底面积，应按正常使用极限状态下荷载效应的标准组合，并按修正后的地基承载力特征值确定。当偏心荷载作用时，相应于荷载效应标准组合，基础底面边缘的最大压力值不应该超过修正后地基承载力的 1.2 倍。

当基础宽度大于 3m 或埋置深度大于 1.5m 时，地基承载力特征值应按《湿陷性黄土地区建筑规范》（GB 50025—2004）中相应的公式进行修正。

对湿陷性黄土地基的变形计算，通常用以下几种方法：按《建筑地基基础设计规范》（GB 50007—2011）相关公式进行计算；按地基固结沉降公式进行计算，计算时按饱和黄土所处的不同固结情况，即正常固结、超固结、欠固结三种情况，采用不同的公式计算。

五、湿陷性黄土地基的工程措施

在湿陷性黄土地区进行建设，地基应满足承载力、湿陷变形、压缩变形和稳定性的要求。针对黄土地基湿陷性这个特点和工程要求，采取以地基处理为主的综合措施，以防止地基湿陷，保证建筑物安全和正常使用，这些措施有地基处理措施、结构措施、防水措施。其中地基处理措施是治本之举。

1. 地基处理措施

湿陷性黄土地基处理的目的在于破坏湿陷性黄土的大孔结构，改善土的物理力学性质，使拟处理湿陷性黄土层的干密度增大、渗透性减弱、压缩性降低、承载力提高，全部或部分消除地基的湿陷性。《湿陷性黄土地区建筑规范》（GB 50025—2004）根据建筑物的重要性由重要到普通，地基受水浸湿可能性的由大到小，在使用上对不均匀沉降限制由严格到一般，将建筑物依次分为甲、乙、丙、丁四类。对甲类建筑物要求消除地基的全部湿陷量，或穿透全部湿陷土层；对乙、丙类建筑物则要求消除地基的部分湿陷量；丁类属次要建筑物，地基可不作处理。常用的地基处理方法列于表 6-2。

表 6-2 湿陷性黄土常用的地基处理方法

名称	适用范围	可处理基底下湿陷性土层厚度/m
垫层法	地下水位以上	1~3
强夯法	地下水位以上，$S_r \leqslant 60\%$ 的湿陷性黄土，局部或整片处理	3~12
挤密法	地下水位以上，$S_r \leqslant 65\%$ 的湿陷性黄土	6~15
预浸水法	自重湿陷性黄土场地，地基湿陷等级为Ⅲ或Ⅳ级	可消除地面下 6m 以下湿陷性土层的全部湿陷性，地面下 6m 以内的还可以采用其他方法处理
桩基础	基础荷载大，有可靠的持力层	≤30
单液硅化或碱液加固法	加固地下水位以上的已有建筑物地基	≤10，单液化硅加固的最大深度可达 20m

2. 结构措施

建筑平面力求简单，加强上部结构的整体刚度，预留沉降净空等，通过采取以上结构措施来减小建筑物不均匀沉降，或使建筑物能适应地基的湿陷性变形。

3. 防水措施

其目的是消除黄土发生湿陷变形的外在条件。基本防水措施要求在建筑布置，场地排水，地面排水、散水等方面，防止雨水或生产生活用水渗入浸湿地基。严格防水措施要求对重要建筑物场地和高级别湿陷地基，在检漏防水措施基础上，对防水地面、排水沟、检漏管沟和井等设施提高设计标准。

知识二　冻土地区的地基与基础

引导问题

1. 冻土就是冻结后的土吗？冻土对路基和建筑物有什么影响？
2. 我国冻土主要分布在哪些地区？

一、冻土的特征及分布

温度等于或低于0℃、含有冰且与土颗粒呈胶结状态的土或岩石，称为冻土。冻土按其冻结时间长短可分为三类：瞬时冻土、季节性冻土、多年冻土。

瞬时冻土，冻结时间小于一个月，一般为数天或几小时（夜间冻结）。冻结深度为几毫米至几十毫米。这种冻土对建筑基础的影响很小，通常不考虑其对建筑物的不利影响。

季节性冻土，冻结时间等于或大于一个月，冬季冻结，夏季融化，冻结时间一般不超过一个季节，冻结深度从几十毫米至1~2m，其下的边界线称为冻深线或冻结线。它是每年冬季发生的周期性冻土。季节性冻土在我国分布很广，占中国领土面积一半以上。厚度在0.5m以上的季节性冻土主要分布在东北、华北、西北地区。

多年冻土，是指冻结时间连续两年或两年以上的冻土。其表层受季节影响而发生周期性冻融变化的土层称为季节融化层。最大融化深度的界面线称为多年冻土的上限。修筑建筑物后所形成的新上限称为人为上限。多年冻土主要分布在黑龙江大小兴安岭、内蒙古纬度较大地区、青藏高原部分地区、甘肃及新疆的高山区，其厚度从不足1米到几十米。多年冻土面积占我国总面积的20%以上，占世界多年冻土总面积的10%。我国多年冻土与季节性冻土合计面积占全国总面积的75%以上，大约有2/3国土面积的地基基础设计和施工需要考虑冻土的影响。

冻土是由土的颗粒、水、冰、气体等组成的多相成分复杂体系。冻土与未冻土的物理力学性质有着共性，但由于冻结时水由液态转变为固态，并对土体结构产生影响，使得冻土具有不同于一般土的特点，如冻结过程中水分的迁移、冰的析出、土的冻胀和融陷等。这些特点将导致冻土对建筑物产生不同程度的危害。所以冻土地区基础工程除按一般地区的要求设计和施工外，还应该考虑其特殊要求。

二、季节性冻土

1. 季节性冻土的特点

季节性冻土地区建筑物的破坏主要是由于地基土冻结膨胀造成的。含黏土和粉土颗粒较多的土，在冻结过程中，由于负温作用使得土中的水分向冻结面迁移积聚，体积增加9%左右，造成冻土体积膨胀，对其上的基础产生不利影响。冻土周期性的冻结、融化，对地基的稳定性、上部结构的变形都有较大的影响。

在冻结条件下，基础埋深若超过冻结深度，则冻胀力只作用在基础的侧面，称为切向冻胀力。在基础埋深比冻结深度小时，除基础侧面有切向冻胀力外，在基底上还作用着法向冻胀力。

地基冻融对建筑物产生的破坏现象有：

1）因基础产生不均匀的上抬，致使建筑物开裂或倾斜。

2）桥墩、输电塔等建筑物逐年上拔。

3）路基土冻融后，在车辆的多次碾压下，路面变软，出现弹簧土现象，甚至路面开裂，翻冒泥浆。

2. 地基土冻胀性分类

季节性冻土的冻胀力与融陷性是相互关联的，常以冻胀性加以概括。影响地基土冻胀性的首要因素是气温。除气温条件外，还受到土的类别、冻前含水率和地下水位等因素影响。

（1）土的类别对冻胀性的影响　土的冻胀性与土颗粒的粒径、矿物成分等因素有关，不同类别的土对冻胀的敏感程度不一样，这是冻胀的内因。粗颗粒的土比细颗粒的土冻胀性低，粉黏粒含量少的土冻胀性低。现在普遍认为易于形成冻胀机制的颗粒尺寸范围为0.005~0.050mm，在该范围内随着粒径的减小和分散性增大，土的冻胀性增大。另外，土中亲水性矿物含量较高时，土的冻胀性会显著增强，这是由于亲水性矿物吸水造成土的含水率增大而引起的。

（2）土的冻前含水率对冻胀性的影响　土中液态水可以分为结合水、重力水、毛细水。其中重力水和毛细水也称为自由水，在0℃或稍低于0℃就冻结，而结合水一般要在－1℃或更低的温度下才冻结。因此，土的冻胀主要是由于冻结前土中的自由水冻结引起的，自由水影响土的冻胀性的物理性质指标为含水率，也就是说土的冻前含水率决定着土的冻胀性。

（3）地下水位对冻胀性的影响　地下水对土的冻胀性影响与各类土的毛细水高度有关。当地下水位低于某一临界深度时，可不考虑其对土的冻胀性的影响，仅考虑土中含水率的影响，此时为一封闭系统；当地下水位高于某一临界深度时，由于毛细水的作用，地下水会随着土中水的冻结不断向土中补充水分，从而大大增强土的冻胀性，此时为一开放系统，既要考虑土中含水率的影响，还要考虑地下水补给的影响。

对于各类土，影响地基土冻胀性的地下水临界深度取值为：黏土、粉质黏土为1.2～2.0m；粉土为1.0～1.5m；砂土为0.5m。

《公路桥涵地基与基础设计规范》（JTG D63—2007）根据土的类别、天然含水率大小、地下水位相对深度以及地面最大冻胀量的相对大小，将地基土划分为不冻胀、弱冻胀、冻胀、强冻胀和特强冻胀五类。

3. 季节性冻土的处理措施

在季节性冻土地区冻害的治理应从分析地基土冻胀性的主要原因入手，找出控制冻害产生的主要因素，并根据实际情况采取不同的治理措施。常用的工程冻害处理措施如下：

1）选择建筑物基础持力层时，尽可能选择在不冻胀或弱冻胀土层上。

2）要保证建筑物基础有相应的最小埋置深度，以消除基底的冻胀力。

3）当冻结深度与地基的冻胀性都较大时，还可以采取减小或消除切向冻胀力的措施，如在基础侧面挖除冻胀土，回填中、粗砂等不冻胀土。

4）选用抗冻性的基础断面，即利用冻胀反力的自锚作用，将基础断面改变，以便增强基础的抗冻胀能力。

三、多年冻土

1. 多年冻土的分布特点

多年冻土的分布随纬度和垂直高度的变化而变化。在北半球，其深度自北向南增大，厚度自北向南减薄以至消失。如西伯利亚北部多年冻土的厚度为200m左右，最厚可达620m，活动层小于0.5m；向南到中国黑龙江省，多年冻土南界厚度仅1～2m，活动层厚达1.5～3.0m。多年冻土的厚度由高海拔向低海拔变薄，活动层也相应增厚。如中国祁连山北坡4000m处多年冻土厚100m，3500m处仅为22m；在青藏高原北部的昆仑山区，多年冻土厚180～200m，向南厚度变薄。无论在南北方向或者垂直方向上，多年冻土都存在3个区：连续多年冻土区、连续多年冻土内出现的岛状融区、岛状多年冻土区。这些区域的出现都与温度条件有关。年均气温低于－5℃，出现连续多年冻土区；出现含岛状融区的多年冻土区，年均气温一般为－5～－1℃。

2. 多年冻土的验算

在多年冻土地区建筑物地基的设计中，应对地基进行静力计算和热工计算。地基的静力计算包括承载力计算、变形计算和稳定性验算。确定冻土地基承载力时，应计入地基土的温度影响。本节主要介绍多年冻土保持冻结状态时地基承载力的计算和稳定性验算。

（1）地基承载力的计算

1）当受到中心荷载作用时，要求

$$p \leqslant [\sigma] \tag{6-5}$$

$$p = \frac{F + G}{A} \tag{6-6}$$

式中 p——基础底面处的平均压力设计值；

$[\sigma]$——地基承载力设计值（不进行深度修正）；

F——上部结构传至基础顶面的竖向力设计值；

G——基础自重和基础上的土重设计值。

2）当受到偏心荷载作用时，除了符合式（6-5）的要求外，尚应符合式（6-7）的要求：

$$p_{\max} \leqslant 1.2[\sigma] \tag{6-7}$$

$$p_{\max} = \frac{F + G}{A} + \frac{M - M_c}{W} \tag{6-8}$$

$$M_c = f_c h_b L(b + 0.5L) \tag{6-9}$$

式中 $p_{\max}$——基础底面边缘处的最大压应力设计值；

M——作用于基础底面的力矩设计值；

W——基础底面的抵抗矩；

M_c——基础侧表面与多年冻土冻结的切向力所形成力矩的设计值；

f_c——多年冻土与基础侧表面间的冻结强度设计值；

h_b——基础侧表面与多年冻土冻结的高度；

b——基础底面的宽度；

L——基础底面平行于力矩作用方向的边长。

（2）冻土地基抗冻拔稳定性验算　设置在季节性冻土和多年冻土地区的墩台基础（图6-2），应根据受力情况满足抗冻胀（拔）稳定要求，按式（6-10）验算抗冻拔稳定性：

$$F_k + G_k + Q_{sk} + Q_{pk} \geqslant kT_k \tag{6-10}$$

$$Q_{sk} = q_{sk}A_s \tag{6-11}$$

$$Q_{pk} = q_{pk}A_p \tag{6-12}$$

$$T_k = z_d \tau_{sk} u \tag{6-13}$$

式中 F_k——作用在基础上的上部结构自重（kN）；

G_k——基础自重及襟边上的土自重（kN）；

Q_{sk}——基础周边融化层的摩阻力标准值（kN），当季节性冻土层与多年冻土层衔接时 $Q_{sk}=0$；当季节性冻土与多年冻土层不衔接时，按式（6-11）计算；

Q_{pk}——基础周边与多年冻土的冻结力标准值（kN），按式（6-12）计算；

k——冻胀力修正系数，砌筑或架设上部结构之前，k 取 1.1；砌筑或架设上部结构之后，对外静定结构 k 取 1.2，对外超静定结构 k 取 1.3；

T_k——对基础的切向冻胀力标准值（kN）；

A_s——融化层中基础的侧面面积（m^2）；

q_{sk}——基础侧面与融化层的摩阻力标准值（kPa），无实测资料时，对黏性土可采用 20 ~ 30kPa，对砂土和碎石土可采用 30 ~ 40kPa；

A_p——在多年冻土内的基础侧面面积（m^2）；

q_{pk}——多年冻土与基础侧面的冻结力标准值（kPa）；

τ_{sk}——季节性冻土切向冻胀力标准值（kPa），按表 6-3 选用；

u——在季节性冻土层中，基础和墩身的平均周长（m）；

z_d——设计冻深（m），当基础埋置深度 h 小于 z_d 时，z_d 采用 h。

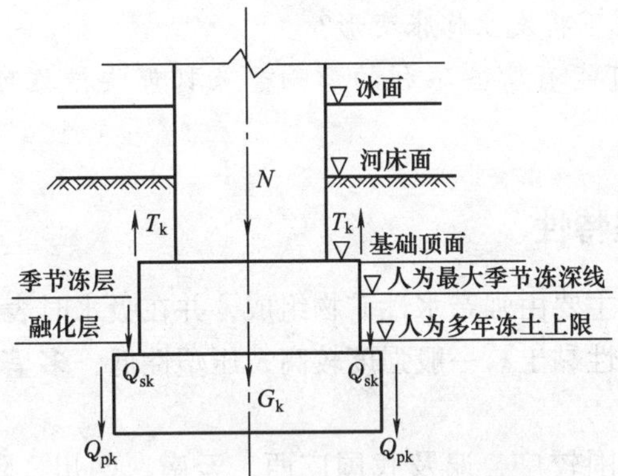

图 6-2　多年冻土地基冻胀力示意图

表 6-3　季节性冻土切向冻胀力标准值　　（单位：kPa）

基础形式 \ 冻胀类别	弱冻胀	冻胀	强冻胀	特强冻胀
墩、桩基础	30 ~ 60	60 ~ 80	80 ~ 120	120 ~ 150
条形基础	15 ~ 30	30 ~ 40	40 ~ 60	60 ~ 70

四、冻胀融沉的防治措施

据黑龙江省的调查，有不少小桥涵，尤其是下部采用桩基础、桥面为板式的小桥，冻胀上拔破坏的较多。因为小桥上部结构自重较轻，基础埋置也较浅，冻胀上拔力大于自重竖向力。为克服这种冻胀破坏，可加深基础的埋置深度，加大上部自重，减小冻胀力。一般工程防止地基冻胀融沉的措施有以下几种：

1）选择建筑物持力层时，尽可能选择在不冻胀或弱冻胀土层上。

2）要保证建筑物基础有相应的最小埋置深度，以消除基底的冻胀力。

3）选用抗冻性的基础断面，即利用冻胀反力的自锚作用，将基础断面改变，以增强基础的抗冻胀能力。

4）当冻结深度与地基的冻胀性都较大时，还应采用减小或消除切向冻胀力的措施：采用粗砂、砾（卵）石等非冻胀性材料换填基础周围冻胀土。换填范围为 0.5～1.0m，换填深度可取：冻胀、强冻胀地基换填 75% 设计冻深；特强冻胀地基换填 90% 设计冻深；极强冻胀地基换填全部冻深。将墩台身和基础侧面，在冻层范围内做成平整、顺畅的表面。在冻层范围内的墩台基础侧面上涂敷沥青、工业凡士林或渣油。基础可做成正梯形的斜面基础，斜面坡度宜大于等于 1∶7。

任务　膨胀土的处理

引导问题

1. 膨胀土在什么情况下将发生膨胀变形？

2. 膨胀土作为地基可能有哪些不利的影响？采取哪些措施可以降低或消除这些不利影响？

一、膨胀土的工程特性

膨胀土是指黏粒成分主要由强亲水性矿物组成，并在吸水时表现明显的膨胀性和失水时表现明显的收缩性的高塑性黏土。一般强度较高，压塑性低，多呈坚硬或硬塑状态，常被误认为是良好的地基。

膨胀土在我国分布范围较广，遍及我国广西、云南、四川、陕西、贵州、新疆、内蒙古、山西、湖北、河南、安徽、山东、河北、海南、广东、辽宁、浙江、江苏、黑龙江、湖南等 20 多个省（区）的 180 多个市、县，总面积在 10 万 km^2 以上。

膨胀土的工程地质特征可以从以下几个方面描述。

1. 膨胀土的物理力学指标

膨胀土其天然含水率通常在 20%～30% 之间，接近塑限，孔隙比一般为 0.6～1.0，饱和度一般均大于 85%，塑性指数在 17～35 之间，液性指数较小。

2. 膨胀土的胀缩特性

膨胀土的膨胀是指在一定条件下其体积因不断吸水而增大的过程，是膨胀土中黏土矿物与水相互作用的结果。反映膨胀土的膨胀性能的指标为自由膨胀率和不同压力下的膨胀率。自由膨胀率是一个与主要矿物成分有关的指标，如由不同主要矿物成分构成的膨胀土，该指标在 40%～80% 之间。自由膨胀率用于膨胀土的初步判别，区分土类，不用于评价地基土的胀缩特性大小。膨胀率是一个反映土在某压力下单位土体的膨胀变形的指标，该指标与土的含水率关系密切，通常土的含水率越低，其膨胀率越高。

膨胀土的收缩特性是由于大气环境或其他因素造成土中水分减少，引起土体收缩的现象。收缩变形是膨胀土变形的另一个重要组成部分。收缩变形可用收缩系数表示。收缩系数定义为含水率减少 1% 时土样的竖向收缩变形率（即竖向线缩率）。收缩系数大，其收缩变形就大。

膨胀土的膨胀与收缩是一个互为可逆的过程。吸水膨胀，失水收缩；再吸水，再膨胀；

再失水，再收缩。这种互为可逆性是膨胀土的一个主要属性。膨胀与收缩的可逆变化幅度用膨胀总率来表示。

3. 膨胀土的危害

世界上已有四十多个国家发现膨胀土造成的危害，每年给工程建设带来的经济损失达数十亿元。膨胀土的工程问题已引起各国学术界和工程界的高度重视。

一般黏性土都具有胀缩率，但其量不大，对工程没有太大影响。而膨胀土的膨胀—收缩—再膨胀的往复变形特征非常明显。建造在膨胀土地基上的建筑物，随季节变化会反复不断地产生不均匀的抬升和下沉，导致建筑物破坏。膨胀土地基导致的建筑物的破坏具有下列规律：

1）建筑物的开裂破坏具有地区性成群出现的特点，建筑物裂缝随气候变化不停地张开和闭合，而且以低层轻型、砖混结构损坏最为严重，因为这类房屋重量轻、整体性较差，且基础埋置浅，地基土易受外界环境变化影响而产生胀缩变形。

2）房屋的垂直和水平方向都受弯和受扭，故在房屋转角处首先开裂，墙上出现对称或不对称的“八”字形、“X”形缝。外纵墙基础由于受到地基在膨胀过程中产生的竖向切力和侧向水平推力的作用，造成基础移动而产生水平裂缝和位移，室内地坪和楼板发生纵向隆起开裂。

3）膨胀土边坡不稳定，地基会产生水平向和垂直向的变形，坡地上的建筑物损坏要比平地上更严重。

4）另外，膨胀土的胀缩特性除使房屋发生开裂、倾斜外，还会使公路路基发生破坏，堤岸、路堑产生滑坡，涵洞、桥梁等刚性结构物产生不均匀沉降，导致开裂等。

二、膨胀土地基的勘察与评价

1. 膨胀土的胀缩性指标

（1）自由膨胀率 δ_{ef}　指研磨成粉末的干燥土样（结构内部无约束力），浸泡于水中，经充分吸水膨胀后所增加的体积与原体积的百分比。

$$\delta_{ef} = \frac{V_w - V_0}{V_0} \tag{6-14}$$

式中　V_0——试样原有体积；

V_w——膨胀稳定后测得的试样体积。

（2）不同压力下的膨胀率 δ_{ep}　指在某一压力作用下，处于侧限条件下的原状土样在浸水前后，其单位体积的膨胀量（以百分数表示）。

$$\delta_{ep} = \frac{h_w - h_0}{h_0} \times 100\% \tag{6-15}$$

式中　h_0——试验开始未浸水时某压力下试样的原始高度；

h_w——压力作用下侧限条件土样浸水膨胀稳定后的高度。

（3）线收缩率 δ_s　指土的垂直收缩变形与原始高度之百分比。试验时把天然土样从环刀中推出后，置于20℃恒温条件下，或15～40℃自然条件下干缩，测量试样收缩稳定时的高度 h，并同时测定其含水率（ω）。则线收缩率 δ_s 按式（6-16）计算：

$$\delta_s = \frac{h_0 - h}{h_0} \times 100\% \qquad (6-16)$$

2. 膨胀土地基的评价

膨胀土的判别是膨胀土地基勘察和设计的首要问题。进行膨胀土场地的评价，应查明建筑场地内膨胀土的分布及地形地貌条件，根据工程地质特征及土的自由膨胀率等指标综合评价。关于地基的胀缩等级，我国规范规定以50kPa压力下（相当于一层砖石结构房屋的基底压力）测定土的膨胀率 δ_{ef}，计算地基分级变形量 s_c，作为划分胀缩等级的标准，见表6-4。

表6-4　膨胀土地基的胀缩等级

s_c/mm	级别
$15 \leqslant s_c < 35$	Ⅰ
$35 \leqslant s_c < 70$	Ⅱ
$s_c \geqslant 70$	Ⅲ

三、膨胀土的地基承载力

膨胀土浸水后强度降低，其膨胀量越大，强度降低越多。膨胀土对基础的影响与基础的大小、基础的埋置深度、荷载大小以及土中含水率的变化等因素有关。膨胀土地基上基础底面设计压力宜大于土的膨胀力，但不得超过地基承载力，膨胀土地基的承载力，可按下列方法确定。

1. 载荷试验法

对荷载较大或没有建筑经验的地区，宜采用浸水载荷试验方法确定地基的承载力。图6-3为浸水载荷试验示意图。先在压板周围打渗水井，井深大于基底以下1.5倍基宽。按压板面积开挖试坑，坑深不小于1m。先分级加载至设计的基底压力，然后浸水，待膨胀稳定后加载至破坏，取破坏荷载的一半作为地基承载力特征值。

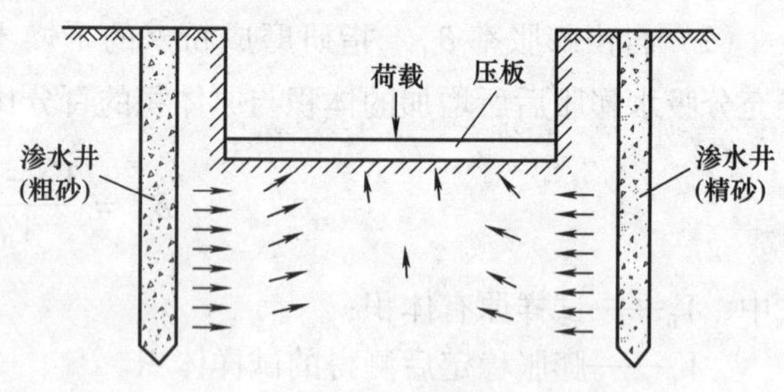

图6-3　浸水载荷试验示意图

2. 计算法

采用饱和三轴不排水快剪试验确定土的抗剪强度，再根据国家现行的建筑地基基础设计规范或岩土工程勘察规范的有关规定计算地基承载力。

3. 经验法

对已有建筑经验的地区可根据成功的建筑经验或地区的承载力经验值确定地基承载力。无资料地区，可按《膨胀土地区建筑技术规范》（GB 50112—2013）规定采用，对于一般工程，地基承载力的确定可参考表6-5。

表 6-5 地基承载力 f_k （单位：kPa）

含水比（α_w）	孔隙比（e）		
	0.6	0.9	1.1
<0.5	350	280	200
0.5～0.6	300	220	170
0.6～0.7	250	200	150

注：1. 含水比为天然含水率与液限的比值：$\alpha_w = \omega/\omega_L$。

2. 此表适用于基坑开挖时土的天然含水率等于或小于勘察时土的天然含水率。

3. 使用此表时应结合建筑物的容许变形值考虑。

四、膨胀土地基的工程措施

膨胀土地区因为土层吸水膨胀、失水收缩的特性，导致其不利于作为建筑物的基础，应尽量避开。如果难以避开，可以从设计、施工、管理维护等方面采取措施，避免和降低膨胀或收缩对建筑物产生的不利影响。

1. 建筑工程处理措施

（1）设计措施

1）建筑场地的选择。根据工程地质和水文地质条件，建筑物应尽量避免布置在地质条件不良的地段（如浅层滑坡和地裂发育区，以及地质条件不均匀的区域）。同时应利用和保护天然排水系统，并设置必要的排洪、截流和导流等排水措施，有组织地排除雨水、地表水、生活和生产废水，防止局部浸水和出现渗漏。

2）建筑措施。建筑物的体型力求简单，尽量避免平面凹凸曲折和立面高低不一。建筑物不宜过长，必要时可用沉降缝分段隔开。一般无特殊要求的地坪，可用混凝土预制块或其他块料，其下铺砂和炉渣等垫层。如用现浇混凝土地坪，其下铺块石或碎石等垫层，每 3m 左右设分隔缝。对于有特殊要求的工业地坪，应该尽量使地坪与墙体脱离，并加填嵌缝材料。

3）结构措施。建筑物应该根据地基土胀缩等级采取下列结构措施：

较均匀的弱膨胀土地基，可采用条基；基础埋深较大或条基基底压力较小时，宜采用墩基；承重砌体结构可采用拉结较好的实心砖墙，不得采用空斗墙、砌块墙或无砂混凝土砌体；不宜采用砖拱结构、无砂大孔混凝土和无筋中型砌块等对变形敏感的结构；Ⅱ级、Ⅲ级膨胀土地区，砂浆强度等级不宜低于 M2.5；为了加强建筑物的整体刚度，可适当设置钢筋混凝土圈梁和构造柱。

单独排架结构的工业厂房包括山墙、外墙及内隔墙均采用与柱基相同的基础承重，端部应适当加深，围护墙宜砌在基础梁上，基础梁底与地面应脱空 10～15cm。建筑物的角端和内外墙的连接处，必要时可增设水平钢筋。

基础埋置深度的选择应考虑膨胀土的胀缩性、膨胀土层埋藏深度和厚度以及大气影响深度等因素。基础不宜设置在季节性干湿变化剧烈的土层内。一般基础的埋深宜超过大气影响深度，当膨胀土位于地表下 3m，或地下水位较高时，基础可以浅埋。若膨胀土层不厚，则尽可能将基础埋置在非膨胀土上。膨胀土地区的基础设计，应充分利用地基土的承载力，并采用缩小基底面积、合理选择基底形式等措施，以便增大基底压力，减小地基膨胀变形量。如果采用深基础，宜选用穿透膨胀土层的桩基等。

4）地基处理。膨胀土地基处理可采用换土、砂石垫层、土性改良等方法。确定处理方法应根据土的胀缩等级、地方材料及施工工艺等，进行综合技术经济比较。

① 换土。换土是最简易的解决方法，换土可采用非膨胀性土或灰土。换土深度根据膨胀土的强度和当地的气候特点决定。在一定深度以下，膨胀土的含水率基本不受外界气候的影响，该深度称为临界深度，该含水率称为该膨胀土在该地区的临界含水率。由于各地的气候不同，各地膨胀土的临界深度和临界含水率也有所不同。换土深度要考虑受到地面降水影响而使土体含水率急剧变化的深度，基本上在1~2m，即强膨胀土为2m，中、弱膨胀土为1~1.5m。具体换土深度要根据调查后的临界深度来确定。换土法处理膨胀土的优点是能够得到比其他处理方法更大的地基承载力，换土法不需要特殊的施工设备，并且工期也比较短。

② 砂石垫层。平坦场地上Ⅰ、Ⅱ级膨胀土的地基处理，宜采用砂、碎石垫层。垫层厚度不应小于300mm。垫层宽度应大于基底宽度，两侧宜采用与垫层相同的材料回填，并做好防水处理。

③ 土性改良。土性改良主要包括石灰改良、水泥改良、化学剂改良。石灰改良的传统工艺是将石灰和膨胀土进行混合，然后压实。目前一种新型的工艺是通过间距较密的钻孔，把石灰水浆用压力注入土中。但这一工艺也存在争议，因为普遍认为石灰水浆从注入点通过底部孔洞、黏土的裂缝及干裂的孔隙进行扩散。这种扩散的范围受到限制，因而处理效果受限。近几年来，有以水泥取代石灰作为膨胀土改良剂的趋势。水泥的水化物包括硅酸钙水化物、铝酸钙水化物和水硬性石灰，在水泥水化过程中，产生的石灰与膨胀土混合，降低了土的膨胀性；同时，水泥与土混合生成水泥土，增强了土的强度。因此，使用水泥来改良膨胀土得到了越来越广泛的应用。但值得注意的是，采用水泥作改良剂比采用石灰的造价高，水泥均匀地渗入颗粒很细的土中难度比石灰大。有机和无机的化学剂已经在膨胀土改良中得到应用，可以降低膨胀土的塑性指数和膨胀潜势。在应用过程中应该注意以下问题：施工前在现场做试验，在处理前和处理后取未扰动土样检验改良效果；注入化学剂的钻孔间距、化学剂的注入压力、施工过程中的控制等是设计重点和施工难点，需要根据工程现场土层、土质条件等分析确定。

（2）施工措施　膨胀土地区的建筑物，应根据设计要求、场地条件和施工季节，做好施工组织设计，在施工中应尽量减少地基中含水率的变化，以减少土的胀缩变形。建筑场地施工前，应该完成场地土方、挡土墙、护坡、防洪沟及排水沟等工程，使排水畅通、边坡稳定。施工用水应该妥善管理，防止管网漏水。临时水池、洗料场、搅拌站与建筑物的距离不少于5m。应做好排水设施，防止施工用水流入基槽内。基槽施工宜采取分段快速作业，施工过程中，基槽不应该曝晒或浸泡。被水浸湿后的软弱层必须清除。雨期施工应有防水措施。基础施工完后应将基槽和室内回填土分层夯实。填土可用非膨胀土、弱膨胀土或掺有石灰的膨胀土。地坪面层施工时应尽量减少地基浸水，并宜用覆盖物湿润养护。

（3）维护措施　使用单位应对膨胀土场区内的建筑、管道、地面排水、环境绿化、边坡、挡土墙等认真进行维护管理。定期检查管线漏水、阻塞情况，检查挡土结构及建筑物的位移、变形、裂缝等。必要时应该进行变形、地温、岩土的含水率和岩土压力的观测工作。

严禁破坏坡脚和墙基。严禁在坡肩大面积堆料，应经常观察有无出现水平位移的情况，当坡体表面出现通长水平裂缝时应及时采取措施预防坡体滑动。

2. 公路工程处理措施

在公路路基工程中，膨胀土处理主要有以下几个方面：填方路基，膨胀土填料处理及路堤边坡防护；挖方路基，路床稳定和路堑边坡防护；排水措施。

针对以上问题，在公路工程中主要采取下列措施：

（1）路床处理　一般应挖除地表下或超挖 30 ~ 60mm 的膨胀土，并用改性的膨胀土或者非膨胀土及时分层回填压实。

（2）土料稳定与压实　强膨胀土不应作为路基填料，若不得已，应尽量选择膨胀潜势较弱的土料，并加以改良。改良的方法有掺石灰、水泥、砂砾石等，常用的方法是掺石灰，掺灰比一般为 6% ~ 8%。

膨胀土作为路基填料压实时，应采用高含水率和较高密实度的原则，碾压并以轻型击实试验进行压实度控制。

（3）路基设计　路基填、挖高度不得过大，一般宜选择浅路堑、低路堤，其高度不宜大于 3m。对于大于 3m 的路堤，必须考虑变形稳定问题，并考虑加宽路基。路堑高时，应考虑台阶式断面和坡脚稳定措施。路基横坡应较一般土质路基大些，以利排水。路肩应较一般土质路肩适当加宽。路堤边坡可按普通黏土边坡放缓些。边沟适当加宽，并尽可能采用深沟排水。路侧不宜种树。

（4）边坡防护　路堤边坡，可采用改性土处理或非膨胀土外包封闭；对路堑边坡应进行全封闭防护，可采用浆砌片石、浆砌混凝土预制护坡或浆砌挡土墙。高等级公路的膨胀土边坡应考虑膨胀土的强度特点，进行稳定性验算。

（5）排水措施　所有路基均应设置定点的排水设施，并形成排水网，使地表水及地下水能够畅通排泄，防止浸入路基。路肩、中央分隔带应设置与路面相同的不透水基层。边沟应加宽加深，并采取防渗措施，路堑边坡外侧必须设平台以保护坡脚免受浸湿，同时防止坡面剥落物堆积堵塞边沟。路堑顶部应设截水沟，防止水流冲蚀坡面与渗入坡体，截水沟的位置应视上部坡面汇水情况而定，一般应距堑缘 1.0m 以外。对于台阶式高边坡，应在每一级平台内侧设排水沟。边沟、截水沟、排水沟、平台应全封闭，严防渗漏和冲刷。

习　题

6-1　如何划分湿陷性黄土的类型和等级？

6-2　湿陷性黄土地基如何处理？

6-3　冻土有哪些类型？冻土对建筑物和构筑物可能产生哪些危害？

6-4　如何避免冻土给建筑物和构筑物带来的危害？

6-5　膨胀土有哪些特点？膨胀土地基的工程处理措施有哪些？

项目七　基础工程抗震

知识目标

掌握：公路路基和桥梁基础的常见抗震措施。

理解：地震的类型和引起建筑物破坏的机理。

了解：我国地震带的分布特点；地震对地基和基础产生的震害特点；不同的地质条件发生震害的不同危害程度；建筑抗震原理和常见措施。

能力目标

具有路基抗震能力大小的判别能力。

具有桥梁基础提高抗震能力的初步分析能力。

情境导入

地震（Earthquake）又称地动，是地壳在内部或外部因素作用下应力的突然释放产生的震波，在一定范围内引起震动的自然现象。全球每年发生地震约五百万次，几乎是每时每刻都有地震发生。但是人们能感受到的地震并不多，绝大多数地震是人们难以感觉到的。人们能够感觉到的地震称为有感地震，只占全球地震总数的1%。

地震，特别是强烈地震会给人类带来巨大灾难，造成人员伤亡和经济损失。1556年中国陕西省华县地震，据明史《嘉靖实录》记载“压死官吏军民奏报有名者八十三万有奇，……其不知名未经奏报者复不可数计”，破坏程度的严重性在世界地震史上绝无仅有。1976年的唐山大地震、2008年5月12日汶川大地震造成了巨大的人员伤亡及财产损失，给中国人民带来了巨大的伤痛。自2009年起，每年5月12日为全国防灾减灾日。

随着社会及经济的发展，中国的城镇化进程加快，人口密集的大中城市增多。据统计，我国3/4的城市处于地震区。地震会引起道路桥梁损毁，车辆人员进出受阻，导致震后救灾困难，加重灾害程度。地震灾害可能造成的后果更加严重，抗震减灾的必要性突显。

知识一　地震的概念

引导问题

1. 引起地震的原因有哪些？如何划分其大小？
2. 地震将引起哪些破坏？怎样衡量其破坏程度？
3. 地震引起的地震波在地球中怎样传播？

一、地震类型和成因

1. 按成因分类

地震按其成因可分为构造地震、火山地震、陷落地震和诱发地震四种类型。

（1）构造地震是地壳运动的过程中岩层的薄弱部位发生断裂错动而引发的地震。构造地震分布广、危害大、发生次生灾害多，是主要的地震类型，占全球地震发生总数的90%。

（2）火山地震是指由火山爆发，岩浆猛烈冲击地面而引起的地面震动，一般影响较小。这类地震只占全世界地震的7%左右，在我国很少见。

（3）陷落地震是指由地表或地下岩层发生大规模陷落和崩塌所引起的地震。这类地震的震级很小，造成的破坏很小，次数也很少，约占3%。

（4）诱发地震是指由水库蓄水、放水引起的库区发生的地震。1962年3月19日在广东河源新丰江水库坝区发生了迄今我国最大的水库诱发地震，震级为7.1级。

2. 按震源深度分类

地震的发源处称为震源。震源在地表的垂直投影叫震中。震源至地面的垂直距离叫震源深度（图7-1）。地震按震源深度分为：浅源地震，震源深度小于70km；中源地震，地震深度为70~300km；深源地震，震源深度大于300km。

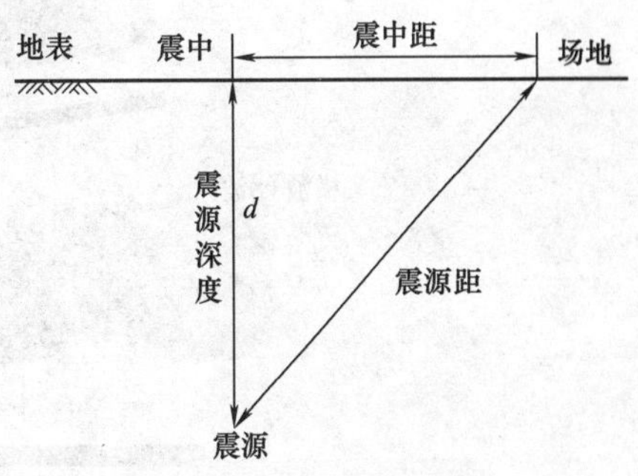

图7-1　地震术语示意图

浅源地震距地面近，对震中造成的危害大，但波及范围较小。深源地震波及范围大，但地震能量在长距离传播中消耗较大，破坏程度较轻。全球每年地震释放能量的85%来自浅源地震，12%来自中源地震，3%来自深源地震。

1960年2月29日发生于摩洛哥艾加迪尔城的5.8级地震，深度为3km。震中破坏极为严重，但破坏仅局限在距离震中8km的范围内。2002年6月29日发生于吉林的7.2级地震，震源深度为540km，无破坏。目前观测到的最深地震发生在地下720km左右。

3. 按地震序列分类

每次大地震发生，在一定时间内，震区相继发生一系列大小地震，称为地震序列。在一个地震序列中，最大的一次地震称为主震，主震之前发生的地震称为前震，主震之后发生的地震称为余震。

（1）主震型地震　在一个地震序列中，主震震级很突出，其释放的能量占全序列中的绝大部分。这是一种破坏性地震类型。这种地震的数量约占地震总量的60%。如海城地震、唐山地震。

（2）震群型或多发型地震　在一个地震序列中，主震震级不突出，主要地震能量由多个震级相近的地震释放出来。这种地震约占地震总量的30%。如1966年邢台地震。

（3）孤立型或单发型地震　在一个地震序列中，前震和余震都很少，甚至没有，绝大部分地震能量都通过主震一次释放出来。其数量占地震总量的10%左右。如1976年内蒙古和林格尔地震。

二、地震波动理论

地震引起的振动以波的形式从震源向各个方向传播，这就是地震波。地震波是一种弹性波，包含体波和面波两种类型。

1. 体波

在地球内部传播的波就是体波，体波分为纵波（P 波）和横波（S 波）（图 7-2）。当质点的振动方向与波的传播方向一致时称为纵波，又称压缩波（Pressure Wave，P 波）。地震中纵波向上传播到地面时引起地面垂直方向的振动，其特点是周期短、振幅小，如图 7-3a 所示。当质点的振动方向与波的传播方向垂直时称为横波，又称剪切波（Shear Wave，S 波）。横波只能在固体介质中传播，向上传播到地面时引起地面水平方向的振动，其特点是周期较长、振幅较大，如图 7-3b 所示。

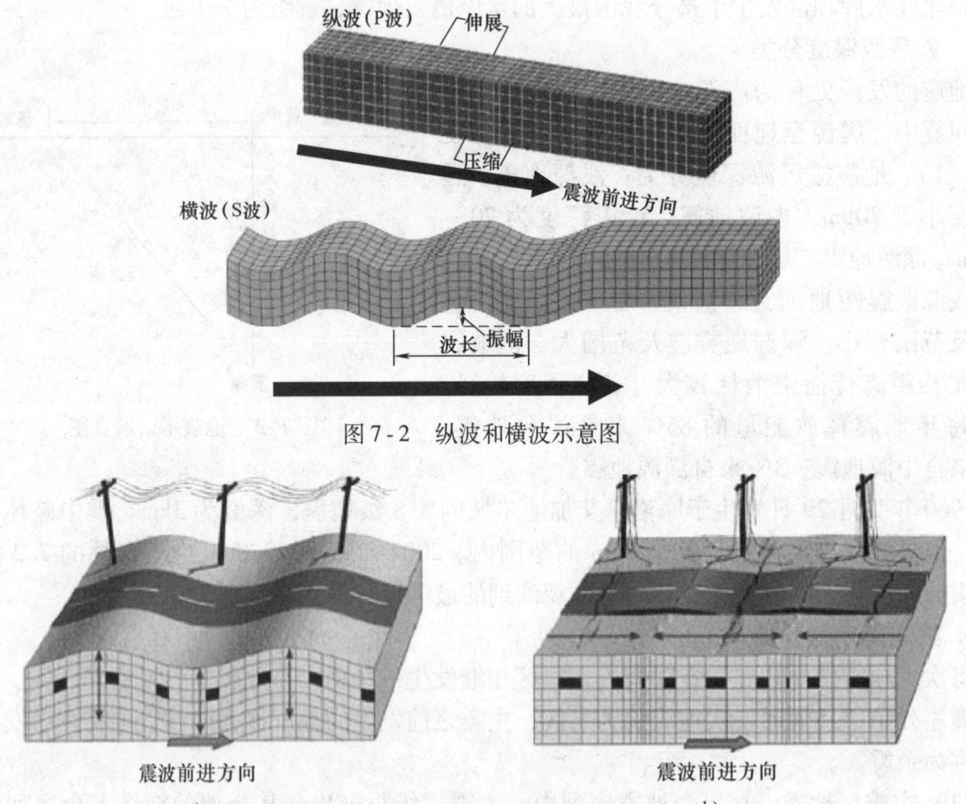

图 7-2　纵波和横波示意图

图 7-3　纵波和横波引起地表反应示意图

根据弹性理论，纵波的传播速度 v_P 与横波的传播速度 v_S 可按式（7-1）计算：

$$\left.\begin{aligned} v_P &= \sqrt{\frac{E(1-\mu)}{\rho(1+\mu)(1-2\mu)}} \\ v_S &= \sqrt{\frac{E}{2\rho(1+\mu)}} = \sqrt{\frac{G}{\rho}} \end{aligned}\right\} \tag{7-1}$$

式中　E——介质的弹性模量；

　　　G——介质的剪切模量；

ρ——介质的密度；

μ——介质的泊松比。

在一般情况下，当$\mu=0.22$时，从式（7-1）可得：$v_P=1.67v_S$，纵波的传播速度大约为横波的1.67倍，纵波的传播速度比横波快。地震时人们先是感觉到上下颠簸，然后才左右摇摆。

2. 面波

面波是沿地球表面传播的地震波，包括瑞利波（Rayleigh wave，R波）和勒夫波（Love wave，L波）。瑞利波传播时，质点在波的传播方向与地表面法向组成的平面内做反向椭圆运动，在地面上表现为滚动形式。勒夫波传播类似蛇形运动，质点在与波传播方向垂直的水平方向做剪切型运动。面波的传播速度较慢，而其周期长、振幅大、衰减慢的特点使其能传播很远。

地震时对某一点来说，纵波最先到达，横波较迟，面波最后达到。但是由于面波振幅大、能量强的特点，给建筑物及地表面造成的破坏最大。根据统计，一般建筑物的震害主要是水平振动引起的，所以体波和面波引起的水平地震作用通常是最主要的地震作用。

三、震级与烈度

1. 震级

地震震级是对地震时震源释放出的能量大小的一种度量，用符号M表示。一次地震释放的能量越大，震级越高，每差一级能量相差32倍。一次6级地震所释放的能量，相当于一个2万t级的原子弹爆炸释放的能量。

地震震级一般都是按里希特（Richter）于1935年建议的方法确定，故称里氏震级。根据震级M的大小，可将地震分为：

1）微震。$M<2$级，人感觉不到，只有仪器才能记录下来。

2）有感地震。$M=2\sim4$级，人能感觉到。

3）破坏地震。5级$\leqslant M<7$级，能够引起不同程度破坏。

4）强烈地震。7级$\leqslant M<8$级，破坏力很大。

5）特大地震。$M\geqslant8$级，破坏力巨大。

2011年3月11日，东京时间14时46分，日本宫城县北部牡鹿半岛东南130km的太平洋海域发生里氏9.0级地震，地震震源深度约为20km。这是目前世界观测史上震级最高的地震。

2. 烈度

地震烈度是指某一区域的地面和各类建筑物遭受一次地震影响的强弱程度，是衡量地震引起后果的一种度量，用符号I_0表示。对于一次地震来说，只有一个震级，但对不同区域有不同的地震烈度。一般来说，震中区域地震影响最大，烈度最高；距震中越远地震影响越小，烈度越低。影响烈度的因素，除了震级、震中距外，还与震源深度、地震的传播介质、表土性质、建筑物的动力特性和施工质量等许多因素有关。

为评定地震烈度，就需要建立一个标准，这个标准就称为地震烈度表。它是以描述震害宏观现象为主的，即根据建筑物的损坏程度、地貌变化特征、地震时人的感觉、家具的动作反应等方面进行区分。各个国家的地震烈度划分并不相同，我国的地震烈度划分为12度。我国目前使用的地震烈度表为2008年公布的《中国地震烈度表》（GB/T 17742—2008）。

一般来说，震中烈度是震级和震源深度的相关函数。但是对人员及财产影响最大的、发生最多的地震的震源深度一般在 10～30km。所以可以近似地认为震源深度不变来进行震中烈度 I_0 与震级 M 之间的关系研究，两者关系见表 7-1。

表 7-1 震中烈度与震级的大致对应关系

震级 M	2	3	4	5	6	7	8	8 以上
震中烈度 I_0	1～2	3	4～5	6～7	7～8	9～10	11	12

根据以往地震记载资料分析，发现一个地区的地震烈度有很多种，其烈度大小分布有一定的规律。不同地区的地震烈度大小分布常常不尽相同。不同地区抗震设防标准应该以尽量降低地震对本地区带来的破坏程度为原则，没有必要设置很高的标准，也不能完全相同。为了不同地区便于抗震分析和设计，把某一地区在今后 50 年内一般场地条件下可能遭遇的超越概率为 10% 的地震所对应的烈度称为基本烈度。基本烈度的确定是地震主管部门以我国的地震危险区为基础，考虑了地震烈度随震中距增加而衰减的统计分析，结合历史地震调查，制定了我国的地震烈度区划图，烈度区划图中划定的烈度即为基本烈度。在我国工程抗震设计规范中，设防地震大都是以“基本烈度”的形式体现的。

建筑物的重要性是不同的，抗震设防标准理应有所不同。抗震设防烈度是考虑建筑物的重要性或场地的特殊条件而将基本烈度进行调整后的烈度。设防烈度是区域抗震设防的依据。对多数建筑，设防烈度就等于基本烈度。

知识二 地基基础震害

引导问题

1. 我国地震带分布情况是怎样的？你所在城市或地区属于什么样的地震情况？
2. 地震给地基和基础带来什么样的危害？
3. 地震时哪些地质条件下产生的灾害更严重？

一、世界地震活动

据统计，地球上平均每年发生震级为 8 级以上、震中烈度在 11 度以上的毁灭性地震 2 次；震级为 7 级以上、震中烈度在 9 度以上的大地震近 20 次；震级在 2.5 级以上的有感地震达 15 万次以上；通常地震台的仪器能够记录到的地震至少在 100 万次以上。这些地震每年以地震波形式释放出来的能量估计每年达 9×10^{17}J，大约是广岛原子弹爆炸所释放能量的 2 万倍，且主要是由少数大地震释放出来的，其中约 85% 是浅源地震释放的。

地球上的地震主要集中在 4 个地震带：

（1）环太平洋地震带　全球约 80% 的浅源地震和 90% 的中深源地震，以及几乎所有的深源地震都集中在这一地带。它沿南北美洲西海岸、阿留申群岛，转向西南到日本列岛，再经我国台湾省，达菲律宾、新几内亚和新西兰。

（2）欧亚地震带　除分布在环太平洋地震活动带的中深源地震以外，几乎所有其他中深源地震和一些大的浅源地震都发生在这一地震活动带，这一活动带内的震中分布大致与山脉的走向一致。它西起大西洋的亚速岛，经意大利、土耳其、伊朗、印度北部、我国西部和西南地区，过缅甸至印度尼西亚与上述环太平洋地震带相衔接。

（3）沿北冰洋、大西洋和印度洋中主要山脉的狭窄浅震活动带　北冰洋、大西洋地震带是从勒拿河口地震较稀少的地区开始，经过一系列海底山脉和冰岛，然后顺着大西洋底的隆起带延伸。印度洋地震带始于阿拉伯半岛之南，沿海底隆起延伸，以后朝南走向南极。

（4）地震相当活跃的断裂谷　如东非洲和夏威夷群岛等。

二、我国地震活动

1. 我国的地震区域及地震带分布

我国东邻环太平洋地震带，南接欧亚地震带，地震分布相当广泛。地震活动主要分布在五个地区的23条地震带上。这五个地区是：①台湾省及其附近海域；②西南地区，主要是西藏、四川西部和云南中西部；③西北地区，主要在甘肃河西走廊、青海、宁夏、天山南北麓；④华北地区，主要在太行山两侧、汾渭河谷、阴山—燕山一带、山东中部和渤海湾；⑤东南沿海的广东、福建等地。

我国的主要地震带有两条：①南北地震带：北起贺兰山，向南经六盘山、穿越秦岭沿川西至云南省东北，纵贯南北。地震带宽度各处不一，大致在数十至百余公里，分界线由一系列规模很大的断裂带和断陷盆地组成，构造相当复杂。②东西地震带：主要的东西构造带有两条，北面的一条沿陕西、山西、河北北部向东延伸，直至辽宁北部的千山一带；南面的一条自帕米尔起，经昆仑山、秦岭，直到大别山区。

我国的台湾省位于环太平洋地震带上，西藏、新疆、云南、四川、青海等省区位于喜马拉雅—地中海地震带上，其他省区处于相关的地震带上。中国地震带的分布是制定中国地震重点监视防御区的重要依据。

2. 我国地震活动的主要特点

（1）地震活动分布范围广　我国绝大部分省份都曾发生过6级以上地震，地震基本烈度6度及以上地区的面积占国土面积的79%。我国地震活动范围广，震中分散，科学技术欠缺，以致难以集中采取防御措施，地震防范工作任务艰巨。

（2）地震活动频繁　我国是全球大陆地震活动最活跃的地区。20世纪我国发生7级以上地震116次，约占全球的6%，其中大陆地震71次，约占全球大陆地震的29%。

（3）地震活动具有时、空分布不均匀性　我国的强地震活动在时间上具有活跃—平静的交替出现的特征。活跃期和平静期的7级以上地震年频度比为5:1。1901~2000年的一百年间，我国大陆经历了五个地震活动相对活跃期和四个地震活动相对平静期，其时段划分大致为：1901~1911年、1920~1937年、1947~1955年、1966~1976年和1988~2000年为相对活跃期，1912~1919年、1938~1946年、1956~1965年和1977~1987年为相对平静期。

（4）强震活动分布相对集中，震源较浅　台湾地区是我国地震活动最为强烈的地区。20世纪台湾发生7级以上地震41次，占我国7级以上地震总数的35%。在大陆地区，以东经107°为界，以西地区由于直接受到印度洋板块的强烈挤压，地震活动的强度和频度均大于东部地区。20世纪我国大陆发生7级以上浅源地震64次，其中东经107°以西地区56次，占87.5%，其释放的地震能量占95%以上。且地震绝大多数是震源深度为20~30km的浅源地震，对地面建筑物和工程设施的破坏较严重。

（5）位于地震区的大中型城市多，建筑物抗震能力低　我国450个城市中，位于地震区的占74.5%，其中有一半位于地震基本烈度7度及其以上地区；28个百万以上人口的特大城市，有85.7%位于地震区。特别是一些重要城市，如北京、昆明、太原、西安、海口、中国台北等，都位于地震基本烈度8度的高烈度地震区。

三、地震灾害

20世纪以来，全世界破坏性强的地震平均每年发生18次，造成经济损失达数千亿美元。地震灾害影响因素包括震级、震中距、震源深度、发震时间、发震地点、地震类型、地质条件、建筑物抗震性能等自然因素以及地区人口密度、经济发展程度和社会文明程度等社会因素。地震灾害具有突发性、不可预测性、频度较高、次生灾害严重、社会影响大等特点。地震灾害是可以预防的，综合防御工作做好了可以最大限度地减轻自然灾害。

1. 原生地震灾害

地震直接造成的地表破坏为原生地震灾害，主要有山石崩裂、滑坡、地面开裂、地陷、喷水冒砂等形式。原生地震灾害分为以下几类：

1）地面破坏。如地面裂缝、错动、塌陷、喷水冒砂等。

2）建筑物与构筑物的破坏。如房屋倒塌、桥梁断落、水坝开裂、铁轨变形等。

3）山体等自然物的破坏。如山崩、滑坡等。

4）海啸。海底地震引起的巨大海浪冲上海岸，可造成沿海地区的破坏。

2004年12月26日，印尼北部苏门答腊岛海域发生8.9级地震，并引发强烈海啸，至少有28万人死亡。2011年3月11日，日本东部海域发生9.0级地震，震源深度20km，引发强烈海啸，至少有14万人死亡，1万余人失踪。

2. 次生地震灾害

强烈地震发生后，自然以及社会原有的状态被破坏，造成的山体滑坡、泥石流、水灾、瘟疫、火灾、爆炸、毒气泄漏、放射性物质扩散、对生命产生威胁等一系列灾害，统称为地震次生灾害。

1966年3月8日，我国河北省邢台地区隆尧县东，发生了6.8级强烈地震，出现了滑坡、崩塌、涌泉、喷水冒砂等现象，水井向外冒水，淹没了农田和水利设施。山崩飞石撞击引起了火灾造成烧山。

2008年5月12日，我国四川汶川发生8.0级地震，地震引发滑坡、泥石流堵塞河道形成堰塞湖。唐家山堰塞湖是汶川大地震后形成的最大堰塞湖，是北川灾区面积最大、危险最大的一个堰塞湖，威胁着下游数万人生命安全。

2011年3月11日，日本海域发生9.0级大地震，造成福岛核电站的第一核电站1~4号机组反应堆相继发生核燃料棒融化，烧穿外层保护壳，放射性物质泄漏到外部，使周边海域及空气受到了严重的核辐射污染。

四、地基和路基的震害

地震时，地基土的物理力学性质发生根本变化，以致地基失效进而导致建筑物的破坏。地基受震失效主要表现为：

（1）失稳　由于土体承受了瞬时过大的地震荷载，或由于土体强度瞬时降低，都会使地基失稳。砂土液化、河岸或斜坡的滑移都是地基失稳的例子。填土路基如果填料采用砂土、砾石土等黏聚力低的填土，或者压实度较低，地震荷载作用下更容易发生路基滑移，影响道路正常使用。

（2）变形增加而导致建筑物过量震陷或差异震陷　在半挖半填地基或其他成层复杂的地基，或软土地基上的建筑容易发生这类破坏。不均匀路基或者局部有软土层的地基，地震荷载作用下软土层的沉降量较大，导致差异震陷。

（3）次生灾害　地震带来的次生灾害主要有崩塌、滑坡、泥石流、堰塞湖等。高、陡边坡和岩石破碎带附近更容易发生次生灾害。这些次生灾害容易导致道路路面受损或堵塞道路，破坏挡土结构物（如道路挡土墙），阻碍交通，影响道路正常使用。不同类型挡土墙或路堤墙的抗震能力有很大差别，其中锚杆或锚索挡土墙的抗震能力较强，而重力式挡土墙比挂网喷浆挡土墙的抗震能力略强。

五、基础的震害

建筑物基础的常见震害有：

（1）沉降、不均匀沉降和倾斜　观测资料表明，一般黏性土地基上的建筑物由地震产生的沉降量通常不大；而软土地基则可产生 10～20cm 的沉降，也有达 30cm 以上者。如地基的主要受力层为液化土或含有厚度较大的液化土层，强震时则可能产生数十厘米甚至 1m 以上的沉降，造成建筑物的倾斜和倒塌。如 1970 年云南通海地震时，1 孔 10m 的石拱桥由于两桥台地基的不均匀沉陷（相对沉陷量达 30cm），造成了拱圈错断。

（2）水平位移　常见于边坡或河岸边的建筑物，其常见的原因是土坡失稳和岸边地下液化土层的侧向扩展等。1975 年海城地震、1976 年唐山地震时，有些地区由于地基液化、河岸滑移，桥墩普遍向河心移动或向河岸倾斜或折断，导致交通中断。

（3）受拉破坏　地震时，受力矩作用较大的桩基础的外排桩受到过大的拉力，桩与承台的连接处会产生破坏。杆、塔等高耸结构物的拉锚装置也可能因地震产生的拉力过大而破坏。

地震作用是通过地基和基础传递给上部结构的。因此，地震时首先是场地和地基受到考验，继而产生建筑物和结构物的振动，并由此引发地震灾害。

六、工程地质条件对震害的影响

1. 局部地形条件的影响

孤立突出的山梁、山包、条状山嘴，高差较大的台地、陡坡及故河道岸边等，均对建筑物的抗震不利。一般来说，当局部地形高差大于 30m 时，震害就会有明显的差异，位于高处的建筑震害加重。

1920 年宁夏海原发生 8.5 级地震时，处于渭河谷地姚庄的烈度为 7 度，而 2km 外的牛家山庄因位于高出百米的黄土梁上，其烈度则达 9 度。云南通海地震、东川地震、辽宁海城地震等地震调查也发现，位于局部孤立突出的地形，如孤立的小山包或山梁顶部的建筑，其震害一般均比平地上同类建筑重，孤立突出的条带状山嘴，其震害也明显加重。

1975 年辽宁海城地震时，在大石桥盘龙山高差达 58m 的两个测点的强余震加速度记录均表明，孤立突出地形上的地面最大加速度较山脚下的地面加速度平均高出 1.84 倍。

2. 局部地质构造的影响

局部地质构造主要是指断层。断层为地质构造的薄弱环节，分为发震断层和非发震断层。具有潜在地震活动的断层为发震断层，多数浅源地震与发震断层有关。在发震断层及其邻近地段，地震烈度有明显增高的趋势。在强烈地震时，发震断层往往引起地表错动。因此，在选择公路路线、建筑物的场地时，应尽量远离断层及其破碎带。

1970 年云南通海地震时，地震引起的地裂缝带所经之处，道路严重坍塌，桥梁完全倒塌（小红波一号桥和二号桥等）。美国加利福尼亚州南太平洋铁路 3 ~ 6 号隧道，其洞身都穿过活动断层，1952 年克斯郡地震时，在地层裂缝处洞身都产生错移。日本丹郡隧道的超前排水隧洞经过断层，1936 年地震后，由于断层错动，使隧洞洞身横向错开 2. 28m，导致隧洞废弃。

3. 地下水位的影响

地下水位越浅震害越重，地下水位深度在 5m 以内时，震害影响最为明显。对于不同类别的地基土，地下水位的影响程度也有所差别：软弱土层，如粉砂、细砂、淤泥质土等，其影响程度最大；黏性土影响次之；碎石、角砾等影响较小。

总之，工程地质条件对公路路基和建筑物的震害是有较大影响的，因此，在设计时应按抗震设计的原则和要求选择建筑场地。

*任务一　公路、桥梁基础抗震

引导问题

1. 我国公路工程的抗震有哪些目标？什么样的场地适宜作为路基？
2. 地基抗震能力有大有小，如何区分？公路路基需要采取哪些抗震措施？
3. 什么样的场地利于桥梁基础抗震？桥梁基础如何抗震设防？

公路与桥梁是我国交通路网的重要组成部分，在我国的经济建设与社会生活中起着至关重要的作用。我国处于地震多发区域，公路与桥梁时刻受到地震的威胁，所以对抗震的要求相当严格。当遇到地震时，适当的抗震措施能有效减轻公路、桥梁的地震破坏，保障人民生命财产的安全和减少经济损失，更好地发挥公路、桥梁运输及其在抗震救灾中的作用。

公路、桥梁工程抗震是建筑抗震的一部分，其中公路、桥梁基础抗震是公路、桥梁工程抗震的重要组成部分，它们都遵循建筑工程抗震设计的基本原理及分析方法，在不同的细分工程中又遵照相应的工程抗震设计规范。

一、公路路基及桥梁基础抗震

1. 公路路基抗震设计要求及目标

抗震设防水平越高，安全性越高，相应的工程造价也越高。结合我国的地震发生和分布情况以及经济实力，我国的抗震设防总体原则是："多遇地震不坏、设防地震可修、罕遇地震不倒"，或简单叙述为"小震不坏、中震可修、大震不倒"。

我国公路工程抗震设防要求：《中国地震烈度区划图》中所规定的基本烈度为 7、8、9 度地区的公路工程抗震设计按照《公路工程抗震设计规范》（JTJ 044—1989）进行；对于基本烈度大于 9 度的地区，公路工程抗震设计应进行专门研究，基本烈度为 6 度地区的公路工程，除国家特别规定外，可采用简易设防。

我国公路工程抗震设防的目标：在发生与《公路工程抗震设计规范》中规定相当的基本烈度地震影响时，位于一般地段的高速公路、一级公路工程，经一般整修即可正常使用；位于一般地段的二级公路工程及位于软弱黏性土层或液化土层上的高速公路、一级公路工程，经短期抢修即可恢复使用；三、四级公路工程和位于抗震危险地段、软弱黏性土层或液化土层上的二级公路以及位于抗震危险地段的高速公路、一级公路工程，保证不发生严重破坏。

计算路基和桥梁基础等受到的地震荷载，需要考虑公路和桥梁的重要性大小，应根据路线等级及构造物的重要性和修复（抢修）的难易程度，进行重要性系数 C_i 修正，即乘以相应的重要性修正系数 C_i（表 7-2）。

对政治、经济或国防具有重要意义的三、四级公路工程，按照国家批准权限，报请批准后，其重要性修正系数可按表 7-2 调高一档采用。

我国公路工程抗震设计要求：

1）选择对抗震有利的地段布设路线和选择桥位。

2）避免或减轻在地震影响下因地基变形或地基失效对公路工程造成的破坏。

3）本着减轻震害和便于修复（抢修）的原则，确定合理的设计方案。

4）加强路基的稳定性和构造物的整体性。

5）适当降低路基和构造物的高度，合理减轻构造物的自重。

6）在设计中提出保证施工质量的要求和措施。

表 7-2　重要性修正系数 C_i

路线等级及构造物	重要性修正系数 C_i
高速公路和一级公路上的抗震工程	1.7
高速公路和一级公路的一般工程，二级公路上的抗震重点工程，二、三级公路上桥梁的梁端支座	1.3
二级公路的一般工程、三级公路上的抗震重点工程、四级公路上桥梁的梁端支座	1.0
三级公路的一般工程、四级公路上的抗震重点工程	0.6

注：位于基本烈度为 9 度地区的高速公路和一级公路上的抗震重点工程，其重要性修正系数也可采用 1.5。

2. 场地与路基的选择

公路工程场地选择时，应搜集基本烈度、地震活动情况和区域性地质构造等资料，并加强工程地质、水文地质和历史震害情况的现场调查和勘察工作，查明对公路工程抗震有利、不利和危险的地段。应充分利用对抗震有利的地段。

抗震不利的地段是指：软弱黏性土层、液化土层和地层严重不均的地段；地形陡峭、孤突，河岸和边坡的边缘，岩土松散、破碎的地段；平面分布上成因、岩性、状态明显不均匀的土层（如故河道、疏松的断层破碎带、暗埋的塘浜沟谷等）；高含水率的可塑黄土，地表存在结构性裂缝等；地下水位埋藏较浅、地表排水条件不良的地段。

抗震有利地段一般是指：建设地区及其临近无晚近期活动性断裂，地质构造相对稳定，同时地基为比较完整的岩体，坚硬土或平坦、开阔、密实的中硬土等。

路线宜绕避下列地段：

1）地震时可能发生滑坡、崩塌的地段。

2）地震时可能塌陷的暗河、溶洞等岩溶地段和已采空的矿穴地段。

3）河床内基岩具有倾向河槽的构造软弱面被深切河槽所切割的地段。

4）含地震时可能坍塌而严重中断公路交通的各种构造物的地段。

对河谷两岸在地震时可能因发生滑坡、崩塌而造成堵河成湖的地段，应估计其淹没和堵塞体溃决的影响范围，合理确定路线的标高。当可能因发生滑坡、崩塌而改变河流流向、影响岸坡以及路基的安全时，应采取适当的防护措施。

当路线无法避开因地震而可能严重中断交通的地段时，应备有维护交通的方案。例如：尽量与邻近公路连通；当有旧路、老桥、渡口等可供利用时，宜养护备用；当有特殊需要时，可考虑修建一段抗震备用的低标准辅道等。

3. 路基抗震强度验算

路基抗震强度是路基抵御地震的重要参考指标。验算路基的抗震强度和稳定性，只考虑垂直路线走向的水平地震荷载。地震荷载应与结构重力、土的重力和水的浮力相组合，其他荷载均不考虑。地震荷载是偶然发生且不断变化的荷载，按照其实际数值进行计算，是贴近工程实际的方法，但这种方法的计算量很大，而且地震荷载难以准确确定。为了便于计算，目前工程上主要是把地震荷载简化为固定荷载，采用自重等荷载乘以一地震荷载系数的办法确定地震荷载作用的大小。

路基的水平地震荷载，按式（7-2）计算：

$$E_{hs} = C_i C_z K_h G_S \tag{7-2}$$

式中 E_{hs}——作用于路基计算土体重心处的水平地震荷载（kN）；

C_i——重要性修正系数，应按表7-2采用；

C_z——综合影响系数，取 $C_z = 0.25$；

K_h——水平地震系数；

G_S——路基计算土体的重力（kN）。

4. 公路路基抗震措施

路基填方震害，主要是由于地震造成填土的力学强度降低了。填土的力学强度同填料的性质以及填土的密实度有关。黏粒含量越多、密实度越高，抗震能力越强。路基填方宜采用碎石土、一般黏性土、卵石土和不易风化的石块等材料填筑，不宜采用砂类土填筑。压实度对于高速公路、一级公路和二级公路的上路堤不低于94%，三四级公路的上路堤不低于93%，下路堤可以略低一些。当采用砂类土填筑路基时，应采取措施将其压实，并对边坡坡面适当加固。

高速公路和一级公路的路堤边坡坡度不能太大。一般细粒土和粗粒土路堤边坡上部（坡高 $H \leqslant 8$m）的坡度不能大于1:1.5（坡面对水平面的坡角为33.7°），路堤下部的坡度不大于1:1.75（坡面对水平面的坡角为29.7°）。巨粒土填筑的路堤边坡的坡角可以略大一些，路堤边坡上部的坡度不大于1:1.3（坡面对水平面的坡角为37.6°），下部的坡度不大于1:1.5。

填筑路堤的地面横坡较陡时，地震荷载作用容易发生沿基底面的坍塌。地面横坡为1:5～1:2.5时，原地面应挖台阶，再填土；陡于1:2.5时，应验算路堤整体稳定性、沿基底滑动稳定性，还应根据具体情况加强上侧山坡的排水处理，在坡脚采取支挡措施。

在软弱黏性土层和液化土层上填筑的路基，在地震时随着地基的变形和失稳而发生沉陷和坍塌，如1975年海城地震就由于地基沉陷导致公路发生严重破坏。地基加固可有效消除和降低地震危害。可根据具体情况采取适当措施：换土，反压护道，降低填土高度，取土坑和边沟宜浅挖宽取并远离路基，保护路基与取土坑之间的地表植被和地基加固（砂桩、碎石桩、石灰桩、强夯等）等。

当石质破碎或有倾向路基的软弱面时，应视具体情况进行边坡设计。山坡岩体破碎或上部覆盖层受震易坍塌时，应采取支挡加固措施。

在岩体严重风化地段，当基本烈度为9度时，路基挖方不宜采用大爆破施工。

公路挡土结构，大量采用浆砌挡土墙。当这种挡土墙的高度不超过5m时，8度及以下的地震带来的震害很小。当震级更高时，这种挡土墙主要在接缝处发生开裂。所以对于浆砌挡土墙以及混凝土挡土墙，应在接缝处设置榫头或短钢筋，以提高抗震能力。

二、桥梁基础抗震

1. 桥梁基础抗震设计要求

《中国地震烈度区划图》中所规定的基本烈度为6、7、8、9度地区的桥梁工程抗震设计按照《公路桥梁抗震设计细则》（JTG/TB 02－01—2008）进行；对于基本烈度大于9度的地区，桥梁的抗震设计应进行专门研究；对于修建特别重要的特大桥的场址，宜进行烈度复核或地震危险性分析。

公路桥梁应根据路线等级及桥梁的重要性和修复（抢修）的难易程度，分为A类、B类、C类、D类四个抗震设防类别。A类桥梁是指位于高速公路和一级公路上的单跨跨径超过150m的特大型桥梁（不含引桥及引道）。B类桥梁是指高速公路和一级公路上的单跨跨径不超过150m的桥梁及二级公路上的大桥、特大桥等。C类桥梁是指二级公路上的中桥、小桥，及单跨跨径不超过150m的三、四级公路上的大桥、特大桥。D类桥梁是指位于三、四级公路上的中、小桥。

地震是一种偶然作用，为了保证必要的安全度，需要考虑一定时间内可能发生的最强地震。这个时间段越长，发生强烈地震的可能性越大。这个计算时间段，称为“重现期”。对于A、B、C、D四种类型的桥梁，其重要性、破坏以后带来的危害程度、破坏以后修复的难易程度是不同的，可以采用不同的抗震设防标准，即重现期。重现期较短的地震作用称为E1地震作用，对应于第一级抗震设防水准；把工程场地重现期较长的地震作用称为E2地震作用，对应于第二级抗震设防水准。四种类型的桥梁对应的两个抗震设防水准相应的时间段即重现期见表7-3。

表7-3　不同类型桥梁两个抗震设防水准对应的地震重现期及抗震设防目标

<table>
<tr><th rowspan="2">桥梁类型</th><th colspan="2">地震作用</th><th colspan="2">抗震设防目标</th></tr>
<tr><th>E1 地震作用</th><th>E2 地震作用</th><th>E1 地震作用</th><th>E2 地震作用</th></tr>
<tr><td>A</td><td>约475年</td><td>约2000年</td><td rowspan="3">允许发生局部轻微损伤，不需修复或经简单修复可继续使用</td><td>允许发生局部轻微损伤，不需修复或经简单修复可继续使用</td></tr>
<tr><td>B、C</td><td>50～100年</td><td>475～2000年</td><td>应保证不致倒塌或产生严重结构损伤，经临时加固后可供维持应急交通使用</td></tr>
<tr><td>D</td><td>约25年</td><td>—</td><td>—</td></tr>
</table>

对于设计的A、B、C、D四类桥梁，发生第一级抗震设防水准的地震作用时，要求一般不受损坏或不需修复即可继续使用。设计的这四类桥梁，发生第二级抗震设防水准的地震作用时，对于A类桥梁，允许发生局部轻微损伤，不需修复或经简单修复可继续使用；对于B类和C类桥梁，应保证不致倒塌或产生严重结构损伤，经临时加固后可供维持应急交通使用；对于D类桥梁，不作要求。

2. 场地和地基的选择

调查发现，震害不仅与地震的大小、结构类型有关，还与场地的工程地质条件及土层埋藏情况有关。把影响建筑物地震情况的部分区域称为“场地”，其范围相当于一个厂区、居民点、自然村或不小于$1km^2$的范围。场地下的土层既是地震波传递的介质，又是结构物的地基。

国内外震害表明，不同场地上建筑震害差异是明显的。主要因为不同场地对地震波的传递和滤波放大是不同的。所以研究场地条件对建筑震害的影响是一个十分重要的问题。

一般情况下，影响场地条件的两个主要因素为：场地土刚性（土的坚硬和密实程度）、场地覆盖土层厚度。一般情况下，土质越软、覆盖土层越厚，其上建筑物的震害越大。

桥位选择应在工程地质勘察和专门工程地质、水文地质调查的基础上，按地质构造活动、边坡稳定性和场地条件进行综合评价，应查明对公路桥梁抗震有利、不利和危险的地段，宜充分利用对抗震有利的地段。在抗震不利地段布设桥位时，宜对地基采取适当抗震加固措施。

桥梁工程场地类别，根据土层等效剪切波速和场地覆盖土层厚度划分为四类，分别为Ⅰ、Ⅱ、Ⅲ、Ⅳ类（表7-4）。其中土层平均剪切波速按照式（7-3）、式（7-4）计算：

$$v_{Se} = \frac{d_0}{t} \tag{7-3}$$

$$t = \sum_{i=1}^{n} \frac{d_i}{v_{Si}} \tag{7-4}$$

式中 v_{Se}——土层等效剪切波速（m/s）；

d_0——计算深度（m），取覆盖土层厚度和20m两者的较小值；

t——剪切波在地表与计算深度之间传播的时间（s）；

d_i——计算深度范围内第i土层的厚度（m）；

n——计算深度范围内土层的分层数；

v_{Si}——计算深度范围内第i土层的剪切波速（m/s），宜用现场实测数据。

表7-4 根据场地覆盖土层厚度和等效剪切波速确定桥梁工程场地类别

等效剪切波速/（m/s）	场地类别			
	Ⅰ类	Ⅱ类	Ⅲ类	Ⅳ类
$v_{Se}>500$	0			
$500\geqslant v_{Se}>250$	<5m	≥5m		
$250\geqslant v_{Se}>140$	<3m	3~50m	>50m	
$v_{Se}\leqslant 140$	<3m	3~15m	15~80m	>80m

注：表中数据为场地覆盖土层厚度。

断裂在地震时常常发生错动，导致建在其上的建筑物产生裂缝和破坏，而且这种破坏不易用工程措施加以避免。当断裂所在基岩埋深较大时，覆盖土层可以吸收一部分错动，降低错动对其上的建筑物的破坏。国内外的震害调查表明，在小于8度的地震区，地面一般不产生错动。对于倾斜的断裂，通常会在较宽且不规则的断裂带内产生多处破裂，在上盘边缘受到的影响大、下盘边缘受到的影响小。

桥梁工程场地内有发震断裂时，应对断裂的工程影响进行评价。对于抗震设防烈度小于8度、非全新世活动断裂或抗震设防烈度为8度和9度且覆盖土层厚度分别大于60m和90m的断裂，可不考虑发震断裂对桥梁的不利影响。当断裂不满足上述条件时，A类桥梁应尽量避开主断裂，抗震设防烈度为8度和9度地区，避开主断裂的距离为桥墩边缘至主断裂带外边缘分别不小于300m和500m；对A类以下桥梁宜采用跨径较小便于修复的结构；当桥位无法避开发震断裂时，宜将全部墩台布置在断层的同一盘上，最好布置在下盘上。

3. 桥梁地基的承载力验算

除十分软弱的地基土外，地震作用下一般土的动强度均比静强度高。在相同基底压力下，地震作用所引起的变形小于静载产生的变形。再加上地震的偶然性和短暂性，允许其较低的可靠性，可以将地基的静承载力乘以一个大于1的调整系数予以提高。

地基承载力验算采用地震作用效应与永久作用效应组合，按照式（7-5）计算，其中柱桩的地基抗震承载力调整系数可取1.5，摩擦桩的地基抗震承载力调整系数可根据地基土类别按照表7-5进行取值。

$$[f_{aE}] = K[f_a] \tag{7-5}$$

式中　$[f_{aE}]$——调整后的地基抗震承载力容许值；

K——地基抗震承载力调整系数，根据土质情况取1.0~1.5；

$[f_a]$——经深度、宽度修正后的地基容许承载力。

表7-5　地基土抗震承载力调整系数

岩土名称与特性	K（或ζ_s）
岩石，密实的碎石土，密实的砾、粗（中）砂，$f_{aE}\geqslant$300kPa的黏土和粉土	1.5
中密、稍密的碎石土，中密和稍密的砾、粗（中）砂，密实和中密的细、粉砂，150kPa$\leqslant f_{aE}<$300kPa的黏性土和粉土，坚硬的黄土	1.3
稍密的细、粉砂，100kPa$\leqslant f_{aE}<$150kPa的黏性土和粉土，新近沉积的黏性土和粉土，可塑的黄土	1.1
淤泥，淤泥质土，松散的砂，杂填土，新近堆积的黄土及流塑的黄土	1.0

4. 桥梁地基液化判别及处理措施

（1）天然地基液化现象　在地下水位以下，砂土或粉土的土体颗粒处于饱和状态，在强烈地震作用下，孔隙水压力急剧增大且来不及消散，土体颗粒间的有效压应力减小甚至消失，此时土体颗粒将处于悬浮状态，抗剪强度大幅度降低。由于下部水头压力较大，水在上涌的同时，将土粒带出地面，形成喷水冒砂现象。

（2）危害　砂土和粉土液化时，其强度完全丧失，从而导致地基失效。场地液化会使建筑整体倾斜、下沉、不均匀沉降，墙体开裂，地面喷水、冒砂，斜坡失稳、滑移，淤塞渠道，淘空路基；沿河岸出现裂缝、滑移，造成桥梁破坏。

唐山地震时，严重液化地区喷水高度达8m，厂房沉降达1m。天津地震时，海河故道及新近沉积土地区有近3000个喷水冒砂口成群出现，一般冒砂量为0.1～1m^3，最多可达5m^3。有时地面运动停止后，喷水现象可持续30min。

（3）液化影响因素

1）土层的地质年代和组成。较老的沉积土，经过长时间固结作用和历次大地震的影响，使土的密实度增大，还形成了一定胶结紧密结构。故地质年代越久，土层的固结度、密实度和结构性越好，抵抗液化的能力越强。地质年代越古老，越不易液化。

2）土中黏粒含量。黏粒指粒径不大于0.005mm的土颗粒。理论分析和实践表明，当粉土内黏粒含量超过某一限值时，粉土就不会液化。原因是随着土的黏粒的增加，土的黏聚力增大，从而抵抗液化能力增强。

3）土层的相对密度。砂土和粉土的密实程度是影响土层液化的一个重要因素，如1964年日本新潟地震现场资料分析表明，当相对密实度小于50%，砂土普遍发生液化，当大于70%时，则没有发生液化。土的密实程度越大，越不易液化。

4）地下水位的深度。地下水位高低是影响喷水喷砂的一个重要因素，实际震害调查表明，当砂土和粉土的地下水位不小于9m时，未发生土层液化现象。地下水位越深，越不易液化。

5）地震烈度和地震持续时间。烈度越高，地面运动强度越大，土层越容易液化，一般在6度及以下地区很少发生液化；在7度及以上地区，液化现象较普遍。另外，地震持续时间越长，越容易导致液化。地震烈度越高，持续时间越长，饱和砂土越易液化。

6）上覆非液化土层厚度。上覆非液化土层厚度是指地震时能抑制可液化土层喷水冒砂的厚度。构成覆盖层的非液化层除天然地层外，还包括堆积五年以上或地基承载力大于100kPa的人工填土层。当覆盖层中夹有软土层时，对抑制喷水冒砂作用很小，该土层应该从覆盖层中扣除。有现场宏观调查表明，砂土和粉土上覆盖层厚度超过8m限值时，未发生液化现象。上覆非液化土层越厚，越不易液化。

（4）液化的判别　土层的液化判别是非常复杂的，目前国内外都在进行研究。《公路桥梁抗震细则》（JTG/T B02－01—2008）在广泛收集资料、多种方案对比的基础上，给出了一个两阶段判别方法，即初步判别和标准贯入试验判别。

初步判别主要根据土层的地质年代、地貌单元、黏粒含量、地下水位深度、上覆非液化土层厚度等与液化的关系，对土层液化进行初步判别。初步判别的目的是排除一大批不会液化的工程，可少做标准贯入试验，达到省时、省钱的目的。凡初步判别为不液化或不考虑液化影响的地基，可不进行第二步判别。

当初步判别还不能排除地基土液化可能性时，可以初步确定为液化地基。再采用标准贯入试验进行第二步判别。第二步判别的作用是判别液化程度和液化后果，为采取工程处理方法提供依据。

存在饱和砂土或饱和粉土（不含黄土）的地基，除6度设防外，应进行液化判别；存在液化土层的地基，应根据桥梁的抗震设防类别、地基的液化等级，结合具体情况采取相应措施。

1）第一步，初步判断。当在地面以下20m范围内有饱和砂土或粉土（不含黄土），符合下列条件之一时，可初步判别为不液化或不考虑液化影响的场地土：

① 地质年代为第四纪晚更新世（Q_3）及其以前时，7度、8度时可判为不液化土。

② 粉土的黏粒（粒径小于0.005mm的颗粒）含量百分率在7度、8度和9度分别不小

于10%、13%和16%时，可判为不液化土。

③ 天然地基的桥梁，当上覆非液化土层厚度和地下水位深度符合下列条件之一时，可不考虑液化影响：

$$\left.\begin{aligned} d_u &> d_0 + d_b - 2 \\ d_w &> d_0 + d_b - 3 \\ d_u + d_w &> 1.5d_0 + 2d_b - 4.5 \end{aligned}\right\} \tag{7-6}$$

式中　d_w——地下水位深度（m），宜按设计基准期内年平均最高水位采用，也可按近期内年最高水位采用；

d_b——基础埋置深度（m），不超过2m时应采用2m；

d_u——上覆非液化土层厚度（m），计算时宜将淤泥和淤泥质土层扣除；

d_0——液化土特征深度（m），可按表7-6采用。

表7-6　液化土特征深度 d_0

饱和土类别	烈度		
	7度	8度	9度
粉土	6	7	8
砂土	7	8	9

2）第二步，标准贯入试验判别。当初步判别认为需要进一步进行液化判别时，应采用标准贯入试验方法进行场地土的液化判别。

标准贯入试验设备（图7-4）由标准贯入器、触探杆和重63.5kg的穿心锤3部分组成。操作时，先用钻具钻至试验土层标高以上15cm处，然后将贯入器打至标高位置，最后在锤的落距为76cm的条件下，打入土层30cm，记录锤击数 $N_{63.5}$。

标准贯入试验可判别地面下15m深度范围内的液化，当采用桩基或埋深大于5m的深基础时，尚应判别15~20m范围内土的液化。当实测标准贯入锤击数 $N_{63.5}$（未经杆长修正）小于液化判别标准贯入锤击数的临界值 N_{cr}，即 $N_{63.5} < N_{cr}$ 时，应判为可液化土，否则即为不液化土。液化判别标准贯入锤击数的临界值 N_{cr} 可按式（7-7）计算：

$$\left.\begin{aligned} N_{cr} &= N_0[0.9 + 0.1(d_s - d_w)]\sqrt{3/\rho_c} \quad (d_s \leqslant 15) \\ N_{cr} &= N_0(2.4 - 0.1d_w)\sqrt{3/\rho_c} \quad (15 < d_s \leqslant 20) \end{aligned}\right\} \tag{7-7}$$

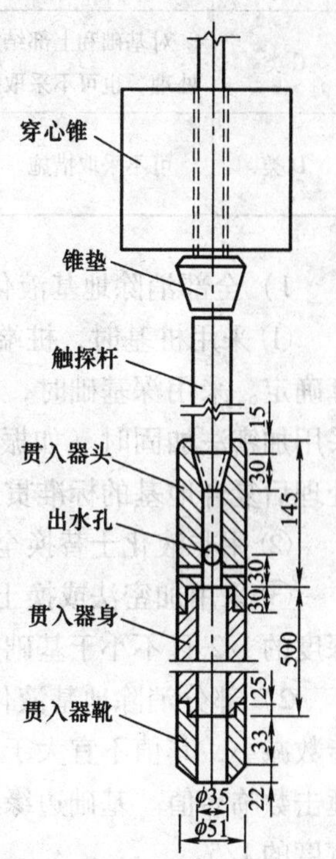

图7-4　标准贯入试验设备

式中　d_s——饱和土标准贯入点深度（m）；

ρ_c——饱和土的黏粒含量百分率，当 ρ_c（%）<3或为砂土时，应采用3；

N_{cr}——液化判别标准贯入锤击数临界值；

N_0——液化判别标准贯入锤击数基准值，应按表7-7采用。

表7-7　标准贯入锤击数基准值 N_0

设计地震分组	烈度		
	7度	8度	9度
第一组	6（8）	10（13）	16
第二、三组	8（10）	12（15）	18

注：括号内数值用于设计基本地震加速度为0.15g和0.30g的地区。

（5）抗液化措施　地基抗液化措施应根据建筑抗震设防类别、地基液化等级，结合具体情况综合确定。当液化土层较平坦，可按表7-8选用。

表7-8　抗液化措施

抗震设防类别	地基的液化等级		
	轻微	中等	严重
A类、B类	部分消除液化沉陷，或对地基和上部结构进行处理	全部消除液化沉陷，或部分消除液化沉陷且对基础和上部结构进行处理	全部消除液化沉陷
C类	对基础和上部结构进行处理，也可不采取措施	对基础和上部结构进行处理，或采取更高要求的措施	全部消除液化沉陷，或部分消除液化沉陷且对基础和上部结构进行处理
D类	可不采取措施	可不采取措施	对基础和上部结构进行处理，或采取其他经济的措施

1）全部消除地基液化沉降的措施，应符合以下规定：

① 采用桩基时，桩端伸入液化深度以下稳定土层中的长度（不包括桩尖部分），应按计算确定。采用深基础时，基础底面应埋入液化深度以下的稳定土层中，其深度不应小于1m。采用加密法加固时（如振冲、振动加密、挤密碎石桩、强夯等），应处理至液化深度下界，处理后复合地基的标准贯入锤击数不宜小于液化判别标准贯入锤击数临界值。

② 用非液化土替换全部液化土层。

③ 采用加密法或换土法处理时，在基础边缘以外的处理宽度，应超过基础底面下处理深度的1/2且不小于基础宽度的1/5。

2）部分消除地基液化沉降的措施，应符合以下规定：处理深度应使处理后的地基液化指数减小，其值不宜大于5。加固后复合地基的标准贯入锤击数不宜小于液化判别标准贯入锤击数临界值。基础边缘以外的处理宽度，应超过基础底面下处理深度的1/2且不小于基础宽度的1/5。

3）减轻液化影响的基础和上部结构处理，可综合采用以下措施：选择合适的基础埋置深度；调整基础底面积，减小基础偏心；加强基础的整体性和刚度；减轻荷载，增强上部结构的整体刚度和均匀对称性，避免采用对不均匀沉降敏感的结构形式等。

三、桥梁基础抗震措施

由于工程场地可能遭受的地震的不确定性，以及人们对桥梁结构地震破坏机理的认识还不完备，因此桥梁抗震实际上还不能完全依靠定量的计算方法。历次大地震的震害表明，一些从震害经验中总结出来的或经过基本力学概念启示得到的一些构造措施被证明可以有效减轻桥梁的震害。为了满足抗震要求与标准，公路与桥梁基础要进行抗震设计并选择合适的抗震措施。

1）允许桥梁结构各构件间发生对抗震性能有利的相对运动，以减小地震时构件内部的地震力。

2）对于进行隔震、耗能设计的桥梁，必须保证隔震、耗能装置发挥作用所需的位移量。

3）任何桥梁抗震措施的使用不应导致桥梁主要构件设计的大的改变。

4）7 度区，拱桥基础宜设置于地质条件一致、两岸地形相似的坚硬土层或岩石上。实腹式拱桥宜减小拱上填料厚度，并宜采用轻质填料，填料必须逐层夯实。在软弱黏性土层、液化土层和不稳定的河岸建桥时，对于大桥、中桥，可适当增加桥长，合理布置桥孔，使墩、台避开地震时可能发生滑动的岸坡或地形突变的不稳定地段。否则，应采取措施增强基础抗侧移的刚度、加大基础埋置深度；对于小桥，可在两桥台之间设置支撑或采用浆砌片石（块石）满铺河床。

5）8 度区，除要符合 7 度区的要求外，石砌或混凝土墩（台）的墩（台）帽与墩台身连接处、墩台身与基础连接处、截面突变出、施工缝处均应采取提高抗剪能力的措施。基础宜置于基岩或坚硬土层上。基础底面宜采用平面形式。当基础置于基岩上时，方可采用阶梯形式。

6）9 度区，除要符合 7 度、8 度区的要求外，桥梁墩台采用多排桩基础时，宜设置斜桩。桥台台背和锥坡的填料不宜采用砂类土，填土应逐层夯实，并注意采取排水措施。

7）可以使用其他用于减轻地震影响的构造或装置，但应保证这些装置功能的发挥，不应减弱其他抗震设计的能力。

*任务二　建筑地基基础抗震

引导问题

1. 建筑抗震设防有哪些目标？不同的建筑物，其抗震要求是否相同？
2. 地震时地基承载力同静载状态下有什么区别？
3. 建筑物的地基和基础分别有哪些抗震措施？

一、地基基础抗震设防

1. 抗震设防目标

通过抗震设防，减轻建筑的破坏，避免人员死亡，减轻经济损失。具体通过“三水准”的抗震设防要求和“两阶段”的抗震设计方法实现。

为了最大限度地减轻地震对建筑物的破坏，保障人员生命和财产安全，要求建筑物在使用期间对不同频度和强度的地震，应具有不同的抵抗能力，即“小震不坏、中震可修、大震不倒”。《建筑抗震设计规范》（GB 50011—2010）（以下简称《建筑抗震规范》）对抗震设防目标提出了明确要求：①当遭受低于本地区设防烈度（基本烈度）的多遇地震影响时，建筑物一般不受损坏或不需修理仍可继续使用，即小震不坏；②当遭受本地区规定的设防烈度的地震影响时，建筑物（包括结构和非结构部分）可能有一定损坏，但不致危及人民生命和生产设备的安全，经一般修理或不需修理仍可继续使用，即中震可修；③当遭受高于本地区设防烈度的预估罕遇地震影响时，建筑物不致倒塌或发生危及生命的严重破坏，即大震不倒。

基于上述抗震设防目标，建筑物在使用期间对不同强度的地震应具有不同的抵抗能力，这可以用3个地震烈度水准来考虑，即多遇烈度、基本烈度和罕遇烈度。

多遇烈度又称常遇烈度或众值烈度，是该地区出现频度最高的烈度，相当于概率密度曲线上峰值时的烈度，故称众值烈度。具有超越概率为63%的保证率。

基本烈度指某一地区今后一定时期内在一般场地条件下可能遭受的较大烈度。其实质是某地区今后一定时间内的震害预报，同时也是抗震设防设计的依据。

罕遇烈度指在设计基准期内，遭遇大于基本烈度的大烈度震害的小概率事件还是可能发生的。随着基本烈度的提高，大震烈度增加的幅度有所减少，不同基本烈度对应的大震烈度的定量标准也不应相同。通过对43个城市地震危险性的分析，并结合我国经济状况，可粗略地将50年超越概率2%～3%的烈度作为罕遇地震的概率水平。

根据大量数据分析，确认我国地震烈度的概率分布符合极值Ⅲ型，如图7-5所示。

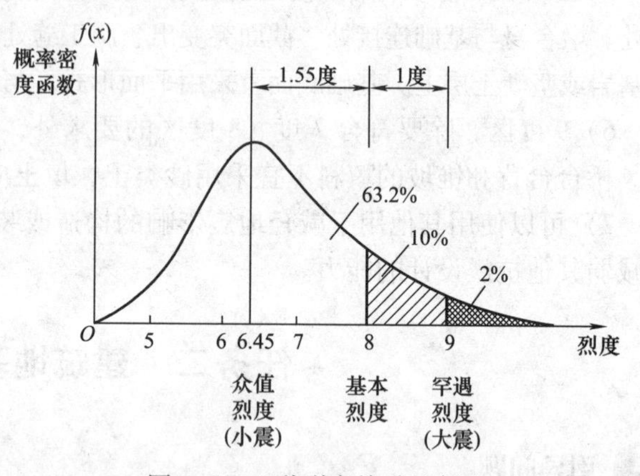

图7-5　三种烈度关系示意图

由烈度概率分布可知，基本烈度与众值烈度相差约为1.55度，而基本烈度与罕遇烈度相差约为1度。

遵照现行规范设计的建筑，在遭遇多遇烈度（小震）作用时，建筑物基本上仍处于弹性阶段，一般不会损坏；在相应基本烈度的地震作用下，建筑物将进入弹塑性状态，但不至于发生严重破坏；在遭遇罕遇烈度（大震）作用时，建筑物将产生严重破坏，但不至于倒塌。

2. 抗震设计方法

建筑结构的抗震设计应满足“三水准”的抗震设防要求。为此，《建筑抗震规范》采用了简化的两阶段设计方法。①第一阶段设计：按第一水准多遇地震烈度对应的地震作用效应和其他荷载效应的组合，验算结构的承载能力和结构的弹性变形。此阶段通常称为承载力验算阶段。②第二阶段设计：按第三水准罕遇地震烈度对应的地震作用效应验算结构的弹塑性变形。为满足“大震不倒”的要求，应控制结构的弹塑性变形在允许的范围内。此阶段通常称为弹塑性变形验算阶段。

对于大多数结构，一般可只进行第一阶段的设计，但对于少部分结构，如有特殊要求的建筑和地震时易倒塌的结构，除了应进行第一阶段的设计外，还要进行第二阶段的设计。

3. 抗震设防分类及标准

根据建筑使用功能的重要性，地震破坏造成后果的严重性不一样。因此，建筑物的抗震设防应根据其重要性和破坏后果而采取不同的设防标准。《建筑抗震规范》根据建筑物使用功能的重要性，将建筑分为甲类、乙类、丙类、丁类四个抗震设防类别。

（1）甲类建筑　重大建筑工程和遭遇地震破坏时可能发生严重次生灾害的建筑。如可能产生放射性物质的污染、大爆炸等。

（2）乙类建筑　地震时使用功能不能中断或需尽快恢复的建筑。如城市生命线工程建筑和地震时救灾需要的建筑等。

（3）丙类建筑　除甲、乙、丁类以外的一般建筑。如大量的一般工业与民用建筑等。

（4）丁类建筑　抗震次要建筑。如遭遇地震破坏，不易造成人员伤亡和较大经济损失的建筑等。

对于不同的抗震设防类别，在进行抗震设计时应采用不同的抗震设防标准。各抗震设防类别建筑的设防标准，应符合表 7-9 的规定。

表 7-9　建筑抗震设防标准

建筑抗震设防类别	地震作用计算	抗震措施
甲类	应高于本地区抗震设防烈度的要求，其值应按批准的地震安全性评价结果确定	当抗震设防烈度为 6～8 度时，应符合本地区抗震设防烈度提高一度的要求；当为 9 度时，应符合比 9 度抗震设防更高的要求
乙类	应符合本地区抗震设防烈度的要求（6 度时可不进行计算）	一般情况下，当抗震设防烈度为 6～8 度时，应符合本地区抗震设防烈度提高一度的要求；但为 9 度时，应符合比 9 度抗震设防更高的要求
丙类	应符合本地区抗震设防烈度的要求（6 度时可不进行计算）	应符合本地区抗震设防烈度的要求
丁类	一般情况下，应符合本地区抗震设防烈度的要求（6 度时可不进行计算）	应允许比本地区抗震设防烈度的要求适当降低，但抗震设防烈度为 6 度时不应降低

4. 抗震设防基本要求

选择对抗震有利的建筑场地，做好地基基础的抗震设计。新设计建筑物时，要选择对抗震有利的地段，避开对抗震不利的地段，当无法避开时，应采取有效的抗震措施，不应在危险地段建造各类工业与民用建筑。同一结构单元的基础不宜设置在性质截然不同的基础上；同一结构单元不宜部分采用天然地基、部分采用桩基础。对于可液化地基，一般应避免采用未经加固处理的可液化土层作为天然地基的持力层，根据液化等级，结合具体情况选用适当的抗震措施。

建筑及其抗侧力结构的平面布置宜规则、对称，并具有良好的整体性；建筑的立面和竖向剖面宜规则，结构的侧向刚度宜均匀变化，竖向抗侧力构件的截面尺寸和材料强度宜自下而上逐渐减小，避免抗侧力结构的侧向刚度和承载力的突变，楼层不宜错层。

抗震结构体系要综合考虑采用经济合理的类型。对抗震结构体系的具体要求有：①具有明确的计算简图和合理的地震作用传递途径；②具有多道抗震防线，避免因部分结构或构件破坏而导致整个体系丧失抗震能力或对重力荷载的承载能力；③具备必要的强度、良好的变形能力和耗能能力；④具有合理的刚度和强度分布，避免因局部削弱或突变形成薄弱部位，产生过大的应力集中或塑性变形集中；⑤结构在两个主轴方向的动力特性宜相近；⑥抗震结构的各类构件应具有必要的强度和变形能力；⑦各类构件之间应具有可靠的连接，支撑系统应能保证地震时结构稳定。

要选择符合结构实际受力特性的力学模型，对结构进行内力和变形的抗震计算分析，包括线弹性分析和弹塑性分析。

应考虑非结构构件对抗震结构的不利或有利影响，避免不合理设置而导致主体结构构件的破坏。

对材料与施工的要求，包括对结构材料性能指标的最低要求，材料代用方面的特殊要求以及对施工程序的要求。主要目的是减小材料的脆性，避免形成新的薄弱部位以及加强结构的整体性等。

二、建筑场地

建筑场地是指建筑所在的地方，其范围相当于厂区、居民小区和自然村或不小于1.0km^2 的平面面积。通常，场地的工程地质条件不同，建筑物在地震中的破坏程度也明显不同。因此，在工程建设中选取适当建筑场地，可以有效减轻地震灾害。此外，由于城市土地的稀缺性，建设用地受到地震以外众多因素的限制，除了极不利和有严重危险性的场地以外，其他还是要作为建筑场地的。这样就很有必要按照场地、地基对建筑物所受地震破坏作用的强弱和特征采取抗震措施，这就是地震区场地分类与选择的目的。

1. 场地的选择

在选择建筑场地时，首先应选择对抗震有利的场地而避开对抗震不利的场地，以大大减轻建筑物的地震灾害。同时，建筑场地的选择还要受到其他许多因素的制约，有必要将建筑场地按其对建筑物地震作用的强弱和特征进行分类，以便根据不同的建筑场地类别采用相应的设计参数进行建筑物的抗震设计。

《建筑抗震规范》按场地上建筑物的震害轻重程度把建筑场地划分为对建筑抗震有利、不利和危险的地段，见表7-10。

表7-10　有利、不利和危险地段划分

地段类别	地质、地形、地貌
有利地段	稳定基岩，坚硬土，开阔、平坦、密实、均匀的中硬土等
不利地段	软弱土，液化土，条状突出的山嘴，高耸孤立的山丘，非岩质的陡坡，河岸和边坡的边缘，平面分布上成因、岩性、状态明显不均匀的土层（如故河道、疏松的断层破碎带、暗埋的塘浜沟谷和半填半挖地基）等
危险地段	地震时可能发生滑坡、崩塌、地陷、地裂、泥石流等，及发震断裂带上可能发生地表错位的部分

2. 场地类别划分

场地类别划分具有极其重要的工程意义，因为同一结构在不同类别场地上将受到不同的地震作用，因此场地类别是确定建筑结构抗震设计的重要依据。

（1）场地土类型　场地土是指在场地范围内的地基土。场地土对建筑物震害的影响，主要与场地土的坚硬程度和土层的组成有关。场地土的类型是指土体本身的刚度特性，场地土的刚度一般用土的剪切波速表示，因为剪切波速是土的重要动力参数，最能反映场地土的动力特性。根据场地土的刚度，《建筑抗震规范》将场地土划分为五种类型，见表7-11。

表7-11　土的类型划分和剪切波速范围

土的类型	岩土名称和性状	土层剪切波速（m/s）
岩石	坚硬、较硬且完整的岩石	$v_S > 800$
坚硬土或软质岩石	破碎和较破碎的岩石或软和较软的岩石，密实的碎石土	$800 \geqslant v_S > 500$
中硬土	中密、稍密的碎石土，密实、中密的砾、粗（中）砂，$f_{ak} > 150$kPa的黏性土和粉土，坚硬黄土	$500 \geqslant v_S > 250$
中软土	稍密的砾、粗（中）砂，除松散的细、粉砂外，$f_{ak} \leqslant 150$kPa的黏性土和粉土，$f_{ak} > 130$kPa的填土，可塑新黄土	$250 \geqslant v_S > 150$
软弱土	淤泥和淤泥质土，松散的砂，新近沉积的黏性土和粉土，$f_{ak} \leqslant 130$kPa的填土，流塑黄土	$v_S \leqslant 150$

注：f_{ak}为由荷载试验等方法得到的地基承载力特征值（kPa），v_S为岩土剪切波速。

（2）场地覆盖土层厚度　一般来讲，震害随覆盖土层厚度的增加而加重。

场地覆盖土层厚度是指从地表到地下基岩面的垂直距离，也就是基岩的埋深。覆盖土层厚度的大小直接影响地面反应谱的周期及强度。当基岩埋深小时，对地面运动中的短周期分量有明显放大作用；相反，基岩埋深大时，能使地面运动中的长周期分量有所加强。

目前，国内外对覆盖土层厚度的定义有两种，一种是绝对的，即从地面至基岩顶面的距离，但各国采用的基岩标准有所不同；另一种是相对的，即定义两相邻土层波速比$v_{S下}/v_{S上}$大于某一定值的埋深为覆盖土层厚度。

《建筑抗震规范》对建筑场地覆盖土层厚度的确定提出以下要求：①一般情况下，覆盖土层厚度可取地面至剪切波速大于500m/s的土层顶面的距离确定；②当地面5m以下存在剪切波速大于相邻上层土剪切波速2.5倍的土层，且其下卧岩土层的剪切波速均不小于400m/s时，可按地面至该土层顶面的距离确定；③剪切波速大于500m/s的孤石、透镜体，应视同周围土层；④土层中的火山岩硬夹层，应视为刚体，其厚度应从覆盖土层中扣除。

（3）建筑场地类别划分　建筑场地类别是场地条件的基本表征。地震效应与场地有关，为了进行抗震设计，有必要对场地进行分类，以便区别对待。《建筑抗震规范》按照表层土的类型和场地覆盖土层厚度两个因素，将建筑场地分为Ⅰ～Ⅳ类四种类别，见表7-4。其中土层等效剪切波速v_{Se}可参考式（7-3）和式（7-4）计算。

三、地基基础抗震验算

从我国遭受的强地震造成的建筑破坏情况来看，在天然地基上的各类建筑只有少数因为地基失效而导致上部结构破坏。遭受破坏的建筑多为液化地基、易产生震陷的软弱黏性土地基或不均匀地基，多数一般性地基均具有较好的抗震性能。为了简化和减少抗震设计的工作量，《建筑抗震规范》规定了相当大的一部分建筑可不进行天然地基及基础的抗震承载力验算。

1. 天然地基抗震验算

进行天然地基基础抗震验算，首先要确定地震作用下地基土的承载力。地震作用是附加于原有静荷载上的一种动力作用，其性质属于不规则的低频（1~5Hz）有限次数（10~40次）的脉冲作用，并且作用时间很短，所以只能使土层产生弹性变形而来不及发生永久变形，其结果是地震作用产生的地基变形要比相同条件静荷载产生的地基变形小得多。因此，从地基变形的角度来说，有地震作用时地基土的抗震承载力应比地基土的静承载力大，即一般土的动承载力都要比其静承载力高。另外，考虑到地震作用的偶然性和短暂性以及工程结构的经济性，地基在地震作用下的可靠性可以比静力荷载下的适当降低，故在确定地基土的抗震承载力时，其取值应比地基土的静承载力有所提高。

进行天然地基及基础的抗震承载力验算时，对于地基土抗震承载力的取值，《建筑抗震规范》采用了地基承载力特征值乘以地基抗震承载力调整系数的方法来计算，即地基土抗震承载力应按式（7-8）计算：

$$f_{aE} = \zeta_s f_a \tag{7-8}$$

式中 f_{aE}——调整后的地基土抗震承载力；

ζ_s——地基土抗震承载力调整系数，应按表 7-5 采用，软弱土的抗震承载力不予提高；

f_a——深宽修正后的地基承载力特征值，应按现行国家标准《建筑地基基础设计规范》（GB 50007—2011）采用。

地震作用对软土地基影响较大，土越软，在地震作用下的变形越大。因此，按照《建筑抗震规范》的相关规定，在进行抗震强度验算时，软弱土的抗震承载力不能提高。

在对地震区的建筑物进行天然地基的抗震承载力验算时，作用于建筑物上的各类荷载在与地震作用组合后，可认为其在基础底面所产生的压力是直线分布的，基础底面的平均压力和边缘最大压力应符合式（7-9）、式（7-10）要求：

$$p \leqslant f_{aE} \tag{7-9}$$

$$p_{max} \leqslant 1.2 f_{aE} \tag{7-10}$$

式中 p——地震作用效应标准组合的基础底面平均压力；

p_{max}——地震作用效应标准组合的基础边缘的最大压力。

此外，对于高宽比大于4 的高层建筑，在地震作用下基础底面不宜出现脱离区（零应力区）；其他建筑，基础底面与地基土之间脱离区面积不应超过基础底面面积的15%。

2. 桩基的抗震验算

相关地震统计表明，桩基础的抗震性能普遍较好。桩本身主要承受竖向荷载，地基土的液化性能对其影响不大。为方便和实用，根据桩基的抗震优势的相关情况，对规定的建筑物可以不进行桩基抗震承载力验算：

1）砌体房屋。

2）《建筑抗震规范》规定可不进行上部结构抗震验算的建筑。

3）设防烈度为7 度和8 度时的下列建筑：①一般单层厂房和单层空旷房屋；②不超过8 层且高度在24m 以下的一般民用框架房屋；③与其基础荷载相当的多层框架厂房。

对于不满足上述各条件的建筑物的桩基础，一般要进行抗震验算。与天然地基的抗震验算一样，桩基抗震验算时也应该考虑地震作用下承载力提高的有利因素。但是由于其影响因素复杂，合理地确定桩基承载力提高系数比较困难，可近似地按照单桩竖向和水平抗震承载力特征值比抗震设计提高 25% 执行。

四、地基液化

1. 地基液化现象、机理、危害及判别和处理

建筑地基液化的原因、机理、影响因素等在“任务一　公路、桥梁、基础抗震”部分已经介绍，液化判别、避免和处理措施等还可查阅《公路桥梁抗震设计细则》（JTG/T B02 - 01—2008）。

2. 液化指数与液化等级

对液化可能性进行判定后，对可液化土可能造成的危害需进一步进行定量分析。在同一地震强度下，液化层的厚度越大、埋藏越浅、土密度越低，则其液化所造成的危害越大，反之其危害程度越小。

为了衡量液化场地的危害程度，《建筑抗震规范》规定：对存在液化砂土层、粉土层的地基，应探明各液化土层的深度和厚度，先用式（7 - 11）确定液化场地的液化指数 I_{lE}，再根据液化指数来划分地基的液化等级（表 7 - 12），以反映地基液化可能造成的危害程度。

$$I_{lE} = \sum_{i=1}^{n}\left(1 - \frac{N_i}{N_{cri}}\right)d_i\omega_i \tag{7-11}$$

式中　I_{lE}——液化指数；

n——在判别深度范围内每一个钻孔标准贯入试验点的总数；

N_i、N_{cri}——i 点标准贯入锤击数的实测值和临界值，当 $N_i > N_{cri}$ 时应取临界值；当只需要判别 15m 范围以内的液化时，15m 以下的实测值可按临界值采用；

d_i——i点所代表的土层厚度（m），可采用与该标准贯入试验点相邻的上、下两标准贯入试验点深度差的一半，但上界不高于地下水位深度，下界不深于液化深度；

ω_i——i土层单位土层厚度的层位影响权函数值（m^{-1}）；当该层中点深度不大于 5m 时应采用 10，等于 20m 时应采用零值，5 ~ 20m 时应按线性内插法取值。

表 7 - 12　液化等级与液化指数的对应关系

液化等级	轻微	中等	严重
液化指数 I_{lE}	$0 < I_{lE} \leqslant 6$	$6 < I_{lE} \leqslant 18$	$I_{lE} > 18$

当液化等级为轻微时，地面无喷水冒砂，或仅在洼地、河边有零星的喷水冒砂点，其危害性小，一般没有明显的沉降或不均匀沉降。

当液化等级为中等时，喷水冒砂可能性大，从轻微到严重均有，危害性较大，可能造成不均匀沉陷和开裂，有时不均匀沉陷可达 200mm。

当液化等级为严重时，一般喷水冒砂都很严重，涌砂量大，地面变形明显，覆盖面广，危害性大，不均匀沉陷达 200 ~ 300mm，高重心结构可能产生不允许的倾斜，严重影响使用，修复工作难度增大。

五、地基与基础抗震

1. 可液化地基的抗震措施

为了保障建筑物的安全，应根据建筑的抗震设防类别和地基的液化等级，结合具体的工程情况综合考虑，并选择恰当的抗液化措施。

当液化砂土层、粉土层较平坦且均匀时，宜按表7-13选用地基抗液化措施；也可计入上部结构重力荷载对液化危害的影响，根据液化震陷量的估计适当调整抗液化措施。

表7-13 抗液化措施

建筑抗震设防类别	地基的液化等级		
	轻微	中等	严重
乙类	部分消除液化沉陷，或对基础和上部结构处理	全部消除液化沉陷，或部分消除液化沉陷且对基础和上部结构处理	全部消除液化沉陷
丙类	基础和上部结构处理，也可不采取措施	基础和上部结构处理，或采取更高要求的措施	全部消除液化沉陷，或部分消除液化沉陷且对基础和上部结构进行处理
丁类	可不采取措施	可不采取措施	基础和上部结构进行处理，或采取其他经济的措施

（1）全部消除地基液化沉陷　当要求全部消除地基液化沉陷时，可采用桩基、深基础、土层加密法或挖除全部液化土层等措施。

采用桩基时，桩端伸入液化深度以下稳定土层中的长度（不包括桩尖部分），应按计算确定，且对碎石土，砾、粗（中）砂，坚硬黏性土和密实粉土尚不应小于0.8m，对其他非岩石土尚不宜小于1.5m。采用深基础时，基础底面应埋入液化深度以下的稳定土层中，其深度不应小于500mm。采用加密法（如振冲、振动加密、挤密碎石桩、强夯等）加固时，应处理至液化深度下界；振冲或挤密碎石桩加固后，桩间土的标准贯入锤击数不宜小于液化判别标准贯入锤击数的临界值。用非液化土替换全部液化土层，或增加上覆非液化土层的厚度。采用加密法或换土法处理时，在基础边缘以外的处理宽度，应超过基础底面下处理深度的1/2且不小于基础宽度的1/5。

（2）部分消除地基液化沉陷　部分消除地基液化沉陷的措施，应符合以下要求：①处理深度应使处理后的地基液化指数减小，其值不宜大于5；大面积筏基、箱基的中心区域，处理后的液化指数可比上述规定降低1；对独立基础和条形基础，尚不应小于基础底面下液化土特征深度和基础宽度的较大值；②采用振冲或挤密碎石桩加固后，桩间土的标准贯入锤击数不宜小于液化判别标准贯入锤击数临界值；③基础边缘以外的处理宽度，应符合规范的相关要求。

（3）基础和上部结构处理　为减轻液化对基础和上部结构的影响，可综合考虑采用以下措施：①选择合适的基础埋置深度，调整基础底面积以减小基础的偏心；②加强基础的整体性和刚性，如采用箱基、筏基或钢筋混凝土十字（交叉）条形基础，加设基础圈梁等；③减轻荷载，增强上部结构的整体刚度和均匀对称性，合理设置沉降缝，避免采用对不均匀沉降敏感的结构形式等；④管道穿过建筑处应预留足够尺寸或采用柔性接头等。

2. 软土地基的抗震措施

当建筑物地基的主要受力层范围内存在软弱黏性土层时，为了保证建筑物的安全，首先应做好静力条件下的地基基础设计，然后再结合场地土的具体情况，经过对软土地基的综合分析后，再考虑采取适当的抗震措施。

软土地基的抗震措施除了采用桩基、地基加固处理（加密法、换土法、化学加固法等）或减轻液化对基础和上部结构影响的各种方法外，也可根据对软土震陷量的估计而采取相应的抗震措施。当需要考虑液化土和软土震陷的影响时，液化土、软土和自重湿陷性黄土地基的震陷量估计和抗震措施的调整，可按《建筑地基基础设计规范》（GB 50007—2011）的有关规定采用。

对含有液化等级为中等液化和严重液化土的故河道、现代河滨、海滨、自然或人工边坡，应查明其是否有液化侧向扩展的可能。当有液化侧向扩展或流滑可能时，不宜修建永久性建筑，否则应进行抗滑动验算，采取防土体滑动措施或结构抗裂措施。

抗地裂措施应符合下列要求：建筑的主轴应平行河流放置；建筑的长高比宜小于3；应采用筏基或箱基，且基础板内应根据需要加配抗拉裂钢筋，抗拉裂钢筋可由中部向基础边缘逐渐减少。配筋计算时基础底板端部的撕拉力可取为零，基础底板中部的最大撕拉力可按式（7-12）计算：

$$F = 0.5G\mu \tag{7-12}$$

式中 F——基础底板中部的最大撕拉力（kN），应均匀分布于流动方向的基础宽度内；

G——建筑基础底板以上的竖向总重力（kN）；

μ——基础底面与土间的摩擦系数。

3. 桩基础的抗震设计

《建筑抗震规范》规定，承受竖向荷载为主的低承台桩基，当地面下无液化土层，且桩承台周围无淤泥、淤泥质土和地基承载力特征值不大于100kPa的填土时，下列建筑可不进行桩基抗震承载力验算：①砌体房屋和可不进行上部结构抗震验算的建筑；②7度和8度时，一般的单层厂房和单层空旷房屋，不超过8层且高度在24m以下的一般民用框架房屋及与其基础荷载相当的多层框架厂房和多层混凝土抗震墙房屋。

对于不符合上述条件的桩基，除了应满足《建筑地基基础设计规范》（GB 50007—2011）规定的设计要求外，还应进行桩基的抗震验算。验算时应根据场地土的组成情况，将其分为非液化土中的低承台桩基抗震验算和存在液化土层的低承台桩基抗震验算两大类。

对于非液化土中的低承台桩基，其抗震验算应符合下列规定：①单桩的竖向和水平抗震承载力特征值，可均比非抗震设计时提高25%；②当承台周围的回填土夯实至干重度不小于16.5kN/m^{3}时，可由承台正面填土与桩共同承担水平地震作用，但不应计入承台底面与地基土间的摩擦力；③当地下室埋深大于2m时，桩所承担的地震剪力可按式（7-13）计算：

$$V = V_0 \frac{0.2\sqrt{H}}{\sqrt[4]{d_f}} \tag{7-13}$$

式中 V_0——上部结构的底部水平地震剪力（kN）；

V——桩承担的地震剪力（kN）；当小于$0.3V_0$时取$0.3V_0$，大于$0.9V_0$时取$0.9V_0$；

H——建筑地上部分的高度（m）；

d_f——基础埋深（m）。

对于存在液化土层的低承台桩基，其抗震验算应符合下列规定：①对一般浅基础，不宜计入承台侧面土抗力或刚性地坪对水平地震作用的分担作用；②全部水平地震力由桩承担并按以下两种状态验算桩的竖向承载力和桩身的强度：地震时，液化土的刚度与摩阻力按折减一半处理；地震后，取非抗震设计组合，液化层的摩阻力取零，上覆非液化层的摩阻力乘以折减系数 0.8；③打入式预制桩及其他挤土桩，当平均桩距为 2.5 ~4 倍桩径且桩数不少于 5 ×5 时，可计入打桩对土的加密作用及桩身对液化土变形限制的有利影响。当打桩后桩间土的标准贯入锤击数值达到不液化的要求时，单桩承载力可不折减，但对桩尖持力层作强度校核时，桩群外侧的应力扩散角应取为零。打桩后桩间土的标准贯入锤击数可由试验确定，也可按式（7-14）计算：

$$N_1 = N_p + 100\rho(1 - e^{-0.3N_p}) \tag{7-14}$$

式中 N_1——打桩后的标准贯入锤击数；

ρ——打入式预制桩的面积置换率；

N_p——打桩前的标准贯入锤击数。

处于液化土中的桩基承台周围，宜用密实干土填筑夯实，若用砂土或粉土则应使其密度达到不液化的程度。液化土中的桩，由桩顶直到液化深度以下 2 倍桩径的范围内，纵向钢筋需保持与桩顶相同，箍筋应加密，间距宜与桩顶部相同。

在有液化侧向扩展的地段，桩基除应满足上述规定外，尚应考虑土流动时的侧向作用力，且承受侧向推力的面积按边桩外缘间的宽度计算。

习　题

7-1　我国地震带分布特点有哪些？

7-2　地震的震级和烈度有什么区别？

7-3　地震有哪些类型？各有哪些特点？

7-4　地震产生的破坏力，同哪些因素有关？这些因素对地震的破坏作用各有怎样的影响？

7-5　我国公路抗震设防的原则是什么？公路路基的抗震措施有哪些？

7-6　怎样选择公路路线和桥址以提高抗震能力？

7-7　地震时常常导致地基液化，请根据土力学知识分析地基发生液化的原因。地基液化有哪些影响因素？如何消除或降低液化？

7-8　建筑抗震设防的原则有哪些？什么是基本烈度？什么是抗震设防烈度？

7-9　地震荷载作用下地基承载力如何计算？

7-10　软土地基抗震措施有哪些？桩基础从哪些方面验算抗震承载力？

附　　录

附表 1　计算桩身作用效应无量纲系数

$\bar{z}=\alpha z$	A_1	B_1	C_1	D_1	A_2	B_2	C_2	D_2	A_3	B_3	C_3	D_3	A_4	B_4	C_4	D_4
0	1.00000	0.00000	0.00000	0.00000	0.00000	1.00000	0.00000	0.00000	0.00000	0.00000	1.00000	0.00000	0.00000	0.00000	0.00000	1.00000
0.1	1.00000	0.10000	0.00500	0.00017	0.00000	1.00000	0.10000	0.00500	−0.00017	−0.00001	1.00000	0.10000	−0.00500	−0.00033	−0.00001	1.00000
0.2	1.00000	0.20000	0.02000	0.00133	−0.00007	1.00000	0.20000	0.02000	−0.00133	−0.00133	0.99999	0.20000	−0.02000	−0.00267	−0.00020	0.99999
0.3	0.99998	0.30000	0.04500	0.00450	−0.00034	0.99996	0.30000	0.04500	−0.00450	−0.00067	0.99994	0.30000	−0.04500	−0.00900	−0.00101	0.99992
0.4	0.99991	0.39999	0.08000	0.01067	−0.00107	0.99983	0.39998	0.08000	−0.01067	−0.00213	0.99974	0.39998	−0.08000	−0.02133	−0.00320	0.99966
0.5	0.99974	0.49996	0.12500	0.02083	−0.00260	0.99948	0.49994	0.12499	0.02083	−0.00521	0.99922	0.49991	−0.12499	−0.04167	−0.00781	0.99896
0.6	0.99935	0.59987	0.17998	0.03600	−0.00540	0.99870	0.59981	0.17998	−0.03600	−0.01080	0.99806	0.59974	−0.17997	−0.07199	−0.01620	0.99741
0.7	0.99860	0.69967	0.24495	0.05716	−0.01000	0.99720	0.69951	0.24494	−0.05716	−0.02001	0.99580	0.69935	−0.24490	−0.11433	−0.03001	0.99440
0.8	0.99727	0.79927	0.31988	0.08532	−0.01707	0.99454	0.79891	0.31983	−0.08532	−0.03412	0.99181	0.79854	−0.31975	−0.17060	−0.05120	0.98908
0.9	0.99508	0.89852	0.40472	0.12146	−0.02733	0.99016	0.89779	0.40462	−0.12144	−0.05466	0.98524	0.89705	−0.40443	−0.24284	−0.08198	0.98032
1.0	0.99167	0.99722	0.49941	0.16657	−0.04167	0.98333	0.99583	0.49921	−0.16652	−0.08329	0.97501	0.99445	−0.49881	−0.33298	−0.12493	0.96667
1.1	0.98658	1.09508	0.60384	0.22163	−0.06096	0.97317	1.09262	0.60346	−0.22152	−0.12192	0.95975	1.09016	−0.60268	−0.44292	−0.18285	0.94634
1.2	0.97927	1.19171	0.71787	0.28758	−0.08632	0.95855	1.18756	0.71716	−0.28737	−0.17260	0.93783	1.18342	−0.71573	−0.57450	−0.25886	0.91712
1.3	0.96908	1.28660	0.84127	0.36536	−0.11883	0.93817	1.27990	0.84002	−0.36496	−0.23760	0.90727	1.27320	−0.83753	−0.72950	−0.35631	0.87638
1.4	0.95523	1.37910	0.97373	0.45588	−0.15973	0.91047	1.36865	0.97163	−0.45515	−0.31933	0.86573	1.35821	−0.96746	−0.90754	−0.47883	0.82102
1.5	0.93681	1.46839	1.11484	0.55997	−0.21030	0.87365	1.45259	1.11145	−0.55870	−0.42039	0.81054	1.43680	−1.10468	−1.11609	−0.63027	0.74745
1.6	0.91280	1.55346	1.26403	0.67842	−0.27194	0.82565	1.53020	1.25872	−0.67629	−0.54343	0.73859	1.50695	−1.24808	−1.35042	−0.81466	0.65156
1.7	0.88201	1.63307	1.42061	0.81193	−0.34604	0.76413	1.59963	1.41247	−0.80848	−0.69144	0.64637	1.56621	−1.39623	−1.61340	−1.03616	0.52871
1.8	0.84313	1.70575	1.58362	0.96109	−0.43412	0.68645	1.65867	1.57150	−0.95564	−0.86715	0.52997	1.61162	−1.54728	−1.90577	−0.29909	0.37368
1.9	0.79467	1.76972	1.75090	1.12637	−0.53768	0.58957	1.70468	1.73422	−1.11796	−1.07357	0.38503	1.63969	−1.69889	−2.22745	−1.60770	0.18071
2.0	0.73502	1.82294	1.92402	1.30801	−0.65822	0.47061	1.73457	1.89872	−1.29535	−1.31361	0.20676	1.64628	−1.84818	−2.57798	−1.96620	−0.05652
2.2	0.57491	1.88709	2.27217	1.72042	−0.95616	0.15127	1.73110	2.22299	−1.69334	−1.90567	−0.27087	1.57538	−2.12481	−3.35952	−2.84858	−0.69158
2.4	0.34691	1.87450	2.60882	2.19535	−1.33889	−0.30273	1.61286	2.51874	−2.14117	−2.66329	−0.94885	1.35201	−2.33901	−4.22811	−3.97323	−1.59151
2.6	0.033146	1.75473	2.90670	2.72365	−1.81479	−0.92602	1.33485	2.74972	−2.62126	−3.59987	−1.87734	0.91679	−2.43695	−5.14023	−5.35541	−2.82106
2.8	−0.38548	1.49037	3.12843	3.28769	−2.38756	−1.175483	0.84177	2.86653	−3.10341	−4.71748	−3.10791	0.19729	−2.34558	−6.02299	−6.99007	−4.44491
3.0	−0.92809	1.03679	3.22471	3.85838	−3.05319	−2.82410	0.06837	2.80406	−3.54058	−5.99979	−4.68788	−0.89126	−1.96928	−6.76460	−8.84029	−6.51972
3.5	−2.92799	−1.27172	2.46304	4.97982	−4.98062	−6.70806	−3.58647	1.27018	−3.91921	−9.54367	−10.34040	−5.85402	1.07408	−6.78895	−13.69240	−13.82610
4.0	−5.85333	−5.94097	−0.92677	4.54780	−6.53316	−12.15810	−10.60840	−3.76647	−1.61428	−11.73066	−17.91860	−15.07550	9.24368	−0.35762	−15.61050	−23.14040

注：z 为自地面或最大冲刷线以下的深度。

附表2　桩置于土中（$ah>2.5$）或基岩上（$ah\geqslant3.5$）桩顶位移系数 A_{x1}

$\bar{h}=\alpha h$ / $\bar{l}=\alpha l_0$	4.0	3.5	3.0	2.8	2.6	2.4
0.0	2.44066	2.50174	2.72658	2.90524	3.16260	3.52562
0.2	3.16175	3.23100	3.50501	3.73121	4.06506	4.54808
0.4	4.03889	4.11685	4.44491	4.72426	5.14455	5.76476
0.6	5.08807	5.17527	5.56230	5.90040	6.41707	7.19147
0.8	6.32530	6.42228	6.87316	7.27562	7.89862	8.84439
1.0	7.76657	7.87387	8.39350	8.86592	9.60520	10.73946
1.2	9.42790	9.54605	10.13933	10.68731	11.55282	12.89269
1.4	11.31526	11.45480	12.12663	12.75578	13.75746	15.32007
1.6	13.47468	13.61614	14.37141	15.08734	16.23514	18.03760
1.8	15.89214	16.04606	16.88967	17.69798	19.00185	21.06129
2.0	18.59365	18.76057	19.69741	20.60371	22.07359	24.40713
2.2	21.59520	21.77565	22.81062	23.82052	25.46636	28.09112
2.4	24.91280	25.10732	26.24532	27.36441	29.19616	32.12926
2.6	28.56245	28.77157	30.01750	31.25138	33.27899	36.53756
2.8	32.56014	32.78440	34.14315	35.49745	37.73085	41.33201
3.0	36.92188	37.16182	38.63829	40.11859	42.56775	46.52861
3.2	41.66367	41.91982	43.51890	45.13082	47.80568	52.14336
3.4	46.80150	47.07440	48.80100	50.55013	53.46063	58.19227
3.6	52.35138	52.64156	54.50057	56.39253	59.54862	64.69133
3.8	58.32930	58.63731	60.63362	62.67401	66.08564	71.65655
4.0	64.75127	65.07763	67.21615	69.41057	73.08769	79.10391
4.2	71.63329	71.97854	74.26416	76.61822	80.57378	87.04943
4.4	78.99135	79.35603	81.89365	84.31295	88.55089	95.50910
4.6	86.84147	87.22611	89.82062	92.51077	97.04403	104.49893
4.8	95.19962	95.60477	98.36107	101.22767	106.06621	114.03491
5.0	104.08183	104.50801	107.43100	110.47965	115.63342	124.13304
5.2	113.50408	113.95183	117.04640	120.28273	125.76165	134.80932
5.4	123.48237	123.95223	127.22329	130.65288	136.46692	146.07976
5.6	134.03271	134.52522	137.97765	141.60611	147.76522	157.96034
5.8	145.17110	145.68679	149.32550	153.15844	159.67256	170.46709
6.0	156.91354	157.45294	161.28282	165.32584	172.20492	183.61598
6.4	182.27455	182.86299	187.08990	191.56990	199.20874	211.90423
6.8	210.24375	210.88337	215.52690	220.46630	228.90468	242.95308
7.2	240.94913	241.64208	246.72182	252.14303	261.42075	276.89055
7.6	274.51869	275.26712	280.80266	286.72810	296.88495	313.84463
8.0	311.08045	311.88649	317.89741	324.34951	335.42527	353.94333
8.5	361.18540	362.06647	368.69917	375.84111	388.12147	408.68380
9.0	416.41564	417.37510	424.66017	432.52699	446.07411	468.78773
9.5	477.02117	478.06237	486.03042	494.65714	509.53320	534.50511
10.0	543.25199	544.37827	553.05991	562.48157	578.79873	606.08595

附表 3　桩置于土中（ah>2. 5）或基岩上（ah≥3. 5）桩顶位移（转角）系数 $A_{\varphi 1}=B_{x1}$

$\bar{h}=\alpha h$ / $\bar{z}=\alpha z$	4. 0	3. 5	3. 0	2. 8	2. 6	2. 4
0. 0	1. 62100	1. 64076	1. 75755	1. 86949	2. 04819	2. 32680
0. 2	1. 99112	2. 01222	2. 14125	2. 26711	2. 47077	2. 79218
0. 4	2. 40123	2. 42367	2. 56495	2. 70482	2. 93335	3. 29756
0. 6	2. 85135	2. 87513	3. 02864	3. 18253	3. 43592	3. 84295
0. 8	3. 34146	3. 36658	3. 53234	3. 70024	3. 97850	4. 42833
1. 0	3. 87158	3. 89804	4. 07604	4. 25795	4. 50108	5. 05371
1. 2	4. 44170	4. 46950	4. 65974	4. 85566	5. 18366	5. 71909
1. 4	5. 05181	5. 08095	5. 28344	5. 49337	5. 84624	6. 42447
1. 6	5. 70193	5. 73241	5. 94713	6. 17108	6. 52881	7. 16986
1. 8	6. 39204	6. 42386	6. 65083	6. 88879	7. 29139	7. 95524
2. 0	7. 12216	7. 15532	7. 39453	7. 64650	8. 07397	8. 18062
2. 2	7. 89228	7. 92678	8. 17823	8. 44421	8. 89655	9. 64600
2. 4	8. 70239	8. 73823	9. 00193	9. 28192	9. 75913	10. 56138
2. 6	9. 55251	9. 58969	9. 86562	10. 15963	10. 66170	11. 49677
2. 8	10. 44262	10. 48114	10. 76932	11. 07734	11. 60428	12. 48215
3. 0	11. 37274	11. 41260	11. 71302	12. 03505	12. 58686	13. 50753
3. 2	12. 34286	12. 38406	12. 69672	13. 03276	13. 60944	14. 57291
3. 4	13. 35297	13. 39551	13. 70242	14. 07047	14. 67202	15. 67829
3. 6	14. 40309	14. 44697	14. 78411	15. 14818	15. 77459	16. 82368
3. 8	15. 49320	15. 53842	15. 88781	16. 26589	16. 91717	18. 00906
4. 0	16. 62332	16. 66988	17. 03151	17. 42360	18. 09975	19. 23444
4. 2	17. 79344	17. 84134	18. 21521	18. 62131	19. 32233	20. 49982
4. 4	19. 00355	19. 05279	19. 43891	19. 86902	20. 58491	21. 30520
4. 6	20. 25367	20. 30425	20. 70260	21. 13673	21. 88748	23. 19059
4. 8	21. 54378	21. 59570	22. 00630	22. 45444	23. 23006	24. 53597
5. 0	22. 87390	22. 92716	23. 35000	23. 81215	24. 61264	25. 96135
5. 2	24. 24402	24. 29862	24. 73370	25. 20986	26. 03522	27. 42673
5. 4	25. 65413	25. 71007	26. 15740	26. 64757	27. 49780	28. 93211
5. 6	27. 10436	27. 16153	27. 62109	28. 12528	29. 00037	30. 47750
5. 8	28. 59436	28. 65298	29. 12479	29. 64299	30. 54295	32. 05288
6. 0	30. 12448	30. 18444	30. 66849	31. 20070	32. 12553	33. 68826
6. 4	33. 30471	33. 36735	33. 87589	34. 48612	35. 41069	37. 05902
6. 8	36. 64494	36. 71026	37. 24328	37. 83154	38. 85584	40. 58979
7. 2	40. 14518	40. 21318	40. 77068	41. 38696	42. 46100	44. 28055
7. 6	43. 80541	43. 87606	44. 45807	45. 10238	46. 22615	48. 13132
8. 0	47. 62564	47. 69900	48. 30547	48. 97780	50. 15131	52. 14208
8. 5	52. 62593	52. 70264	53. 33972	54. 04708	54. 28276	57. 38054
9. 0	57. 87622	57. 95628	58. 62396	59. 36635	60. 66420	62. 86899
9. 5	63. 37651	63. 45992	64. 15821	64. 93563	66. 29565	68. 60745
10. 0	69. 12680	69. 21356	69. 94245	70. 75490	72. 17709	74. 59590

附表 4 桩置于土中（$ah>2.5$）或基岩上（$ah\geqslant3.5$）桩顶位移（转角）系数 $B_{\varphi l}$

$\bar{h}=\alpha h$ / $\bar{l}=\alpha l_0$	4.0	3.5	3.0	2.8	2.6	2.4
0.0	1.75058	1.75728	1.81849	1.88855	2.01289	2.22691
0.2	1.95058	1.95728	2.01849	2.08855	2.21289	2.42691
0.4	2.15058	2.15728	2.21849	2.28855	2.41289	2.62691
0.6	2.35058	2.35728	2.41849	2.48855	2.61289	2.82691
0.8	2.55058	2.55728	2.61849	2.68855	2.81289	3.02691
1.0	2.75058	2.75728	2.81849	2.88855	3.01289	3.22691
1.2	2.95058	2.95728	3.01849	3.08855	3.21289	3.42691
1.4	3.15058	3.15728	3.21849	3.28855	3.41289	3.62691
1.6	3.35058	3.35728	3.41849	3.48855	3.61289	3.82691
1.8	3.55058	3.55728	3.61849	3.68855	3.81289	4.02691
2.0	3.75058	3.75728	3.81849	3.88855	4.01289	4.22691
2.2	3.95058	3.95728	4.01849	4.08855	4.21289	4.42691
2.4	4.15058	4.15728	4.21849	4.28855	4.41289	4.62691
2.6	4.35058	4.35728	4.41849	4.48855	4.61289	4.82691
2.8	4.55058	4.55728	4.61849	4.68855	4.81289	5.02691
3.0	4.75058	4.75728	4.81849	4.88855	5.01289	5.22691
3.2	4.95058	4.95728	5.01849	5.08855	5.21289	5.42691
3.4	5.15058	5.15728	5.21849	5.28855	5.41289	5.62691
3.6	5.35058	5.35728	5.41849	5.48855	5.61289	5.82691
3.8	5.55058	5.55728	5.61849	5.68855	5.81289	6.02691
4.0	5.75058	5.75728	5.81849	5.88855	6.01289	6.22691
4.2	5.95058	5.95728	6.01849	6.08855	6.21289	6.42691
4.4	6.15058	6.15728	6.21849	6.28855	6.41289	6.62691
4.6	6.35058	6.35728	6.41849	6.48855	6.61289	6.82691
4.8	6.55058	6.55728	6.61849	6.68855	6.81289	7.02691
5.0	6.75058	6.75728	6.81849	6.88855	7.01289	7.22691
5.2	6.95058	6.95728	7.01849	7.08855	7.21289	7.42691
5.4	7.15058	7.15728	7.21849	7.28855	7.41289	7.62691
5.6	7.35058	7.35728	7.41849	7.48855	7.61289	7.82691
5.8	7.55058	7.55728	7.61849	7.68855	7.81289	8.02691
6.0	7.75058	7.75728	7.81849	7.88855	8.01289	8.22691
6.4	8.15058	8.15728	8.21849	8.28855	8.41289	8.62691
6.8	8.55058	8.55728	8.61849	8.68855	8.81289	9.02691
7.2	8.95058	8.95728	9.01849	9.08855	9.21289	9.42691
7.6	9.35058	9.35728	9.41849	9.48855	9.61289	9.82691
8.0	9.75058	9.75728	9.81849	9.88855	10.01289	10.22691
8.5	10.25058	10.25728	10.31849	10.38855	10.51289	10.72691
9.0	10.75058	10.75728	10.81849	10.88855	11.01289	11.22691
9.5	11.25058	11.25728	11.31849	11.38855	11.51289	11.72691
10.0	11.75058	11.75728	11.81849	11.88855	12.01289	12.22691

参考文献

[1] 王晓谋．基础工程［M］．3版．北京：人民交通出版社，2003.

[2] 中交公路规划设计院有限公司．JTG－D63—2007　公路桥涵地基与基础设计规范［S］．北京：人民交通出版社，2007.

[3] 中交公路规划设计院．JTG－D60—2004　公路桥涵设计通用规范［S］．北京：人民交通出版社，2004.

[4] 中华人民共和国交通运输部．JTG/T－F50—2011　公路桥涵施工技术规范［S］．北京：人民交通出版社，2011.

[5] 袁聚云，等．基础工程设计原理［M］．上海：同济大学出版社，2007.

[6] 中华人民共和国住房和城乡建设部．JGJ－118—2011　冻土地区建筑地基基础设计规范［S］．北京：中国建筑工业出版社，2012.

[7] 中华人民共和国交通部．JTG－D30—2004　公路路基设计规范［S］．北京：人民交通出版社，2004.

[8] 重庆交通科研设计院．JTG/T－B02－01—2008　公路桥梁抗震设计细则［S］．北京：人民交通出版社，2008.

[9] 中华人民共和国住房和城乡建设部．GB－50011—2010　建筑抗震设计规范［S］．北京：中国建筑工业出版社，2010.

[10] 刘校峰．鹿山大桥深水承台双壁钢围堰施工技术［J］．公路，2012（6）：75－79.

[11] 中交第二公路勘察设计研究院有限公司．公路挡土墙设计与施工技术细则［M］．北京：人民交通出版社，2008.

[12] 陕西省建筑科学研究设计院．GB－50025—2004　湿陷性黄土地区建筑规范［S］．北京：中国建筑工业出版社，2004.

[13] 中华人民共和国城乡建设环境保护部．GBJ－112—1987　膨胀土地区建筑技术规范［S］．北京：中国计划出版社，1989.

[14]《工程地质手册》编委会．工程地质手册［M］．4版．北京：中国建筑工业出版社，2007.

教材使用调查问卷

尊敬的老师：

您好！欢迎您使用机械工业出版社出版的教材，为了进一步提高我社教材的出版质量，更好地为我国教育发展服务，欢迎您对我社的教材多提宝贵的意见和建议。敬请您留下您的联系方式，我们将向您提供周到的服务，向您赠阅我们最新出版的教学用书、电子教案及相关图书资料。

本调查问卷复印有效，请您通过以下方式返回：

邮寄：北京市西城区百万庄大街22号机械工业出版社建筑分社（100037）
张荣荣（收）

传真：010-68994437（张荣荣收）　　Email：21214777@qq.com

一、基本信息

姓名：__________职称：____________________职务：____________________

所在单位：____

任教课程：____

邮编：__________地址：____

电话：__________电子邮件：____

二、关于教材

1. 贵校开设土建类哪些专业？

☐ 建筑工程技术　☐ 建筑装饰工程技术　☐ 工程监理　☐ 工程造价
☐ 房地产经营与估价　☐ 物业管理　☐ 市政工程　☐ 园林景观
☐ 道路桥梁工程技术

2. 您使用的教学手段：☐ 传统板书　☐ 多媒体教学　☐ 网络教学

3. 您认为还应开发哪些教材或教辅用书？______________________________

4. 您是否愿意参与教材编写？希望参与哪些教材的编写？

课程名称：____

形式：☐ 纸质教材　☐ 实训教材（习题集）　☐ 多媒体课件

5. 您选用教材比较看重以下哪些内容？

☐ 作者背景　☐ 教材内容及形式　☐ 有案例教学　☐ 配有多媒体课件
☐ 其他____

三、您对本书的意见和建议（欢迎您指出本书的疏误之处）____________________

四、您对我们的其他意见和建议______________________________

请与我们联系：

100037　北京西城百万庄大街22号

机械工业出版社·建筑分社　张荣荣　收

Tel：010-88379777（O），68994437（Fax）

E-mail：21214777@qq.com

http：//www.cmpedu.com（机械工业出版社·教材服务网）

http：//www.cmpbook.com（机械工业出版社·门户网）

http：//www.golden-book.com（中国科技金书网·机械工业出版社旗下网站）